明日科技·编著

电子工业出版社·
Publishing House of Electronics Industry
北京·BEIJING

内 容 简 介

本书采用的开发环境为 JDK 11。本书从零基础学习者的角度出发，通过通俗易懂的语言、流行有趣的实例，详细地介绍了使用 Java 进行程序开发需要掌握的知识和技术。全书共 16 章，包括初识 Java、Java 语言基础、流程控制、数组、字符串、面向对象编程基础、面向对象核心技术、异常处理、Java 常用类和枚举类型、泛型与集合类、Swing 程序设计、I/O、多线程、使用 JDBC 操作数据库、Java 绘图，以及坦克大战游戏等内容。书中所有知识都结合具体实例进行讲解，设计的程序代码给出了详细的注释，可以使读者轻松领会 Java 程序开发的精髓，快速提高开发技能。

本书通过大量实例及一个完整项目案例，帮助读者更好地巩固所学知识，提升能力；随书附赠的《小白实战手册》（电子版）中给出了 3 个流行案例的详细开发流程，力求让读者能学以致用，真正获得开发经验；附赠的资源包中提供了视频讲解、PPT 课件、实例及项目源码、拓展训练等，可方便读者学习；书中设置了 300 多个二维码，扫描二维码可观看视频讲解，解决学习上的疑难问题；对于不易理解的专业术语、代码难点只需扫描每章最后的 e 学码二维码，就可获得更多扩展解释，随时扫除学习障碍。

图书在版编目（CIP）数据

零基础学 Java：升级版 / 明日科技编著 . — 北京：电子工业出版社，2024.1
ISBN 978-7-121-47214-5

Ⅰ . ①零… Ⅱ . ①明… Ⅲ . ① JAVA 语言－程序设计Ⅳ . ① TP312.8

中国国家版本馆 CIP 数据核字 (2024) 第 015087 号

责任编辑：张彦红
文字编辑：李秀梅
印　　刷：中国电影出版社印刷厂
装　　订：三河市良远印务有限公司
出版发行：电子工业出版社
　　　　　北京市海淀区万寿路 173 信箱　　邮编：100036
开　　本：880×1230　1/16　　印张：19　　字数：592.8 千字
版　　次：2024 年 1 月第 1 版
印　　次：2024 年 1 月第 1 次印刷
定　　价：99.00 元

前　言

　　"零基础学"系列图书于2017年8月首次面世，该系列图书是国内全彩印刷的软件开发类图书的先行者，书中的代码颜色及程序效果与开发环境基本保持一致，真正做到让读者在看书学习与实际编码间无缝切换；而且因编写细致、易学实用及配备海量学习资源，在软件开发类图书市场上产生了很大反响。自出版以来，系列图书迄今已加印百余次，累计销量达50多万册，不仅深受广大程序员的喜爱，还被百余所高校选为计算机、软件等相关专业的教学参考用书。

　　"零基础学"系列图书升级版在继承前一版优点的基础上，将开发环境和工具更新为目前最新版本，并结合当今的市场需要，进一步对图书品种进行了增补，对相关内容进行了更新、优化，更适合读者学习。同时，为了方便教学使用，本系列图书全部提供配套教学PPT课件。另外，针对AI技术在软件开发领域，特别是在自动化测试、代码生成和优化等方面的应用，我们专门为本系列图书开发了一个微视频课程——"AI辅助编程"，以帮助读者更好地学习编程。

　　升级版包括10本书：《零基础学Python》（升级版）、《零基础学C语言》（升级版）、《零基础学Java》（升级版）、《零基础学C++》（升级版）、《零基础学C#》（升级版）、《零基础学Python数据分析》（升级版）、《零基础学Python GUI设计：PyQt》（升级版）、《零基础学Python GUI设计：tkinter》（升级版）、《零基础学SQL》（升级版）、《零基础学Python网络爬虫》（升级版）。

　　Java是1995年由Sun公司推出的一种极富创造力的面向对象的程序设计语言，可跨平台、可移植性高，由有"Java之父"之称的James Gosling（詹姆斯·戈士林）设计。自诞生以来，Java凭借其易学易用、功能强大的特点得到了广泛的应用。强大的跨平台特性使Java程序可以运行在大部分系统平台上，甚至在移动电话、嵌入式设备及消费类电子产品等上都可以运行Java程序，真正做到"一次编写，到处运行"。

本书内容

　　本书从零基础学习者角度出发，提供了从入门到成为编程高手所需要掌握的各方面知识和技术，图书知识体系如下图所示。

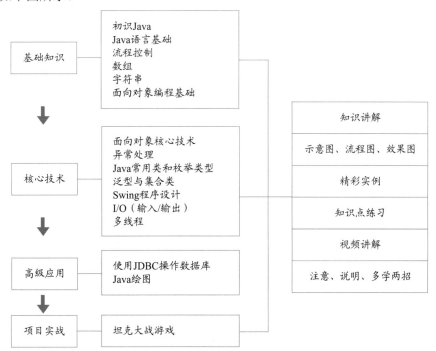

本书特色（如何使用本书）

☑ 书网合———扫描书中的二维码，学习线上视频课程及拓展内容

（1）视频讲解

（2）e 学码：关键知识点拓展阅读

☑ 源码提供——配套资源包中提供书中实例源码（扫描封底读者服务二维码获取）

☑ AI 辅助编程——提供微视频课程，助你利用 AI 辅助编程

近几年，AI 技术已经被广泛应用于软件开发领域，特别是在自动化测试、代码生成和优化等方面。例如，AI 可以通过分析大量的代码库来识别常见的模式和结构，并根据这些模式和结构生成新的代码。此外，AI 还可以通过学习程序员的编程习惯和风格，提供更加个性化的建议和推荐。尽管 AI 尚不能完全取代程序员，但利用 AI 辅助编程，可以帮助程序员提高工作效率。本系列图书配套的"AI 辅助编程"微视频课程可以给读者一些启发。

☑ **全彩印刷——还原真实开发环境，让编程学习更轻松**

☑ **作者答疑——每本书均配有"读者服务"微信群，作者会在群里解答读者的问题**

☑ **海量资源——配有 Video 视频、PPT 课件、Code 源码等，即查即练，方便拓展学习**

如何获得答疑支持和配套资源包

微信扫码回复：47214

• 加入读者交流群，获得作者答疑支持
• 获得本书配套海量资源包

读者对象

• Java 初学者、爱好者
• 程序开发人员
• 数据库管理人员
• 大中专院校的老师和学生
• 参加毕业设计的学生
• 相关培训机构的老师和学生

　　在编写本书的过程中，编者本着科学、严谨的态度，力求精益求精，但疏漏之处在所难免，敬请广大读者批评指正。

　　感谢您阅读本书，希望本书能成为您编程路上的领航者。

编者

2024 年 1 月

目　　录
Contents

第 1 篇 基础知识

第 2 篇 核心技术

第3篇 高级应用

第4篇 项目实战

第1篇　基础知识

第1章
初识 Java

（ ▶ 视频讲解：38 分钟）

本章概览

　　Java 是一种跨平台的、面向对象的程序设计语言，用它编写的程序可以在任何计算机、操作系统和支持 Java 的硬件设备上运行。Java 无处不在，为了让读者快速掌握 Java 程序开发技能，本章提供了丰富的学习内容。

　　本章介绍了 Java 的不同版本及其相关特性，重点讲解了 Java 开发环境的搭建，Eclipse 的下载、使用，以及 Java 程序的调试步骤。在讲解的过程中，通过一个简单的 "Hello Java" 程序带领读者体验 Java 编程的过程，探索 Java 编程的神奇和多样。

　　本章内容也是 Java Web 技术和 Android 技术的基础知识。

　　千里之行，始于足下！赶快开始你的 Java 开发之旅吧！

知识框架

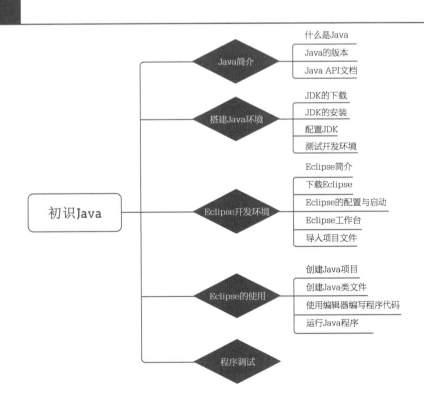

1.1 Java 简介

Java 是一种高级的面向对象的程序设计语言。使用 Java 编写的程序是可以跨平台的，Java 程序可以在任何计算机、操作系统和支持 Java 的硬件设备上运行。

1.1.1 什么是 Java

▶ 视频讲解：资源包\Video\01\1.1.1 什么是Java.mp4

　　Java 是 1995 年由 Sun 公司推出的一种极富创造力的面向对象的程序设计语言，它是由有"Java 之父"之称的 Sun 研究院院士詹姆斯·戈士林博士亲手设计而成的，当时完成了 Java 的原始编译器和虚拟机的设计工作。Java 最初的名字是 OAK，在 1995 年被重命名为 Java 后，正式发布。

　　Java 是一种通过解释方式来执行的语言，其语法规则和 C++ 类似。与 C++ 不同的是，Java 简捷得多，而且提高了可靠性，去除了最大的程序错误根源。此外，它还有较高的安全性，可以说它是有史以来最为卓越的编程语言。

　　由于 Java 可以跨平台，所以 Java 常被应用于企业网络和 Internet 环境。

1.1.2 Java 的版本

▶ 视频讲解：资源包\Video\01\1.1.2 Java的版本.mp4

　　自从 Sun 公司推出 Java 以来，就力图使其无所不能。Java 发展至今，按应用范围分为 3 个版本，即 Java SE、Java EE 和 Java ME，也就是 Sun ONE（Open Net Environment）体系。本节将分别介绍这 3 个 Java 版本。

注意
　　在 Java 发布之后，J2SE、J2EE 和 J2ME 正式更名，将名称中的 2 去掉，更名后分别为 Java SE、Java EE 和 Java ME。

1. Java SE

　　Java SE 是 Java 的标准版，主要用于桌面应用程序的开发，同时也是 Java 的基础。它包含 Java 语言基础、JDBC（Java 数据库连接性）操作、I/O（输入 / 输出）、网络通信、多线程等技术。

2. Java EE

　　Java EE 是 Java 的企业版，主要用于开发企业级分布式的网络程序，如电子商务网站和 ERP（企业资源规划）系统，其核心为 EJB（企业 Java 组件模型）。

3. Java ME

　　Java ME 主要应用于嵌入式系统开发，如掌上电脑、手机等移动通信电子设备上的系统开发。因为 Java ME 开发不仅需要虚拟机，还需要底层操作系统的支持，所以 Java ME 逐渐被时代淘汰，Android 应运而生。

注意
　　Android 是一个完整的移动设备操作系统，由 Linux 操作系统、中间件、C 类库和核心应用程序组成。因为 Android 和 Java ME 都有自己的 API，所以 Android 应用程序不能在 Java ME 环境下运行，Java ME 应用程序也不能直接在 Android 环境下运行。

1.1.3 Java API 文档

▶ 视频讲解：资源包\Video\01\1.1.3 Java API文档.mp4

　　API 的全称是 Application Programming Interface，即应用程序编程接口。Java API 文档是 Java 程

序开发过程中不可或缺的编程词典，它记录了 Java 中海量的 API，主要包括类的继承结构、成员变量、成员方法、构造方法、静态成员的描述信息和详细说明等内容。可以在其官方网站找到 Java SE 21 的 API 文档，页面效果如图 1.1 所示。

图 1.1　Java API 文档页面效果

1.2 搭建 Java 环境

在学习 Java 之前，必须了解并搭建好它所需要的开发环境。要编译和执行 Java 程序，JDK（Java Development Kit）是必备的。下面将具体介绍下载并安装 JDK 和配置环境变量的方法。

1.2.1 JDK 的下载

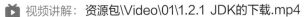

视频讲解：资源包\Video\01\1.2.1 JDK的下载.mp4

Java 的 JDK 是 Sun 公司的产品。由于 Sun 公司已经被 Oracle 收购，因此 JDK 可以在 Oracle 公司的官方网站下载。

下面介绍下载 JDK 的方法，具体步骤如下。

（1）打开浏览器，输入网址：https://www.oracle.com/cn/java/，浏览 JDK 21 的介绍页面，如图 1.2 所示。

图 1.2　JDK 21 的介绍页面

（2）在 JDK 21 的介绍页面中，下拉浏览器的滚动条，找到立即下载 Java 按钮并单击，进入 JDK 下载页面。该页面中列出了针对不同操作平台的安装文件，根据自己的系统选择下载相应的安装文件。由于笔者使用的是 Windows 10 操作系统，因此选择 Windows 选项卡中的 x64 Install 对应的下载链接，如图 1.3 所示。

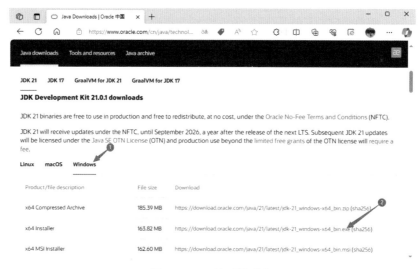

图 1.3　JDK 的下载列表

下载完成的 JDK 21 安装文件如图 1.4 所示。

jdk-21_windows
-x64_bin.exe

图 1.4　下载完成的 JDK 21 安装文件

1.2.2 JDK 的安装

视频讲解：资源包\Video\01\1.2.2 JDK的安装.mp4

下载完 JDK 的安装文件后，就可以进行安装了，具体步骤如下：

（1）双击已下载的安装文件，将弹出如图 1.5 所示的欢迎对话框，单击下一步按钮。

（2）在弹出如图 1.6 所示的定制安装对话框中，建议读者朋友不要更改 JDK 的安装路径，其他设置也都要保持默认设置，单击下一步按钮。

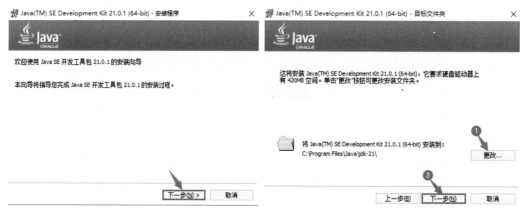

图 1.5　JDK 21 欢迎对话框　　　　图 1.6　JDK 21 定制安装对话框

（3）成功安装 JPK 21 后，将弹出如图 1.7 所示的安装完成对话框，单击关闭按钮。

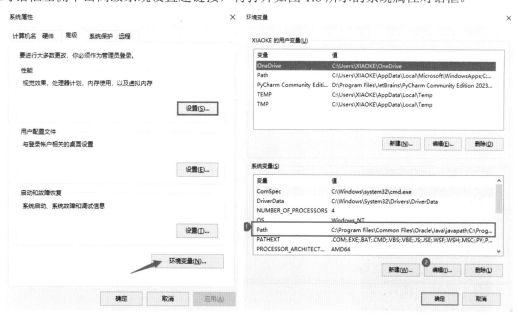

图 1.7　安装完成对话框

说明

JDK（Java Development Kit）包括了 Java 运行环境 JRE、Java 工具和 Java 基础类库。其中 JRE（Java Environment）是运行 Java 程序所必需的环境的集合，包含 JVM 标准实现以及 Java 核心类库。JVM（Java Virtual Machine）是 Java 虚拟机的缩写，是 Java 程序实现跨平台的核心部分。

1.2.3　配置 JDK

▶ 视频讲解：资源包\Video\01\1.2.3 配置JDK.mp4

安装 JDK 后，必须配置环境变量才能使用 Java 开发环境。在 Windows 10 下，只需配置环境变量 Path（用来使系统能够在任何路径下都可以识别 Java 命令），步骤如下。

（1）在此电脑图标上单击鼠标右键，在弹出的快捷菜单中选择属性命令，在弹出的属性对话框左侧单击高级系统设置超链接，将打开如图 1.8 所示的系统属性对话框。

图 1.8　系统属性对话框　　　　　　图 1.9　环境变量对话框

（2）单击系统属性对话框中的环境变量按钮，将弹出如图 1.9 所示的环境变量对话框，在系统变量中找到并双击 Path 变量，会弹出如图 1.10 所示的编辑环境变量对话框。

图 1.10　编辑环境变量对话框

（3）在编辑环境变量对话框中，核对原变量值的最前面是否有 C:\Program Files (x86)\Common Files\Oracle\Java\javapath，如果有，先将其删除，然后单击新建按钮，新增加一个 Java 的环境变量 C:\Program Files\Java\jdk-21\bin。

（4）逐个单击对话框中的确定按钮，依次退出上述对话框后，即可完成在 Windows 10 下配置 JDK 的相关操作。

1.2.4 测试开发环境

视频讲解

▶ 视频讲解：资源包\Video\01\1.2.4 测试开发环境.mp4

JDK 配置完成后，需要确认其是否配置准确。在 Windows 10 下测试 JDK 环境时，需要先单击桌面左下角的"🔍"图标，再直接键入 cmd，选中命令提示符，单击鼠标右键，选择以管理员身份运行，如图 1.11 所示。

在已经启动的命令提示符对话框中输入 javac，按下 Enter 键，将输出如图 1.12 所示的 JDK 的编译器信息，其中包括修改命令的语法和参数选项等信息，这说明 JDK 环境搭建成功。

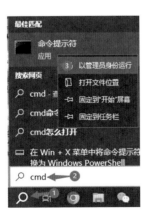

图 1.11　输入 cmd 后的效果图

图 1.12　JDK 的编译器信息

1.3 Eclipse 开发环境

虽然使用记事本和 JDK 编译工具已经可以编写 Java 程序，但是在项目开发过程中必须使用大型的集成开发工具（IDE）来编写 Java 程序，这样可以避免编码错误，方便管理项目结构，而且使用 IDE 工具的代码辅助功能可以快速地输入程序代码。本节将介绍 Eclipse 开发工具，包括它的安装、配置、启动、菜单栏、工具栏以及各种视图的作用等。

1.3.1 Eclipse 简介

▶ 视频讲解：资源包\Video\01\1.3.1 Eclipse简介.mp4

Eclipse 是由 IBM 公司投资 4000 万美元开发的集成开发工具。它基于 Java 编写，并且是开源的、可扩展的，也是目前最流行的 Java 集成开发工具之一。另外，IBM 公司捐出 Eclipse 源码，组建了 Eclipse 联盟，由该联盟负责这一工具的后续开发。Eclipse 为编程人员提供了一流的 Java 程序开发环境，它的平台体系结构是在插件概念的基础上构建的，插件是 Eclipse 平台最具特色的特征之一，也是其区别于其他开发工具的特征之一。学习本章之后，读者将对 Eclipse 有一个初步的了解，为后面深入学习做准备。

1.3.2 下载 Eclipse

▶ 视频讲解：资源包\Video\01\1.3.2 下载Eclipse.mp4

本节将介绍如何在 Eclipse 的官方网站下载本书所使用的 Eclipse 开发工具。掌握 Eclipse 的下载与使用，并不只是为了学习，以后工作中 Eclipse 也是程序开发的好帮手。事实上，Eclipse 已经成为使用最广泛、应用最多的 Java 开发工具，并且它是由 Java 编写的。其下载步骤如下。

（1）打开浏览器，首先在地址栏中输入 https://eclipse.dev/babel/downloads.php，按下 Enter 键开始访问 Eclipse 的官网首页，然后单击如图 1.13 所示的 Download Packages 超链接。

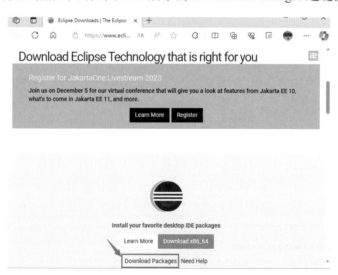

图 1.13　Eclipse 的官网首页

（2）单击 Download Packages 超链接后，进入 ECLIPSE IDE DOWNLOADS 页面。在 ECLIPSE IDE DOWNLOADS 页 面 向 下 搜 索 Eclipse IDE for Java Developers， 搜 索 到 Eclipse IDE for Java Developers 后，单击 x86_64 超链接。Eclipse IDE for Java Developers 的位置如图 1.14 所示。

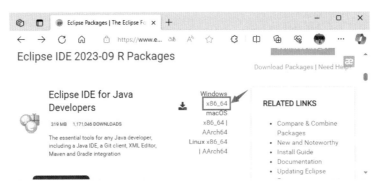

图 1.14　搜索到 Eclipse IDE for Java Developers 的效果图

说明

Eclipse 的版本更新比较快，因此，读者下载 Eclipse 时，如果没有 64 位的 eclipse 2023-09-R 版本，可以直接下载最新版本的 Eclipse。

（3）单击 Eclipse IDE for Java Developers 中的 X86_64 超链接后，Eclipse 服务器会根据客户端所在的地理位置，分配合理的下载镜像站点，读者只需单击 Download 按钮，即可下载 64 位的 Eclipse。Eclipse 的下载镜像站点页面如图 1.15 所示。

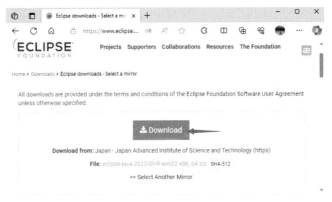

图 1.15　Eclipse 的下载镜像站点页面

1.3.3 Eclipse 的配置与启动

📹 视频讲解：资源包\Video\01\1.3.3 Eclipse的配置与启动.mp4

将下载好的 Eclipse 压缩包解压后，就可以启动 Eclipse 了。在 Eclipse 的安装文件夹中双击 eclipse.exe 文件，即可启动 Eclipse。弹出的 Eclipse IDE Launcher 对话框被用于设置 Eclipse 的工作空间（工作空间用于保存 Eclipse 建立的程序项目和相关设置）。本书的开发环境统一设置工作空间为 Eclipse 安装位置的 workspace 文件夹，即在 Eclipse IDE Launcher 对话框中输入 .\workspace。单击 Launch 按钮，即可进入 Eclipse 的工作台。Eclipse IDE Launcher 对话框的效果如图 1.16 所示。

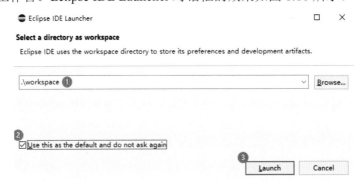

图 1.16　Eclipse IDE Launcher 对话框

注意　每次启动 Eclipse 时都会出现设置工作空间的对话框，通过选中 Use this as the default and do not ask again 复选框可以设置默认工作空间，这样 Eclipse 启动时就不会再询问工作空间的设置了。

首次启动 Eclipse 时，Eclipse 会显示如图 1.17 所示的欢迎界面。

图 1.17　Eclipse 的欢迎界面

1.3.4　Eclipse 工作台

📺 视频讲解：资源包\Video\01\1.3.4 Eclipse工作台.mp4

关闭 Eclipse 的欢迎界面，即可进入 Eclipse 的工作台，Eclipse 的工作台是程序开发人员开发程序的主要场所。Eclipse 既可以将各种插件无缝地集成到工作台中，又可以在工作台中开发各种程序。Eclipse 工作台主要包括标题栏、菜单栏、工具栏、编辑器、透视图和相关的视图等。Eclipse 工作台的效果如图 1.18 所示。

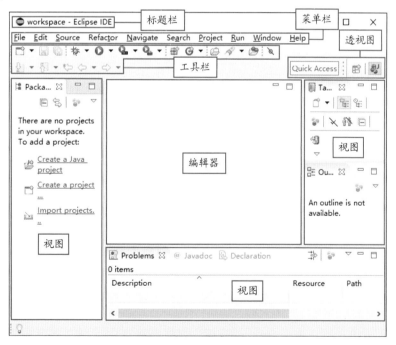

图 1.18　Eclipse 工作台

 说明　Eclipse 默认为英文版本，官方通常会提供汉化插件，但汉化插件的推出有一定的延时性，如果你对英文版本的 Eclipse 使用不习惯，可以到相应网站下载对应版本的汉化插件。

1.3.5 导入项目文件

 视频讲解：资源包\Video\01\1.3.5 导入项目文件.mp4

本书提供了许多项目源码，这些源码可直接被导入 Eclipse 中。导入步骤如下。

（1）单击菜单栏中的 File →选择并单击弹出菜单中的 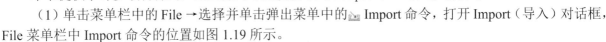 Import 命令，打开 Import（导入）对话框，File 菜单栏中 Import 命令的位置如图 1.19 所示。

图 1.19　在 File 菜单中选择 Import 命令

（2）在 Import 对话框中打开 General 文件夹→单击 Existing Projects into Workspace →单击 Next 按钮，Import 对话框的效果图如图 1.20 所示。

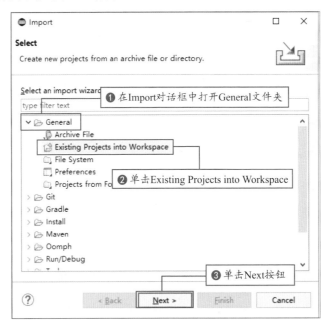

图 1.20　Import 对话框的效果图

（3）单击 Next 按钮之后，单击 Browse 按钮，根据路径选中项目文件所在的文件夹，即可自动辨认 Java 项目名称，选中项目文件所在文件夹的效果如图 1.21 所示，单击 Finish 按钮，完成项目文件的导入操作。

图 1.21 选中项目文件所在文件夹的效果

1.4 Eclipse 的使用

现在读者对 Eclipse 工具已经有大体的认识了，本节将介绍如何使用 Eclipse 完成 "Hello Java" 程序的编写和运行。

1.4.1 创建 Java 项目

📱 视频讲解：资源包\Video\01\1.4.1 创建Java项目.mp4

在 Eclipse 中编写程序，必须先创建项目。Eclipse 中有很多种项目，其中Java 项目用于管理和编写 Java 程序。创建项目的步骤如下。

（1）单击 File → 选择 New → 选择Java Project，打开 New Java Project 对话框。打开 New Java Project 对话框的步骤如图 1.22 所示。

（2）打开 New Java Project 对话框后，在 Project name 文本框中输入 MyProject，在 Project layout 栏中单击 Create separate folders for sources and class files 单选按钮，如图 1.23 所示，然后单击 Finish 按钮，完成项目的创建。

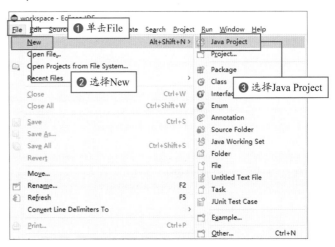

图 1.22 打开 New Java Project 对话框的步骤

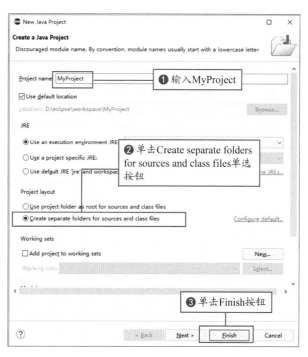

图 1.23　New Java Project 对话框

1.4.2 创建 Java 类文件

视频讲解

📹 视频讲解：资源包\Video\01\1.4.2 创建Java类文件.mp4

创建 Java 类文件时，会自动打开 Java 编辑器。创建 Java 类文件可以通过新建 Java 类向导来完成。创建 Java 类文件的步骤如下。

（1）在 Eclipse 菜单栏中单击 File → 选择 New → 选择 Class，打开 New Java Class 对话框的步骤如图 1.24 所示。

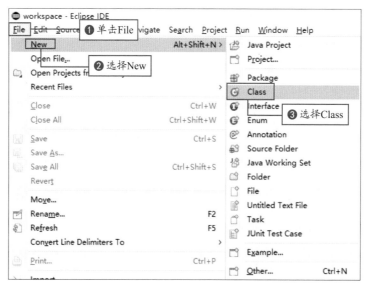

图 1.24　打开 New Java Class 对话框的步骤

（2）打开 New Java Class 对话框后，创建 HelloJava 类文件的步骤如图 1.25 所示。

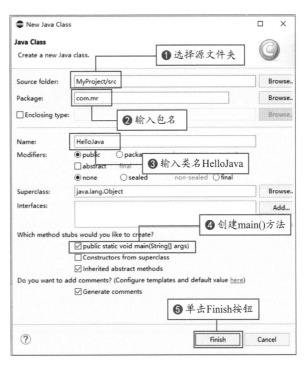

图 1.25　创建 HelloJava 类文件的步骤

注意

（1）在 Source folder 文本框中输入项目源文件夹的位置。通常向导会自动填写该文本框，没有特殊情况，不需要修改。

（2）在 Package 文本框中输入类文件的包名。注意，包名必须输入，否则编写代码时会出现错误提示。

（3）在 Name 文本框中输入新建类的名称，如 HelloJava。

（4）选中 public static void main(String[] args) 复选框，向导在创建类文件时，会自动为该类添加 main() 方法，使该类成为可以运行的主类。

1.4.3 使用编辑器编写程序代码

视频讲解

▶ 视频讲解：资源包\Video\01\1.4.3 使用编辑器编写程序代码.mp4

编辑器位于 Eclipse 工作台的中间区域，该区域可以重叠放置多个编辑器。编辑器的类型可以不同，但它们的主要功能都是完成 Java 程序、XML 配置等代码编写或可视化设计的工作。本节将介绍如何使用 Java 编辑器和其代码辅助功能快速编写 Java 程序。

1. 打开 Java 编辑器

在使用向导创建 Java 类文件之后，会自动打开 Java 编辑器编辑新创建的 Java 类文件。除此之外，打开 Java 编辑器的常用方法是在 Package Explorer（包资源管理器）视图中双击 Java 源文件。Java 编辑器的界面如图 1.26 所示。

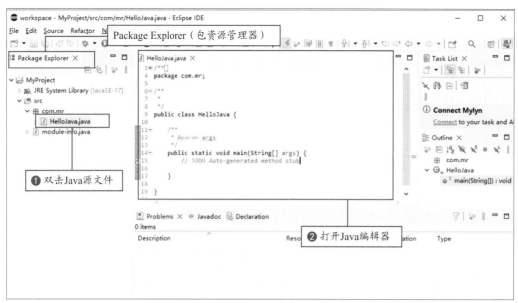

图 1.26　Java 编辑器的界面

从图 1.26 可以看到，Java 编辑器以不同的样式和颜色突出显示 Java 语法。这些突出显示的语法包括以下几个方面。

- 程序代码注释（绿色英文，如 Auto-generated）。
- Javadoc 注释（加粗的蓝色英文，如 TODO）。
- Java 关键字（加粗的紫色英文，如 public）。

在 Java 编辑器左侧单击鼠标右键，在弹出的快捷菜单中选择显示行号命令，可以开启 Java 编辑器显示行号的功能。

2. 编写 Java 代码

Eclipse 的强大之处并不在于编辑器能突出显示 Java 语法，而在于它强大的代码辅助功能。在编写 Java 程序代码时，可以使用 Ctrl+Alt+/ 快捷键自动补全 Java 关键字，也可以使用 Alt+/ 快捷键启动 Eclipse 代码辅助菜单。

在使用向导创建 HelloJava 类之后，向导会自动构建 HelloJava 类结构的部分代码，并建立 main() 方法，程序开发人员需要做的就是将代码补全，为程序添加相应的业务逻辑。

在安装 Eclipse 后，Java 编辑器文本字体为 Consolas 10。采用这个字体时，中文显得比较小，不方便查看。这时，可以单击 Window → 选择 Preferences，打开 Preferences 对话框，在左侧的列表中打开 General 文件夹 → 打开 Appearance 文件夹 → 单击 Colors and Fonts，在右侧打开 Basic 文件夹 → 单击 Test Font → 单击 Edit 按钮，在弹出的对话框中将大小修改为五号，单击确定按钮，返回 Preferences 对话框，单击 OK 按钮即可。

在 HelloJava 程序代码中，第 1、2、4、5、7、8 行是由向导创建的，完成这个程序只要编写第 3 行和第 6 行代码即可。

首先来看一下第 3 行代码。它包括 private 和 static 两个关键字。这两个关键字如果在记事本程序中手动输入可能不会花多长时间，但是无法避免出现输入错误的情况，如将 private 关键字输入为 privat，缺少了字母 e，这个错误可能在编译程序时才会被发现。如果是名称更长、更复杂的关键字，就更容易出现错误。而在 Eclipse 的 Java 编辑器中可以输入关键字的部分字母，然后使用 Ctrl+Alt+/ 快捷键补全 Java 关键字，代码如下：

```
01  package com.mr;
02     public class HelloJava {
03         private static String say = "我要学会你";
04         public static void main(String[] args) {
05             // TODO Auto-generated method stub
06             System.out.println("你好 Java " + say);
07         }
08     }
```

其次是第 6 行的程序代码，它使用 System.out.println() 方法输出文字信息到控制台，这是程序开发时常用的方法之一。当输入 . 操作符时，编辑器会自动弹出代码辅助菜单，也可以在输入 syso 后，使用 Alt+/ 快捷键调出代码辅助菜单，完成关键语法的输入。

（1）System.out.println() 方法在 Java 编辑器中可以通过输入 syso 和按 Alt+/ 快捷键完成快速输入。

多学两招 （2）将光标移动到 Java 编辑器的错误代码位置，按 Ctrl+1 快捷键可以激活代码修正菜单。

1.4.4 运行 Java 程序

📹 视频讲解：资源包\Video\01\1.4.4 运行Java程序.mp4

HelloJava 类包含 main() 主方法，所以它是一个可以运行的类。在 Eclipse 中运行 HelloJava.java 文件，可以在 Package Explorer（包资源管理器）视图中的 HelloJava.java 文件处单击鼠标右键，在弹出的菜单中单击 Run As → 选择 1 Java Application。程序运行结果如图 1.27 所示。

阿基米德曾说过："给我一个支点，我就能撬动地球。"其实，即使刚开始学习编程，只掌握几条简单的语句，你也可以编写出让人眼前一亮的程序。图 1.28 所示就是利用简单的输出语句实现的各种字符画。

编程之美
源于发现

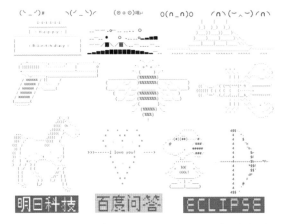

图 1.27 HelloJava 程序运行结果

图 1.28 利用简单的输出语句实现的各种字符画

1.5 程序调试

📹 视频讲解：资源包\Video\01\1.5 程序调试.mp4

读者在程序开发过程中会不断地体会到程序调试的重要性。为验证 Java 单元的运行状况，以往会在调用某个方法的开始和结束位置分别使用 System.out.println() 方法输出状态信息，并根据这些信息判断程序执行状况，但这种方法比较原始，而且经常导致程序代码混乱（输出的都是 System.out.println() 方法）。

本节将简单介绍 Eclipse 内置的 Java 调试器的使用方法，使用该调试器可以设置程序的断点，实现程序的单步执行，也可以在调试过程中查看变量和表达式的值，这样就避免了在程序中编写大量的 System.out.println() 方法来输出调试信息。

使用 Eclipse 的 Java 调试器首先要设置程序断点，然后使用单步调试分别执行程序代码的每一行。示例代码如下：

```
01    public class MyTest {
02        public static void main(String[] args) {
03            System.out.println("输出1行");
04            System.out.println("输出2行");
05            System.out.println("输出3行");
06        }
07    }
```

1. 设置断点

设置断点是程序调试中必不可少的手段，Java 调试器每次遇到程序断点时都会将当前线程挂起，即暂停当前程序的运行。

在 Java 编辑器中双击显示代码行号的位置，可实现为当前行添加与删除断点；或者在显示代码行号的位置单击鼠标右键，在弹出的快捷菜单中选择 Toggle Breakpoint，也可实现断点的添加与删除。以在"System.out.println(" 输出 1 行 ");"前添加断点为例，如图 1.29 所示。

图 1.29　在 Java 编辑器中添加断点

2. 以调试方式运行 Java 程序

要在 Eclipse 中调试 MyTest 程序，可以在 Eclipse 中的 MyTest.java 文件处的空白位置上单击鼠标右键，在弹出的快捷菜单中选择 Debug As → 选择 1 Java Application。调试器将在断点处挂起当前线程，使程序暂停，如图 1.30 所示。

图 1.30　程序执行到断点后暂停

3. 程序调试

程序执行到断点后暂停，可以通过 Debug 视图工具栏上的按钮执行相应的调试操作，如运行、停止等。Debug 视图如图 1.31 所示。

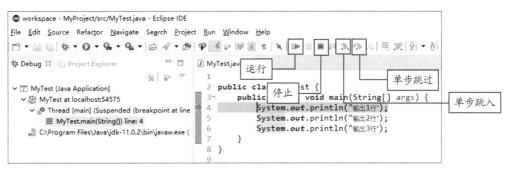

图 1.31　Debug 视图

（1）单步跳过

在 Debug 视图工具栏中单击 按钮或按下 F6 键，将执行单步跳过操作，即运行单独的一行程序代码，但是不进入调用方法的内部，然后跳到下一个可执行点并暂挂线程。

（2）单步跳入

在 Debug 视图工具栏中单击 按钮或按下 F5 键，执行该操作将跳入调用方法或对象的内部单步执行程序并暂挂线程。

1.6　小结

本章简单介绍了 Java 语言及其相关特性，还介绍了在 Windows 平台上搭建 Java 环境的方法，以及编写 Java 程序的简单步骤。通过本章的学习，读者能够了解什么是 Java 以及如何学习 Java。搭建 Java 环境是本章的重点，读者应该熟练掌握。

本章 e 学码：关键知识点拓展阅读

class	package	单步调试	挂起
Eclipse 联盟	println	单步执行	环境变量
James Gosling（詹姆斯·戈士林）	private	调试信息	静态成员
JAVA_HOME 变量	static	断点	类的成员方法
Java 关键字	XML	对象	类的继承结构
java 类文件	编译器	反汇编器	面向对象
Java 命令	操作符	方法	线程
main 方法	插件	工作空间	字节码

第 2 章
Java 语言基础

（▶ 视频讲解：2 小时 18 分钟）

本章概览

　　想要熟练掌握一门编程语言，最好的方法就是充分了解、掌握基础知识，并亲自体验。

　　本章不仅对 Java 中的变量、常量、基本数据类型、运算符等基础内容进行了详细讲解，还介绍了编写 Java 程序时应遵循的代码编写规范。在讲解的过程中，用丰富多样的实例让读者体验知识点的运用，带领读者逐步走进 Java 编程世界。每个实例之后都设置了两个练习题目，让读者亲自动手，在练习中收获编程的乐趣。

　　本章内容也是 Java Web 技术和 Android 技术的基础知识。

知识框架

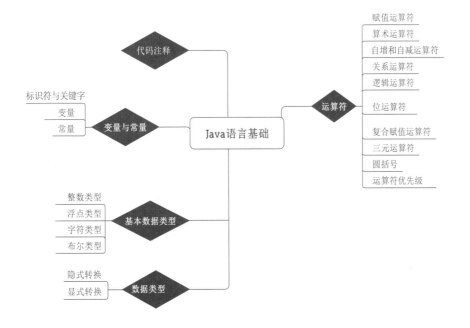

2.1 代码注释

▶ 视频讲解：资源包\Video\02\2.1 代码注释.mp4

在代码中添加注释能提高代码的可读性。注释中包含了程序的信息，可以帮助程序员更好地阅读和理解程序。在 Java 源程序文件的任意位置都可以添加注释，且 Java 编译器不编译代码中的注释，也就是说代码中的注释对程序不产生任何影响。所以开发者不仅可以在注释中键入代码的说明文字、设计者的个人信息，还可以使用注释来屏蔽某些不希望执行的代码。Java 提供了 3 种代码注释，分别为单行注释、多行注释和文档注释，这些注释在 Eclipse 中的效果如图 2.1 所示。

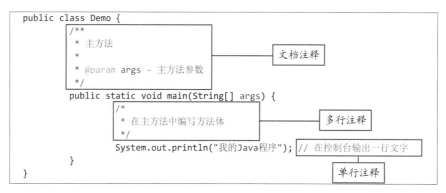

图 2.1　在 Eclipse 中给代码添加注释的效果

1. 单行注释

// 为单行注释标记，从符号 // 开始直到换行为止的所有内容均作为注释而被编译器忽略。语法如下：

```
//注释内容
```

例如，以下代码为声明 int 型变量添加注释：

```
int age ;                        // 声明int型变量，用于保存年龄信息
```

2. 多行注释

/* */ 为多行注释标记，符号 /* 与 */ 之间的所有内容均为注释内容。注释中的内容可以换行。语法如下：

```
/*
    注释内容1
    注释内容2
    …
      */
```

3. 文档注释

/**…*/ 为文档注释标记。符号 /** 与 */ 之间的内容均为文档注释内容。当文档注释出现在声明（如类的声明、类的成员变量声明、类的成员方法声明等）之前时，会被 Javadoc 文档工具读取作为 Javadoc 文档内容。对于读者而言，文档注释并不是很重要，了解即可。

说明　一定要养成良好的编码习惯。软件编码规范中提到"可读性第一，效率第二"，所以程序员必须要在程序中添加适量的注释来提高程序的可读性和可维护性。建议程序中的注释总量要占程序代码总量的 20% ～ 50%。

2.2 变量与常量

在程序执行过程中，值能改变的量被称为变量，值不能改变的量被称为常量。变量与常量的命名都必须使用合法的标识符。本节将介绍标识符、关键字以及变量与常量的声明方法。

2.2.1 标识符与关键字

▶ 视频讲解：资源包\Video\02\2.2.1 标识符与关键字.mp4

视 频 讲 解

1. 标识符

标识符可被简单地理解为一个名字，用来标识类名、变量名、方法名及数组名等。

Java 规定标识符由任意顺序的字母、下画线（_）、美元符号（$）和数字组成，并且第一个字符不能是数字。标识符不能是 Java 中的保留关键字。

下面这些标识符都是合法的：

```
time
akb48
_interface
O_o
BMW
$$$
```

下面这些标识符都是非法的：

```
300warrior      // 不可以用数字开头
public          // 不可以使用关键字
User  Name      // 不可以用空格断开
```

在 Java 中，标识符的字母是严格区分大小写的，如 good 和 Good 是两个不同的标识符。Java 使用 Unicode 标准字符集，最多可以标识 65535 个字符，因此，Java 中的标识符不仅包括 a、b、c 等，还包括汉字、日文及其他语言中的文字。例如：

```
01  String 名字 = "齐天大圣";
02  String 年龄 = "五百年以上";
03  String 职业 = "神仙";                    // 这些都是合法的，但不推荐用中文命名
```

常见错误　用中文命名标识符是非常不好的编码习惯。当编译环境的字符集发生改变时，代码中所有的中文标识符全部会显示成乱码，程序将无法维护。因为 Java 是一种可以跨平台的开发语言，所以发生中文标识符显示成乱码这种情况的概率非常大。

编写 Java 代码有一套公认的命名规范。

（1）类名：通常使用名词，第一个单词首字母必须大写，后续单词首字母大写。

（2）方法名：通常使用动词，第一个单词首字母小写，后续单词首字母大写。

（3）变量：第一个单词首字母小写，后续单词首字母大写。

（4）常量：所有字母均大写。

（5）单词的拼接：通常使用 userLastName 方式拼接单词，而不是 user_last_name 方式。

2. 关键字

关键字是 Java 中已被赋予特定意义的一些单词，不可以把这些单词作为标识符来使用。简单地这样理解：凡是在 Eclipse 中变成紫色粗体的单词，都是关键字。Java 中的关键字如表 2.1 所示。

表 2.1　Java 中的关键字

abstract	boolean	break	byte	case	catch
char	class	continue	default	do	double
else	extends	final	finally	float	for
goto	if	implements	import	instanceof	int
interface	long	new	package	private	protected
public	return	short	static	strictfp	super
switch	synchronized	this	throw	throws	transient
try	void	volatile	while	false	

2.2.2 变量

视频讲解：资源包\Video\02\2.2.2 变量.mp4

首先说明一下什么是变量。变量就是可以改变值的量。可以把变量理解成一个"容器"，例如一个空烧杯，给变量赋值就相当于给烧杯倒水。如图 2.2 所示的那样，变量可以不断更换值，就像烧杯可以反复使用一样。

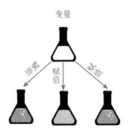

图 2.2　变量如同烧杯，所盛的液体是可以更换的

为什么要声明变量呢？简单地说，就是要告诉编译器这个变量属于哪一种数据类型，这样编译器才知道需要分配多少空间给它，以及它可以存放什么样的数据。在程序运行过程中，如果内存空间内的值是变化的，那么这个内存空间就被称为变量名，而内存空间内的值就是变量值。在声明变量时可以不必赋值，也可以直接赋初值。

声明变量，并给变量赋值，代码如下：

```
01  int x = 30;      // 声明int型变量x，并赋值30
02  int y;           // 声明int型变量y
03  y = 1;           // 给变量y赋值1
04  y = 25;          // 给变量y赋值25
```

说明

在 Java 中，允许使用汉字或其他语言文字作为变量名，如"int 年龄 = 21"，在程序运行时不会出现错误，但建议读者尽量不要使用这些语言文字作为变量名。

对于变量的命名并不是随意的，应遵循以下几条规则。

- ☑ 变量名必须是一个有效的标识符。
- ☑ 变量名不可以使用 Java 中的关键字。
- ☑ 变量名不能重复。
- ☑ 应选择有意义的单词作为变量名。

2.2.3 常量

视频讲解：资源包\Video\02\2.2.3 常量.mp4

与变量不同，在程序运行过程中一直不会改变的量被称为常量。常量在整个程序中只能被赋值一次，如果常量被多次赋值，则会发生编译错误。

在 Java 中，声明一个常量，除了要指定数据类型，还需要通过 final 关键字进行限定。声明常量的标准语法如下：

```
final 数据类型 常量名称 [ = 值]
```

声明常量，并给常量赋值，代码如下：

```
final double PI = 3.1415926;          // 声明double型常量PI并赋值
final boolean BOOL = true;            // 声明boolean型常量BOOL并赋值
```

说明

常量名通常使用大写字母，这样的命名规则可以清楚地将常量与变量区分开。

2.3　基本数据类型

Java 中有 8 种基本数据类型来存储数值、字符和布尔值，如图 2.3 所示。

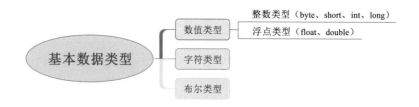

图 2.3　Java 的基本数据类型

2.3.1 整数类型

视频讲解：资源包\Video\02\2.3.1 整数类型.mp4

整数类型用来存储整数数值，即没有小数部分的数值。可以是正数，也可以是负数。整数类型的数据根据它在内存中所占大小的不同，可分为 byte、short、int 和 long 4 种类型，它们具有不同的取值范围，如表 2.2 所示。这 4 个整数类型如同 4 个不同容积的烧杯，虽然用法一样，但在不同场景下需要使用不同容量的烧杯。

表 2.2　整数类型

数据类型	内存分配空间		取值范围
	字　节	长　度	
byte（字节）	1 字节	8 位	−128 ～ 127
short（短整型）	2 字节	16 位	−32768 ～ 32767
int（整型）	4 字节	32 位	−2147483648 ～ 2147483647
long（长整型）	8 字节	64 位	−9223372036854775808 ～ 9223372036854775807

注意　给变量赋值时，要注意取值范围，超出相应范围就会出错。

下面分别对这 4 种整数类型进行介绍。

1. int 型

声明 int 型变量，代码如下：

```
01  int x;                    // 声明int型变量x
02  int x,y;                  // 同时声明int型变量x、y
03  int x = 10,y = -5;        // 同时声明int型变量x、y，并赋初值
04  int x = 5+23;             // 声明int型变量x，并赋公式（5+23）计算结果的初值
```

int 型变量在内存中占 4 字节，也就是 32 位，在计算机中位是由 0 和 1 表示的，所以 int 型的 5 在计算机中是这样显示的：

```
00000000 00000000 00000000 00000101
```

说明　int 是 Java 整数类型值的默认数据类型，当代码使用整数赋值或输出时，都默认为 int 型。例如：

```
System.out.println(15+20);   // 输出35
```

这行代码在运行时，等同于下面这段代码：

```
01  int a = 15;
02  int b = 20;
03  int c = a+b;
04  System.out.println(c);    // 输出35
```

2. byte 型

byte 型变量的声明方式与 int 型的相同。声明 byte 型变量，代码如下：

```
01  byte a;
02  byte a,b,c;
03  byte a = 19,b = -45;
```

3. short 型

short 型变量的声明方式与 int 型的相同。声明 short 型变量，代码如下：

```
01  short s;
02  short s,t,r;
03  short s = 1000,t = -19;
04  short s = 20000/10;
```

4. long 型

由于 long 型的取值范围比 int 型的大，且属于高级数据类型，所以在赋值的时候，要和 int 型做出区分，需要在整数后加 L 或者 l（小写的 L）。声明 long 型变量，代码如下：

```
01  long number;
02  long number,rum;
03  long number = 123456781,rum = -987654321L;
04  long number = 123456789L* 987654321L;
```

 int 型是 Java 默认的整数类型，当为 long 型的变量或常量赋值时，如果没有添加 L 或 l 标识，则会按照如下的逻辑进行赋值：

```
long number = 123456789 * 987654321; // 错误的long型赋值方式，没有添加L或l标识
```

2.3.2 浮点类型

▶ 视频讲解：资源包\Video\02\2.3.2 浮点类型.mp4

浮点类型表示有小数部分的数字。Java 中浮点类型分为单精度浮点类型（float）和双精度浮点类型（double），它们具有不同的取值范围，如表 2.3 所示。

表 2.3　浮点类型

数 据 类 型	内存分配空间		取 值 范 围
	字　节	长　度	
float	4 字节	32 位	1.4E-45 ～ 3.4028235E38
double	8 字节	64 位	4.9E-324 ～ 1.7976931348623157E308

在默认情况下，小数都被看作 double 型，若想使用 float 型声明小数，则需要在小数后面添加 F 或 f。另外，可以使用后缀 d 或 D 来明确表明这是一个 double 型数据，但加不加 d 或 D 并没有硬性规定。而声明 float 型变量时，如果不加 F 或 f，系统会认为是 double 型的而出错。声明浮点类型变量，实例代码如下：

```
01  float f1 = 13.23f;
02  double d1 = 4562.12d;
03  double d2 = 45678.1564;
```

 浮点值属于近似值，在系统中运算后的结果可能与实际值有偏差。

实例 01 根据身高、体重计算 BMI 指数

实例位置：资源包\Code\SL\02\01
视频位置：资源包\Video\02\

创建 BMIexponent 类，声明 double 型变量 height 来记录身高，单位为米，声明 int 型变量 weight 来记录体重，单位为千克，根据 BMI = 体重 /（身高 × 身高）的公式计算 BMI 指数，实例代码如下：

```java
01  public class BMIexponent {
02      public static void main(String[] args) {
03          double height = 1.72;                            // 身高变量，单位:米
04          int weight = 70;                                 // 体重变量，单位:千克
05          double exponent = weight / (height * height);    // BMI计算公式
06          System.out.println("您的身高为: " + height);
07          System.out.println("您的体重为: " + weight);
08          System.out.println("您的BMI指数为: " + exponent);
09          System.out.print("您的体重属于: ");
10          if (exponent < 18.5) {                           // 判断BMI指数是否小于18.5
11              System.out.println("体重过轻");
12          }
13          if (exponent >= 18.5 && exponent < 24.9) {  // 判断BMI指数是否在18.5（含）到
24.9之间
14              System.out.println("正常范围");
15          }
16          if (exponent >= 24.9 && exponent < 29.9) {  // 判断BMI指数是否在24.9（含）到
29.9之间
17              System.out.println("体重过重");
18          }
19          if (exponent >= 29.9) {                          // 判断BMI指数是否大于或等于29.9
20              System.out.println("肥胖");
21          }
22      }
23  }
```

运行结果如图 2.4 所示。

视频讲解

图 2.4　输出 BMI 指数的运行结果

拓展训练

一、试着在 Eclipse 开发工具中实现将 37℃ 转换为整型的华氏度。（提示：华氏度 =32+ 摄氏度 ×1.8）（资源包 \Code\Try\02\01）

二、一个圆柱形粮仓，底面直径为 10 米，高为 3 米，该粮仓体积为多少立方米？如果每立方米屯粮 750 千克，该粮仓一共可存储多少千克粮食？（资源包 \Code\Try\02\02）

2.3.3 字符类型

📹 视频讲解：资源包\Video\02\2.3.3 字符类型.mp4

1. char 型

字符类型（char 型）用于存储单个字符，占用 16 位（2 字节）的内存空间。在声明字符类型变量时，要以单引号表示，如 's' 表示一个字符。

Java 可以把字符作为整数对待。由于 Unicode 编码采用无符号编码，可以存储 65536 个字符（0x0000 ～ 0xffff），所以 Java 中的字符可以处理大多数国家的语言文字。

说明　（1）如果想得到一个由 0 ～ 65536 的数所代表的 Unicode 表中相应位置上的字符，也必须使用 char 型显式转换。
　　（2）char 型的默认值是空格。char 型可以与整数做运算。

使用 char 关键字可声明字符类型变量，下面举例说明。
声明字符类型变量的代码如下：

```
char ch = 'a';
```

由于字符 a 在 Unicode 表中的排序位置是 97，因此允许将上面的语句写成：

```
char ch = 97;
```

说明　感兴趣的读者可以登录 Unicode 官网查阅更多关于 Unicode 的信息。

2. 转义字符

转义字符是一种特殊的字符类型变量，以反斜线 \ 开头，后跟一个或多个字符。转义字符具有特定的含义，不同于字符原有的含义，故称"转义"。Java 中的转义字符如表 2.4 所示。

表 2.4　转义字符

转 义 字 符	含 义
\ddd	由 1 ～ 3 位八进制数所表示的字符，如 \456
\uxxxx	由 4 位十六进制数所表示的字符，如 \u0052
\'	单引号字符
\"	双引号字符
\\	反斜杠字符
\t	垂直制表符，将光标移到下一个制表符的位置
\r	回车
\n	换行
\b	退格
\f	换页

将转义字符赋值给字符变量时，与字符常量值一样需要使用单引号。

实例 02　打印特殊字符　　　　　　　　　　　　　实例位置：资源包\Code\SL\02\02
　　　　　　　　　　　　　　　　　　　　　　　　　　视频位置：资源包\Video\02\

创建 EscapeCharacter 类，在类中定义多个转义字符并输出，实例代码如下：

```java
01  public class EscapeCharacter {
02      public static void main(String[] args) {
03          char c1 = '\\';                         // 反斜杠转义字符
04          char c2 = '\'';                         // 单引号转义字符
05          char c3 = '\"';                            // 双引号转义字符
06          char c4 = '\u2605';                     // 由十六进制数表示的字符
07          char c5 = '\101';                       // 由八进制数表示的字符
08          char c6 = '\t';                         // 制表符转义字符
09          char c7 = '\n';                         // 换行符转义字符
10          System.out.println("[" + c1 + "]");
11          System.out.println("[" + c2 + "]");
12          System.out.println("[" + c3 + "]");
13          System.out.println("[" + c4 + "]");
14          System.out.println("[" + c5 + "]");
15          System.out.println("[" + c6 + "]");
16          System.out.println("[" + c7 + "]");
17      }
18  }
```

运行结果如图 2.5 所示。

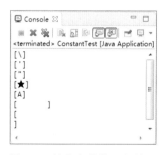

图 2.5　转义字符的运行结果

视频讲解

拓展训练

一、试着在 Eclipse 开发工具中比较 'g' 和 103 是否相等。（资源包 \Code\Try\02\03）
二、试着在 Eclipse 的控制台中输出"ABCDEFG"。（资源包 \Code\Try\02\04）

2.3.4 布尔类型

视频讲解

▶ 视频讲解：资源包\Video\02\2.3.4 布尔类型.mp4

　　布尔类型又称逻辑类型，只有 true 和 false 两个值，分别代表布尔逻辑中的"真"和"假"。布尔类型不能与整数类型进行转换。布尔类型通常被用在流程控制中作为判断条件。

实例 03　用 boolean 变量记录登录用户和密码　　实例位置：资源包\Code\SL\02\03
　　视频位置：资源包\Video\02\

　　创建 LoginService 类，首先弹出输入提示，然后获取用户输入的值，判断用户输入的值是否与默认值相等，最后将结果赋给一个 boolean 变量并输出，实例代码如下：

```
01  import java.util.Scanner;
02  public class LoginService {
03      public static void main(String[] args) {
04          Scanner sc = new Scanner(System.in); // 创建扫描器，获取在控制台输入的值
05          System.out.println("请输入6位数字密码:");            // 输出提示
06          int password = sc.nextInt();              // 将用户在控制台输入的赋值给整型变量
07          boolean result = (password == 924867);  // 用逻辑运算符判断用户输入的值是否为924867
08          System.out.println("用户密码是否正确:" + result);    // 输出结果
09          sc.close();                                // 关闭扫描器
10      }
11  }
```

运行结果如图 2.6 所示。

图 2.6　判断密码是否正确的运行结果

一、用 true 和 false 分别判断身高为 1 米和 1.5 米的儿童乘坐火车时是否应该购票（超过 1.2 米的儿童乘坐火车时需要购票）。（资源包 \Code\Try\02\05）
二、员工 a 与员工 b 的月薪分别为 3000 元和 4500 元，判断哪位员工需要缴税，哪位员工不需要缴税（月薪超过 3500 元需要缴纳个人所得税）。（资源包 \Code\Try\02\06）

　　在 Java 虚拟机中，布尔值只占用 1 位内存空间，但由于 Java 的最小分配单元是 1 字节，所以一个布尔变量在内存中会占用 1 字节。例如 true 在内存中的二进制数表示是：

```
00000001
```

2.4　数据类型转换

　　数据类型转换是将一个值从一种数据类型更改为另一种数据类型的过程。例如，可以将 String 类型数据 "457" 转换为一个数值型数据，而且可以将任意类型的数据转换为 String 类型。

　　数据类型转换有两种方式，即隐式转换与显式转换。如果从低精度数据类型向高精度数据类型转换，则永远不会溢出，并且总是成功的；而从高精度数据类型向低精度数据类型转换则必然会有信息丢失，甚至有可能失败。这种转换规则就如图 2.7 所示的两个场景，高精度数据类型相当于一个大水杯，低精度数据类型相当于一个小水杯，大水杯可以轻松装下小水杯中所有的水，但小水杯无法装下大水

杯中所有的水，装不下的部分必然会溢出。

图 2.7　大水杯可以装下小水杯所有的水，但小水杯无法装下大水杯所有的水

2.4.1 隐式转换

视频讲解

▶ 视频讲解：资源包\Video\02\2.4.1 隐式转换.mp4

　　从低级类型向高级类型的转换，系统将自动执行，程序员无须进行任何操作，这种类型的转换被称为隐式转换，也可以称其为自动转换。下列基本数据类型会涉及数据转换（不包括逻辑类型），这些类型按精度从"低"到"高"排列的顺序为 byte < short < int < long < float < double，如图 2.8 所示，其中 char 类型比较特殊，它可以与部分 int 型数据兼容，且不会发生精度变化。

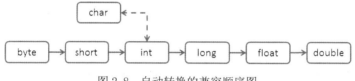

图 2.8　自动转换的兼容顺序图

实例 04　隐式转换自动提升到双精度

实例位置：资源包\Code\SL\02\04
视频位置：资源包\Video\02\

　　创建 ImplicitConversion 类，让低精度变量与高精度变量同时做计算，查看计算结果属于哪种精度，实例代码如下：

```
01  public class ImplicitConversion {
02      public static void main(String[] args) {
03          // 声明byte型变量mybyte，并把byte型变量允许的最大值赋给mybyte
04          byte mybyte = 127;
05          int myint = 150;                    // 声明int型变量myint，并赋值
06          float myfloat = 452.12f;            // 声明float型变量myfloat，并赋值
07          char mychar = 10;                   // 声明char型变量mychar，并赋值
08          double mydouble = 45.46546;         // 声明double型变量mydouble，并赋值
09          /* 将运算结果输出 */
10          System.out.println("byte型与float型数据进行运算，结果为：" + (mybyte + myfloat));
11          System.out.println("byte型与int型数据进行运算，结果为：" + mybyte * myint);
12          System.out.println("byte型与char型数据进行运算，结果为：" + mybyte / mychar);
13          System.out.println("double型与char型数据进行运算，结果为：" + (mydouble + mychar));
14      }
15  }
```

　　运行结果如图 2.9 所示。

图 2.9　隐式转换的运行结果

一、使用 char 型声明 'a' ~ 'g'，然后输出它们相加后的结果。（**资源包 \Code\Try\02\07**）
二、IP 地址每段数字的最大值可以由 byte 型的最大值与 short 的型 128 相加后得到，使用隐式转换控制台输出 IP 地址每段数字的最大值。（**资源包 \Code\Try\02\08**）

使用 int 型变量为 float 型变量赋值，此时 int 型变量将被隐式转换成 float 型变量。

```
int x = 50;     // 声明int型变量x
float y = x;    // 将x赋值给y
```

此时执行输出语句，y 的结果是 50.0。

但如果代码中的 float 和 int 交换了位置，编译环境就会弹出 float 值无法转变成 int 值的错误，如图 2.10 所示。

图 2.10　float 值无法转变成 int 值

像这种从高精度转换成低精度的场景，在开发程序的时候经常发生，遇到这种问题该怎么办？这时就需要用到显式转换了。

2.4.2 显式转换

视频讲解：资源包\Video\02\2.4.2 显式转换.mp4

当把高精度变量的值赋给低精度变量时，必须使用显式转换（又称强制类型转换）。当执行显式转换时可能会导致精度缺失。语法如下：

```
（类型名）要转换的值
```

下面通过几种常见的显式转换的实例来说明。

实例 05　利用显式转换实现精度缺失　　实例位置：资源包\Code\SL\02\05
视频位置：资源包\Video\02\

创建 ExplicitConversion 类，使用显式转换将不同类型的变量转换成精度更低的类型，输出转换之后发生精度缺失的结果，实例代码如下：

```
01    public class ExplicitConversion {
02        public static void main(String[] args) {
03            int a = (int) 45.23;                    // double类型被强制转换成int类型
04            long b = (long) 456.6F;                 // float类型被强制转换成long类型
05            char c = (char) 97.14;                  // double类型被强制转换成char型
06            System.out.println("45.23被强制转换成int的结果: " + a);
07            System.out.println("456.6F被强制转换成long的结果: " + b);
08            System.out.println("97.14被强制转换成char的结果" + c);
09        }
10    }
```

运行结果如图 2.11 所示。

视频讲解

图 2.11　显式转换的运行结果

说明

当把整数赋值给 byte、short、int、long 型变量时，不可以超出这些变量的取值范围，否则必须进行强制类型转换。例如：

```
// byte的取值范围是-128~127，如果把129赋值给byte型变量，那么必须进行强制类型转换
byte b = (byte)129;
```

拓展训练

一、将 65 ~ 71 显式转换为 char 型并输出。（资源包 \Code\Try\02\09）

二、一辆货车运输箱子，载货区宽 2 米、长 4 米，一个箱子宽 1.5 米、长 1.5 米，请问载货区一层可以放多少个箱子？（资源包 \Code\Try\02\10）

2.5　运算符

运算符是一些特殊的符号，主要用于数学函数、一些类型的赋值语句和逻辑语句。Java 中提供了丰富的运算符，如赋值运算符、算术运算符、比较运算符等。

2.5.1　赋值运算符

视频讲解

📹 视频讲解：资源包\Video\02\2.5.1 赋值运算符.mp4

赋值运算符用符号 = 表示，它是一个二元运算符（对两个操作数做处理），其功能是将右方操作数的值赋给左方的操作数。例如：

```
int a = 100 ;                                    //该表达式是将100赋值给变量a
```

左方的操作数必须是一个变量，而右边的操作数则可以是变量（如 a、number）、常量（如 123、'book'）或者有效的表达式（如 45*12）。

实例 06　使用赋值运算符为变量赋值

实例位置：资源包\Code\SL\02\06
视频位置：资源包\Video\02\

创建 EqualSign 类，首先初始化整型变量 a、b、c，然后使用赋值运算符改变变量 a、b、c 的值，实例代码如下：

```
01  public class EqualSign {              // 创建类
02     public static void main(String[] args) {   // 主方法
03         int a, b, c = 11;              // 声明整型变量a、b、c
04         a = 32;                        // 将32赋值给变量a
05         c = b = a + 4;                 // 将a与4的和赋值给变量b，然后再赋值给变量c
06         System.out.println("a = " + a);
07         System.out.println("b = " + b);
08         System.out.println("c = " + c);
09     }
10  }
```

运行结果如图 2.12 所示。

视频讲解

图 2.12　使用赋值运算符的运行结果

说明

在 Java 中，可以把赋值运算符连在一起使用。如：

```
x = y = z = 5;
```

在这个语句中，变量 x、y、z 都得到同样的值 5，但在程序开发中不建议使用这种赋值语法。

拓展训练

一、使用赋值运算符输出银行的年利率（2.95%）以及存款额 15000 元后，计算并输出存款 3 年后的本金和利息的总和。（资源包 \Code\Try\02\11）

二、输入 1 美元 = 6.8995 元人民币后，计算 10000 元人民币可兑换多少美元。（资源包 \Code\Try\02\12）

2.5.2 算术运算符

视频讲解

▶ 视频讲解：资源包\Video\02\2.5.2 算术运算符.mp4

Java 中的算术运算符主要有 +（加号）、-（减号）、*（乘号）、/（除号）和 %（取余），这些都是二元运算符。Java 中算术运算符的功能及使用方式如表 2.5 所示。

表 2.5　算术运算符的功能及使用方式

运 算 符	说 明	实 例	结 果
+	加	12.45f + 15	27.45
−	减	4.56 − 0.16	4.4

续表

运 算 符	说 明	实 例	结 果
*	乘	5L * 12.45f	62.25
/	除	7 / 2	3
%	取余	12 % 10	2

其中，+ 和-运算符还可以作为数据的正负符号，如 +5、–7。

注意 在进行除法和取余运算时，0 不能做除数。例如，对于语句"int a = 5/0;"，系统会报出 ArithmeticException 异常。

实例 07　模拟计算器功能

实例位置：资源包\Code\SL\02\07
视频位置：资源包\Video\02\

创建 ArithmeticOperator 类，让用户输入两个数字，分别用 5 种运算符对这两个数字进行计算，实例代码如下：

```
01    import java.util.Scanner;
02    public class ArithmeticOperator {
03        public static void main(String[] args) {
04            Scanner sc = new Scanner(System.in);          // 创建扫描器，获取在控制台输入的值
05            System.out.println("请输入两个数字，用空格隔开(num1 num2)：");     // 输出提示
06            double num1 = sc.nextDouble();          // 记录输入的第一个数字
07            double num2 = sc.nextDouble();          // 记录输入的第二个数字
08            System.out.println("num1+num2的和为: " + (num1 + num2));          // 计算和
09            System.out.println("num1-num2的差为: " + (num1 - num2));          // 计算差
10            System.out.println("num1*num2的积为: " + (num1 * num2));          // 计算积
11            System.out.println("num1/num2的商为: " + (num1 / num2));          // 计算商
12            System.out.println("num1%num2的余数为: " + (num1 % num2));          // 计算余数
13            sc.close();                              //关闭扫描器
14        }
15    }
```

运行结果如图 2.13 所示。

视 频 讲 解

图 2.13　使用算术运算符的运行结果

说明 +运算符也有拼接字符串的功能。

拓展训练 一、平均加速度，即速度的变化量除以发生变化所用的时间。现有一辆汽车用了 8.7 秒从每小时 0 千米加速到每小时 100 千米，计算并输出这辆汽车的平均加速度。（资源包 \Code\Try\02\13）

二、使用克莱姆法则求解二元一次方程组。（资源包 \Code\Try\02\14）

$$21.8x + 2y = 28$$
$$7x + 8y = 62$$

提示：克莱姆法则求解二元一次方程组的公式如图 2.14 所示。

$ax+by=e$ $cx+dy=f$	$x = \dfrac{ed-bf}{ad-bc}$	$y = \dfrac{af-ec}{ad-bc}$

图 2.14　克莱姆法则求解二元一次方程组的公式

2.5.3 自增和自减运算符

视频讲解：资源包\Video\02\2.5.3 自增和自减运算符.mp4

　　自增、自减运算符是单目运算符，可以放在变量之前，也可以放在变量之后。自增、自减运算符的作用是使变量的值加 1 或减 1。语法如下：

```
a++;            // 先输出a的原值，后做+1运算
++a;            // 先做+1运算，再输出计算之后a的值
a--;            // 先输出a的原值，后做-1运算
--a;            // 先做-1运算，再输出计算之后a的值
```

实例 08　变量实现自动增减服务　　　　　实例位置：资源包\Code\SL\02\08
　　　　　　　　　　　　　　　　　　　　　　视频位置：资源包\Video\02\

　　创建 AutoIncrementDecreasing 类，对一个整型变量先做自增运算，再做自减运算，实例代码如下：

```
01  public class AutoIncrementDecreasing {
02      public static void main(String[] args) {
03          int a = 1;                              // 创建整型变量a，初始值为1
04          System.out.println("a = " + a);         // 输出此时a的值
05          a++;                                     // a自增1
06          System.out.println("a++ = " + a);       // 输出此时a的值
07          a++;                                     // a自增1
08          System.out.println("a++ = " + a);       // 输出此时a的值
09          a++;                                     // a自增1
10          System.out.println("a++ = " + a);       // 输出此时a的值
11          a--;                                     // a自减1
12          System.out.println("a-- = " + a);       // 输出此时a的值
13      }
14  }
```

　　运行结果如图 2.15 所示。

　　自增、自减运算符的摆放位置不同，增减的操作顺序也会随之不同。前置的自增、自减运算符会先将变量的值加 1（或减 1），再让该变量参与表达式的运算。后置的自增、自减运算符会先让变量参与表达式的运算，再将该变量加 1（或减 1），如图 2.16 所示。

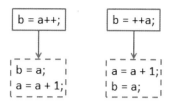

图 2.15　使用自增、自减运算符的使用运行结果　　图 2.16　自增运算符放在不同位置时的运算顺序

一、一艘游轮以每小时 36 千米的速度匀速行驶了 1 小时，使用自增运算符在 Eclipse 的控制台输出第 i（i>1）小时后该游轮航行了多少千米。（资源包 \Code\Try\02\15）

二、一个新建小区内有 70 个停车位。现有一批新进住户购买车位，使用自减运算符在 Eclipse 的控制台输出剩余的车位数。（资源包 \Code\Try\02\16）

2.5.4 关系运算符

视频讲解：资源包\Video\02\2.5.4 关系运算符.mp4

关系运算符属于二元运算符，用来判断一个操作数与另一个操作数之间的关系。关系运算符的计算结果都是布尔类型的，如表 2.6 所示。

表 2.6　关系运算符

运　算　符	说　　明	实　　例	结　　果
==	等于	2 == 3	false
<	小于	2 < 3	true
>	大于	2 > 3	false
<=	小于或等于	5 <= 6	true
>=	大于或等于	7 >= 7	true
!=	不等于	2 != 3	true

实例 09　对用户输入的值进行比较

实例位置：资源包\Code\SL\02\09
视频位置：资源包\Video\02\

创建 RelationalOperator 类，记录用户输入的两个数字，分别用各个关系运算符来计算这两个数字之间的关系，实例代码如下：

```
01  import java.util.Scanner;
02  public class RelationalOperator {
03      public static void main(String[] args) {
04          Scanner sc = new Scanner(System.in);              // 创建扫描器，获取在控制台输入的值
05          System.out.println("请输入两个整数，用空格隔开(num1 num2): ");// 输出提示
06          int num1 = sc.nextInt();                          // 记录输入的第一个数字
07          int num2 = sc.nextInt();                          // 记录输入的第二个数字
08          System.out.println("num1<num2的结果：" + (num1 < num2));// 输出"小于"的结果
09          System.out.println("num1>num2的结果：" + (num1 > num2));// 输出"大于"的结果
10          System.out.println("num1==num2的结果：" + (num1 == num2));// 输出"等于"的结果
```

11	`System.out.println("num1!=num2的结果: " + (num1 != num2));// 输出"不等于"的结果`
12	`System.out.println("num1<=num2的结果: " + (num1 <= num2)); // 输出"小于或等于"的结果`
13	`System.out.println("num1>=num2的结果: " + (num1 >= num2));// 输出"大于或等于"的结果`
14	`sc.close();                                            //关闭扫描器`
15	`    }`
16	`}`

运行结果如图 2.17 所示。

图 2.17　使用关系运算符比较两个数字的运行结果

一、判断 3 是不是偶数，再判断对 3 使用自增运算符后的结果是不是奇数。（资源包 \Code\Try\02\17）

二、国家推出二胎政策，A 家庭陆续生了 2 个孩子，B 家庭陆续生了 4 个孩子，哪个家庭属于超生家庭？（资源包 \Code\Try\02\18）

2.5.5　逻辑运算符

视频讲解：资源包\Video\02\2.5.5 逻辑运算符.mp4

　　假定某蛋糕店在每周二下午 7 点至 8 点和每周六下午 5 点至 6 点对生日蛋糕进行折扣让利促销活动，那么想参加该活动的顾客，就要在时间上满足条件：周二且 7:00 PM ～ 8:00 PM 或者周六且 5:00 PM ～ 6:00 PM，这里就用到了逻辑关系。

　　逻辑运算符是对真和假这两种逻辑值进行运算，运算后的结果仍是一个逻辑值。逻辑运算符包括 &&（逻辑与）、||（逻辑或）和!（逻辑非）。逻辑运算符计算的值必须是 boolean 型数据。在逻辑运算符中，除了!是一元运算符，其他都是二元运算符。Java 中的逻辑运算符如表 2.7 所示。

表 2.7　逻辑运算符

运 算 符	含 义	举 例	结 果
&&	逻辑与	A && B	（对）与（错）= 错
||	逻辑或	A || B	（对）或（错）= 对
!	逻辑非	!A	不（对）　 = 错

为了方便大家理解，表格中将"真""假"以"对""错"的方式展示出来。

逻辑运算符的运算结果如表 2.8 所示。

表 2.8　逻辑运算符的运算结果

A	B	A&&B	A||B	!A
true	true	true	true	false

A	B	A&&B	A||B	!A
true	false	false	true	false
false	true	false	true	true
false	false	false	false	true

逻辑运算符与关系运算符同时使用，可以完成复杂的逻辑运算。

实例 10 利用逻辑运算符和关系运算符进行运算 | 实例位置：资源包\Code\SL\02\10
视频位置：资源包\Video\02\

创建 LogicalAndRelational 类，首先利用关系运算符计算布尔结果，再用逻辑运算符做二次计算，实例代码如下：

```
01  public class LogicalAndRelational {
02      public static void main(String[] args) {
03          int a = 2;                      // 声明int型变量a
04          int b = 5;                      // 声明int型变量b
05          // 声明boolean型变量，用于保存应用逻辑运算符"&&"后的返回值
06          boolean result = ((a > b) && (a != b));
07          // 声明boolean型变量，用于保存应用逻辑运算符"||"后的返回值
08          boolean result2 = ((a > b) || (a != b));
09          System.out.println(result);  // 将变量result输出
10          System.out.println(result2); // 将变量result2输出
11      }
12  }
```

运行结果如图 2.18 所示。

视 频 讲 解

图 2.18 利用逻辑运算符和关系运算符进行运算的运行结果

拓展训练

一、有两名男性应聘者：一位 25 岁，一位 32 岁。该公司招聘信息中有一个要求，即男性应聘者的年龄在 23 ~ 30 岁，判断这两名应聘者是否满足这个要求。（资源包 \Code\Try\02\19）

二、在明日学院网站首页上，可以使用账户名登录，也可以使用手机号登录，还可以使用电子邮箱地址登录。请判断某用户是否可以登录。（已知服务器中有如下记录，账户名：张三，手机号：12345678901，电子邮箱：zhangsan@163.com。）（资源包 \Code\Try\02\20）

2.5.6 位运算符

视 频 讲 解

▶ 视频讲解：资源包\Video\02\2.5.6 位运算符.mp4

位运算符的操作数类型是整型，可以是有符号的，也可以是无符号的。位运算符可以分为两大类：位逻辑运算符和位移运算符，如表 2.9 所示。

表 2.9　位运算符

运　算　符	含　义	举　例
&	与	a & b
|	或	a | b
~	取反	~ a
^	异或	a ^ b
<<	左移	a << 2
>>	右移	b >> 4
>>>	无符号右移	x >>> 2

1. 位逻辑运算符

位逻辑运算符包括 &、|、^ 和~，前 3 个是双目运算符，第 4 个是单目运算符。这 4 个运算符的运算结果如表 2.10 所示。

表 2.10　位逻辑运算符计算二进制数的结果

A	B	A&B	A|B	A^B	~ A
0	0	0	0	0	1
1	0	0	1	1	0
0	1	0	1	1	1
1	1	1	1	0	0

&、|、^ 也可以用于逻辑运算，运算结果如表 2.11 所示。

表 2.11　位逻辑运算符计算布尔值的结果

A	B	A&B	A|B	A^B
true	true	true	true	false
true	false	false	true	true
false	true	false	true	true
false	false	false	false	false

实例 11　使用位逻辑运算符进行运算　　　实例位置：资源包\Code\SL\02\11
　　　　　　　　　　　　　　　　　　　　　视频位置：资源包\Video\02\

创建 LogicalOperator 类，用位运算符先对整数进行计算，再对布尔值进行计算，查看计算的结果，实例代码如下：

```
01  public class LogicalOperator  {
02      public static void main(String[] args) {
03          short x = ~123;                                // 创建short变量x，等于123取反的值
04          System.out.println("12与8的结果为: " + (12 & 8));  // 位逻辑与计算整数的结果
05          System.out.println("4或8的结果为: " + (4 | 8));   // 位逻辑或计算整数的结果
```

```
05          System.out.println("4或8的结果为： " + (4 | 8));        // 位逻辑或计算整数的结果
06          System.out.println("31异或22的结果为： " + (31 ^ 22));// 位逻辑异或计算整数的结果
07          System.out.println("123取反的结果为： " + x);          // 位逻辑取反计算整数的结果
08          // 位逻辑与计算布尔值的结果
09          System.out.println("2>3与4!=7的与结果： " + (2 > 3 & 4 != 7));
10          // 位逻辑或计算布尔值的结果
11          System.out.println("2>3与4!=7的或结果： " + (2 > 3 | 4 != 7));
12          // 位逻辑异或计算布尔值的结果
13          System.out.println("2<3与4!=7的异或结果： " + (2 < 3 ^ 4 != 7));
14      }
15  }
```

运行结果如图 2.19 所示。

一、战斗机是飞机，战斗鸡不是飞机。判断以下说法是否正确：
① "战斗机"和"战斗鸡"都是飞机；
② "战斗机"是飞机或"战斗鸡"是飞机；
③ "战斗机"不是飞机异或"战斗鸡"不是飞机。（资源包 \Code\Try\02\21）
二、用户创建新账户后，服务器为保护用户隐私，使用异或运算对用户密码进行二次加密，
计算公式为"加密数据 = 原始密码 ^ 加密算子"，已知加密算子为整数 79，请问用户密码
459137 经过加密后的值是多少？（资源包 \Code\Try\02\22）

2. 位移运算符

位移运算符有 3 个，分别是左移 <<、右移 >> 和无符号右移 >>>。这 3 个运算符都可以将任意数字以二进制数的方式进行位数移动运算。其中左移 << 和右移 >> 不会改变数字的正负，但经过无符号右移 >>> 运算之后，只会产生正数结果。

实例 12 使用位移运算符对密码加密

实例位置：资源包\Code\SL\02\12
视频位置：资源包\Video\02\

创建 BitwiseOperator 类，声明一个整型变量用于保存原密码，再声明另一个整型变量当作加密参数，原密码与加密参数进行左移运算会生成一个新数字，新数字再与加密参数进行右移运算则会还原回原来的密码，实例代码如下：

```
01  public class BitwiseOperator {
02      public static void main(String[] args) {
03          int password = 751248;                          // 原密码
04          int key = 7;                                    // 加密参数
05          System.out.println("原密码： " + password);        // 输出结果
06          password = password << key;                     // 将原密码左移，生成新数字
07          System.out.println("经过左移运算加密后的结果： " + password);// 输出结果
08          password = password >> key;                     // 将新数字右移，还原回原来的密码
09          System.out.println("经过右移运算还原的结果： " + password); // 输出结果
10      }
11  }
```

运行结果如图 2.20 所示。

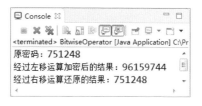

视 频 讲 解

图 2.19　使用位逻辑运算符的运行结果　　图 2.20　密码加密和解密的运行结果

拓展训练

一、声明 int 型变量 a，其值为 20，在 Eclipse 的控制台输出 a>>32、a>>33 和 a>>1 的结果。（资源包 \Code\Try\02\23）

二、声明 long 型变量 a，其值为 15006300079L，在 Eclipse 的控制台输出 a>>64、a>>65 和 a>>1 的结果。（资源包 \Code\Try\02\24）

2.5.7　复合赋值运算符

视 频 讲 解

📺 视频讲解：资源包\Video\02\2.5.7 复合赋值运算符.mp4

和其他主流编程语言一样，Java 中也有复合赋值运算符。所谓的复合赋值运算符，就是将赋值运算符与其他运算符合并成一个运算符来使用，从而实现两种运算符的效果。Java 中的复合赋值运算符如表 2.12 所示。

表 2.12　复合赋值运算符

运　算　符	说　　明	举　　例	等　价　效　果
+=	相加结果赋予左侧	a += b;	a = a + b;
—=	相减结果赋予左侧	a —= b;	a = a – b;
*=	相乘结果赋予左侧	a *= b;	a = a * b;
/=	相除结果赋予左侧	a /= b;	a = a / b;
%=	取余结果赋予左侧	a %= b;	a = a % b;
&=	与结果赋予左侧	a &= b;	a = a & b;
|=	或结果赋予左侧	a |= b;	a = a | b;
^=	异或结果赋予左侧	a ^= b;	a = a ^ b;
<<=	左移结果赋予左侧	a <<= b;	a = a << b;
>>=	右移结果赋予左侧	a >>= b;	a = a >> b;
>>>=	无符号右移结果赋予左侧	a >>>= b;	a = a >>> b;

以 += 为例，虽然 a += 1 与 a = a + 1 两者的最后计算结果是相同的，但是在不同场景下，两种运算符都有各自的优势和劣势。

（1）低精度类型自增。

在 Java 中，整数的默认类型为 int 型，所以这样的赋值语句会报错：

```
byte a = 1;        //创建byte型变量a
a = a + 1;         //让a的值+1，错误提示：无法将int型转换成byte型
```

在没有进行强制类型转换的条件下，a+1 的结果是一个 int 值，无法直接赋给一个 byte 变量。但是如果使用 += 实现递增计算，就不会出现这个问题，例如：

```
byte a = 1;        //创建byte型变量a
a += 1;            //让a的值+1
```

（2）不规则的多值相加

+= 虽然简单、强大，但是有些时候是不好用的，比如下面这个语句：

```
a = (2 + 3 - 4) * 92 / 6;
```

如果将这条语句改成复合赋值运算符就会变得非常烦琐：

```
01   a += 2;
02   a += 3;
03   a -= 4;
04   a *= 92;
05   a /= 6;
```

常见错误

复合赋值运算符中两个符号之间没有空格，不要写成"a + = 1;"。

2.5.8 三元运算符

视频讲解

▶ 视频讲解：资源包\Video\02\2.5.8 三元运算符.mp4

三元运算符的使用格式为：

```
条件表达式 ？ 值1 ： 值2
```

三元运算符的运算规则为：若条件表达式的值为 true，则整个表达式取"值 1"，否则取"值 2"。例如：

```
boolean b = 20 < 45 ? true : false;
```

如上例所示，表达式"20<45"的运算结果返回真，那么 boolean 型变量 b 取值为 true；相反，表达式"20<45"的运算结果返回假，则 boolean 型变量 b 取值 false。

三元运算符等价于 if…else 语句，代码如下：

```
01   boolean a;             // 声明boolean型变量
02   if (20 < 45)           // 将20<45作为判断条件
03       a = true;          // 条件成立，将true赋值给a
04   else
05       a = false;         // 条件不成立，将false赋值给a
```

2.5.9 圆括号

▶ 视频讲解：资源包\Video\02\2.5.9 圆括号.mp4

　　圆括号可以提升公式中计算过程的优先级，在编程中十分常用。如图 2.21 所示，使用圆括号更改运算的优先级，可以得到不同的结果。

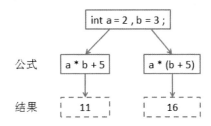

图 2.21　圆括号更改运算的优先级

　　圆括号还有调整代码格式、增强阅读性的功能。比如这样一个公式：

```
a = 7 >> 5 * 6 ^ 9 / 3 * 5 + 4;
```

　　这样的计算公式复杂且难读，如果稍有疏忽就会估错计算结果，影响后续代码的设计。但要是给这个计算公式加上圆括号，且不改变任何运算优先级，如下：

```
a = (7 >> (5 * 6)) ^ ((9 / 3 * 5) + 4);
```

　　这行代码的运算结果不会发生任何改变，但运算逻辑却显得非常清晰。

2.5.10 运算符优先级

▶ 视频讲解：资源包\Video\02\2.5.10 运算符优先级.mp4

　　Java 中的表达式就是使用运算符连接起来的、符合 Java 规则的式子。运算符的优先级决定了表达式中运算执行的先后顺序。通常优先级由高到低的顺序依次是：增量和减量运算、算术运算、比较运算、逻辑运算以及赋值运算。

　　如果两个运算有相同的优先级，那么左边的表达式要比右边的表达式先被处理。表 2.13 显示了在 Java 中众多运算符的优先级。

表 2.13　运算符的优先级

优　先　级	描　　　述	运　算　符
1	圆括号	()
2	正、负号	+、-
3	一元运算符	++、--、!
4	乘、除	*、/、%
5	加、减	+、-
6	移位运算	>>、>>>、<<
7	比较大小	<、>、>=、<=
8	比较是否相等	==、!=

续表

优 先 级	描　　述	运 算 符
9	位与运算	&
10	位异或运算	^
11	位或运算	|
12	逻辑与运算	&&
13	逻辑或运算	||
14	三元运算符	? :
15	赋值运算符	=

多学两招

在编写程序时，尽量使用圆括号 ( ) 运算符来限定运算顺序，以免运算顺序发生错误。

2.6　小结

本章向读者介绍的是 Java 语言基础，其中需要读者重点掌握的是 Java 中的基本数据类型、变量与常量以及运算符三大知识点。读者经常会认为 String 类型是 Java 中的基本数据类型，在此提醒读者，Java 的基本数据类型中并没有 String 类型。另外，要对数据类型之间的转换有一定的了解。在使用变量时，需要读者注意的是变量的有效范围，否则在使用时会出现编译错误或浪费内存资源的情况。此外，运算符也是 Java 语言基础中的重点，正确使用这些运算符，才能得到预期的结果。

本章 e 学码：关键知识点拓展阅读

BMI 指数	单精度	精度丢失	十六进制
final 关键字	单目运算符	克莱姆法则	双精度
Scanner	堆和栈	类	无符号编码
Unicode 标准字符集	二进制数	内存	一元运算符
八进制	二元运算符	内存空间	异常
表达式	关键字	三元运算符	溢出
初始化	加密参数	声明	字节

e 学码

第**3**章
流程控制

（ ▶ 视频讲解：2 小时 30 分钟）

做任何事情都要遵循一定的原则。例如，到图书馆去借书，就必须要有借书证，并且借书证不能过期，这两个条件缺一不可。程序设计也是如此，需要利用流程控制实现与用户的交流，并根据用户的需求决定程序"做什么""怎么做"。

流程控制对于任何一门编程语言来说都是至关重要的，它能够控制程序的执行顺序。如果没有流程控制语句，整个程序将按照线性顺序来执行，这样就不能根据用户的需求来决定程序执行的顺序。本章将详细讲解 Java 中的流程控制语句，并用简单的示意图将各种流程控制语句的执行过程展示出来，让读者真正理解，并在实战开发中灵活运用。

本章内容也是 Java Web 技术和 Android 技术的基础知识。

知识框架

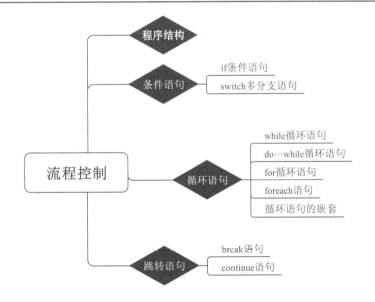

3.1 程序结构

📹 视频讲解：资源包\Video\03\3.1 程序结构.mp4

　　顺序结构、选择结构和循环结构是结构化程序设计的 3 种基本结构，是各种复杂程序的基本构造单元，上述 3 种基本结构如图 3.1 所示。其中，第 1 幅图是顺序结构的流程图，编写完毕的语句按照编写顺序依次被执行；第 2 幅图是选择结构的流程图，主要根据数据和中间结果的不同选择执行不同的语句，选择结构主要由条件语句（也叫判断语句或者分支语句）组成；第 3 幅图是循环结构的流程图，是在一定的条件下反复执行某段程序的流程结构，其中，被反复执行的语句又被称为循环体，而决定循环是否终止的判断条件被称为循环条件。

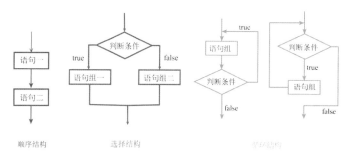

图 3.1　结构化程序设计的 3 种基本结构

　　本章之前编写的大多数例子采用的都是顺序结构。例如，声明并输出一个 int 型变量，代码如下：

```
int a = 15;
System.out.println(a);
```

　　下面将主要对选择结构中的条件语句和循环结构中的循环语句进行讲解。

3.2 条件语句

　　在生活中，每个人都要做出各种各样的选择。例如，吃什么菜，走哪条路，找什么人。那么当程序遇到选择时，该怎么办呢？这时需要使用的就是条件语句。条件语句会根据不同的判断条件执行不同的代码。在 Java 中，条件语句主要包括 if 条件语句和 switch 多分支语句，下面将分别进行讲解。

3.2.1 if 条件语句

📹 视频讲解：资源包\Video\03\3.2.1 if条件语句.mp4

　　if 条件语句主要用于告知程序当某一个条件成立时，须执行满足该条件的相关语句。if 条件语句可分为简单的 if 条件语句、if…else 语句和 if…else if 多分支语句。

1. 简单的 if 条件语句

　　语法如下：

```
if (布尔表达式){
    语句;
}
```

　　☑　布尔表达式：必要参数，最后返回的结果必须是一个布尔值。它可以是一个单纯的布尔变量或常量，也可以是关系表达式。

☑ 语句：可以是一条或多条语句，当布尔表达式的值为 true 时执行这些语句。若仅有一条语句，则可以省略条件语句中的"{ }"。

简单的 if 条件语句的执行流程如图 3.2 所示。下面的代码中只有一条语句，实例代码如下：

```
01  int a = 100;
02  if (a == 100)     // 没有大括号，输出语句直接跟在if语句之后
03      System.out.print("a的值是100");
```

说明

（1）在上面的实例代码中，出现了 print，那么 print 和 println 有什么区别呢？其中，print 输出字符时不换行，也就是说，print 会把输出光标定位在控制台显示的最后一个字符之后；而 println 输出字符时会换行，换言之，println 则是把输出光标定位在下一行的开始。

（2）虽然 if 后面只有一条语句，省略 { } 并无语法错误，但为了增强程序的可读性，最好不要省略。例如下面两种代码都是正确的：

```
01  if (true)                                      // 让判断条件永远为真
02      System.out.println("我没有使用大括号");      // 没有大括号，输出语句直接跟在if语句之后
03  if (true) {                                    // 让判断条件永远为真
04      System.out.println("我使用大括号");          // 输出语句在大括号之内
05  }
```

运行结果如图 3.3 所示。

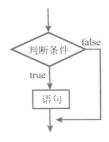

图 3.2　if 条件语句的执行流程　　　　　　图 3.3　if 条件语句的运行结果

常见错误

不要在 if 条件语句的布尔表达式中对 boolean 型变量做 == 的运算，如果少写了一个等号，程序也不会报错，但可能会影响程序的判断结果，例如下面的例子：

（1）不规范写法，使用 == 判断布尔值，虽然语法没错误，但容易因为漏写一个等号而产生（2）中的错误。

```
01  boolean flag1 = false;                             // 创建一个boolean型变量flag1，值为false
02  if (flag1 == true) {                               // 如果变量的值与true是相等的，则执行输出
03      System.out.println("flag1的值是true");  // 此行语句不会输出
04  }
```

（2）错误写法，在 if 条件语句的布尔表达式中，直接使用 = 给 boolean 型变量赋值，导致变量值发生更改，if 语句做出了错误判断。

```
01  boolean flag2 = false;                             // 创建一个boolean型变量flag2，值为false
02  if (flag2 = true) {                                // 首先将true赋给flag2变量，然后判断flag2的值
03      System.out.println("flag2的值是true");  // 此行语句会输出，因为flag2的值被改成true了
04  }
```

（3）正确写法，既然是布尔值，直接在 if 语句中进行判断即可。

```
01   boolean flag3 = false;                        // 创建一个boolean型变量flag3，值为false
02   if (flag3) {                                   // 判断flag3的值
03       System.out.println("flag3的值是true"); // 此行语句不会输出
04   }
```

实例 01 判断手机号码是否存在

实例位置：资源包\Code\SL\03\01
视频位置：资源包\Video\03\

创建 TakePhone 类，模拟拨打电话场景，如果输入的电话号码不是 84972266，则提示拨打的号码不存在，实例代码如下：

```
01   import java.util.Scanner;
02   public class TakePhone {
03       public static void main(String[] args) {
04           Scanner in = new Scanner(System.in);          //创建Scanner对象，用于进行输入
05           System.out.println("请输入要拨打的电话号码：");// 输出提示
06           int phoneNumber = in.nextInt();               // 创建变量，保存电话号码
07           if (phoneNumber != 84972266)                  // 判断此电话号码是否是84972266
08               // 如果号码不是84972266，则提示号码不存在
09               System.out.println("对不起，您拨打的号码不存在！");
10       }
11   }
```

说明

上面的代码用到了 Scanner 类，它的英文直译是扫描仪，它的作用和名字一样，就是一个可以解析基本数据类型和字符串的文本扫描器。代码中用到的 nextInt() 方法用于扫描一个值并返回 int 值。

运行结果如图 3.4 所示。

视频讲解

图 3.4 判断手机号码是否存在的运行结果

拓展训练

一、大学英语四级考试合格分数为 425 分。一位大二学生的英语四级考试分数为 424 分，判断并输出该学生是否通过了大学英语四级考试。（资源包 \Code\Try\03\01）

二、公司年会抽奖：

① "1" 代表 "一等奖"，奖品是 "42 寸彩电"；

② "2" 代表 "二等奖"，奖品是 "光波炉"；

③ "3" 代表 "三等奖"，奖品是 "加湿器"；

④ "4" 代表 "安慰奖"，奖品是 "16G-U 盘"。

使用 if 语句，根据控制台输入的奖号，输出与该奖号对应的奖品。（资源包 \Code\Try\03\02）

2. if…else 语句与 if…else if 多分支语句

if…else 语句是条件语句中最常用的一种形式，它会针对某种条件有选择地做出处理。通常表现为"如果满足某种条件，就进行某种处理，否则就进行另一种处理"。语法如下：

```
if(表达式){
    语句1
} else {
    语句2
}
```

if…else if 多分支语句用于处理某一事件的多种情况。通常表现为"如果满足某一个条件，就采用与该条件对应的处理方式；如果满足另一个条件，则采用与该条件对应的处理方式"。语法如下：

```
if(表达式1){
    语句1
} else if(表达式2){
    语句2
} …
} else if(表达式n){
    语句n
}
```

☑ 表达式 1～表达式 n：必要参数。可以由多个表达式组成，但最后返回的结果一定要为布尔值。

☑ 语句 1～语句 n：可以是一条或多条语句，当表达式 1 的值为 true 时，执行语句 1；当表达式 2 的值为 true 时，执行语句 2，以此类推。

if…else if 多分支语句的执行流程如图 3.5 所示。

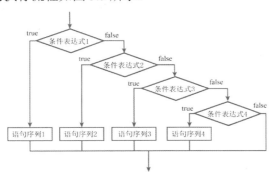

图 3.5　if…else if 多分支语句执行流程

实例 02　饭店座位分配	实例位置：资源包\Code\SL\03\02
	视频位置：资源包\Video\03\

创建 Restaurant 类，声明 int 型变量 count，表示用餐人数，根据人数安排客人到 4 人桌、8 人桌或包厢用餐，实例代码如下：

```
01   import java.util.Scanner;                                    //引入Scanner类
02   public class Restaurant {
03       public static void main(String args[]) {
04           Scanner sc = new Scanner(System.in);                 // 创建扫描器，获取在控制台输入的值
05           System.out.println("欢迎光临，请问有多少人用餐？");    // 输出提示
```

```
06              int count = sc.nextInt();                       // 记录用户输入的用餐人数
07              if (count <= 4) {                                // 如果人数小于或等于4人
08                      System.out.println("客人请到大厅4人桌用餐");  // 请到4人桌
09              } else if (count > 4 && count <= 8) {            // 如果人数在4～8（含）人
10                      System.out.println("客人请到大厅8人桌用餐");  // 请到8人桌
11              } else if (count > 8 && count <= 16) {           // 如果人数在8～16（含）人
12                      System.out.println("客人请到楼上包厢用餐");   // 请到包厢
13              } else {                                         // 当以上条件都不成立时，执行该语句块
14                      System.out.println("抱歉，我们店暂时没有这么大的包厢！"); // 输出信息
15              }
16              sc.close();                                      // 关闭扫描器
17      }
18  }
```

运行结果如图 3.6 所示。

图 3.6　使用 if…else if 语句实现饭店座位分配的运行结果

一、将一、二年级学生的成绩划分等级，等级划分标准如下：
① "优秀"，大于或等于 90 分；
② "良好"，大于或等于 80 分，小于 90 分；
③ "合格"，大于或等于 60 分，小于 80 分；
④ "不合格"，小于 60 分。

使用 if…else if 语句实现根据控制台输入的成绩，输出与该成绩对应等级的功能。（资源包 \Code\Try\03\03）

二、BMI 身体质量指数的等级划分标准如下：
① "偏轻"，BMI 小于 18.5；
② "正常"，BMI 大于或等于 18.5，小于 25；
③ "偏重"，BMI 大于或等于 25，小于 30；
④ "肥胖"，BMI 大于或等于 30。

根据控制台输入的身高（单位：米）、体重（单位：千克），输出 BMI 指数以及与该指数对应的等级。（资源包 \Code\Try\03\04）

3.2.2 switch 多分支语句

视频讲解：资源包\Video\03\3.2.2 switch多分支的语句.mp4

2008 年北京奥运会的时候，全球各个国家的参赛队齐聚北京。每个国家的参赛队都有指定的休息区，例如"美国代表队请到 A4-14 休息区等候""法国代表队请到 F9-03 休息区等候"等。本次奥运会共有 204 个国家参与，如果用计算机来分配休息区，难道要写 204 个 if 语句吗？

这是编程中的一个常见问题，即检测一个变量是否符合某个条件，如果不符合，再用另一个值来检测，以此类推。例如，给各个国家的参赛队分配一个编号，然后判断某个参赛队的国家编号是不是美国的？如果不是美国的，那是不是法国的？是不是德国的？是不是新加坡的？当然，这种问题可以使用 if 条件语句来完成。

例如，使用 if 语句检测变量是否符合某个条件，关键代码如下：

```
01  int country = 001;
02  if (country == 001) {
03      System.out.println("美国代表队请到A4-14休息区等候");
04  }
05  if (country == 026) {
06      System.out.println("法国代表队请到F9-03休息区等候");
07  }
08  if (country == 103) {
09      System.out.println("新加坡代表队请到S2-08休息区等候");
10  }
11  ......   /*此处省略其他201个国家的代表队*/
```

这个程序显得比较笨重，需要测试不同的值来给出输出语句。在 Java 中，可以用 switch 多分支语句将动作组织起来，以一个较简单明了的方式实现"多选一"的功能。语法如下：

```
switch(用于判断的参数){
    case 常量表达式1 : 语句1; [break;]
    case 常量表达式2 : 语句2; [break;]
    ......
    case 常量表达式n : 语句n; [break;]
    default : 语句n+1; [break;]
}
```

在 switch 多分支语句中，参数必须是整型、字符型、枚举类型或字符串类型的，常量值 $1 \sim n$ 必须是与参数兼容的数据类型。

switch 多分支语句首先计算参数的值，如果参数的值和某个 case 后面的常量表达式相同，则执行该 case 语句后的若干语句，直到遇到 break 语句。此时，如果该 case 语句中没有 break 语句，将继续执行后面 case 中的若干语句，直到遇到 break 语句。若没有任何一个常量表达式与参数的值相同，则执行 default 后面的语句。

break 的作用是跳出整个 switch 多分支语句。

default 语句是可以不写的，如果它不存在，而且 switch 多分支语句中表达式的值不与任何 case 的常量表达式的值相同，则 switch 不做任何处理。

switch 多分支语句的执行流程如图 3.7 所示。

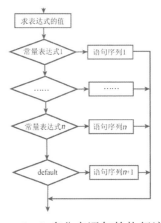

图 3.7　switch 多分支语句的执行流程

实例 03 根据考试成绩判断等级

实例位置：资源包\Code\SL\03\03
视频位置：资源包\Video\03\

创建 Grade 类，使用 Scanner 类在控制台输入成绩，然后用 switch 多分支语句判断输入的分数属于哪个等级。10 分和 9 分属于优，8 分属于良，7 分和 6 分属于中，5 分、4 分、3 分、2 分、1 分以及 0 分均属于差，实例代码如下：

```
01  import java.util.Scanner;                           // 引入Scanner类
02  public class Grade {
03      public static void main(String[] args) {
04          Scanner sc = new Scanner(System.in);        // 创建扫描器，接收控制台输入内容
05          System.out.print("请输入成绩: ");            // 输出字符串
06          int grade = sc.nextInt();                    // 获取在控制台输入的数字
07          switch (grade) {                             // 使用switch判断数字
08          case 10:                                     // 如果等于10，则继续执行下一行代码
09          case 9:                                      // 如果等于9
10              System.out.println("成绩为优");          // 输出成绩为优
11              break;                                   // 结束判断
12          case 8:                                      // 如果等于8
13              System.out.println("成绩为良");          // 输出成绩为良
14              break;                                   // 结束判断
15          case 7:                                      // 如果等于7，则继续执行下一行代码
16          case 6:                                      // 如果等于6
17              System.out.println("成绩为中");          // 输出成绩为中
18              break;                                   // 结束判断
19          case 5:                                      // 如果等于5，则继续执行下一行代码
20          case 4:                                      // 如果等于4，则继续执行下一行代码
21          case 3:                                      // 如果等于3，则继续执行下一行代码
22          case 2:                                      // 如果等于2，则继续执行下一行代码
23          case 1:                                      // 如果等于1，则继续执行下一行代码
24          case 0:                                      // 如果等于0
25              System.out.println("成绩为差");          // 输出成绩为差
26              break;                                   // 结束判断
27          default:                                     // 如果不符合以上任何一个结果
28              System.out.println("成绩无效");          // 输出成绩无效
29          }
30          sc.close();                                  // 关闭扫描器
31      }
32  }
```

运行结果如图 3.8 所示。

视 频 讲 解

图 3.8 输入不同成绩返回不同的结果

从这个结果发现，当成绩为 9 时，switch 判断之后执行了"case 9 :"后面的语句，输出了"成绩为优"；当成绩为 5 时，"case 5 :"后面是没有任何处理语句的，这时候 switch 会自动跳转到"case 4 :"，但"case 4 :"后面也没有任何处理代码，这样就会继续往下找，直到在"case 0 :"中找到了处理代码，于是输出了"成绩为差"的结果，然后执行 break，结束了 switch 多分支语句；当成绩为 –1 时，switch 直接进入"default"，执行完后退出。

说明

（1）在 JDK1.6 及以前的版本中，switch 多分支语句中表达式的值必须是整型或字符型的，常量值 1 ~ *n* 也必须是整型或字符型的，但是在 JDK 1.7 以上的版本中，switch 多分支语句表达式的值除了是整型或字符型的，还可以是字符串类型的。

（2）在实例 03 中出现了 break 关键字，这个关键字的作用是停止 switch 多分支语句的运行，但不会停止 switch 多分支语句外的语句，也不会使程序终止。更多关于 break 关键字的用法，可以参考本章 3.4.1 节中的内容。

（3）if 语句和 switch 多分支语句都可以实现多条件判断，但 if 语句主要是对布尔表达式、关系表达式或者逻辑表达式进行判断，而 switch 多分支语句主要是对常量值进行判断。因此，在程序开发中，如果遇到多条件判断的情况，并且判断的条件不是关系表达式、逻辑表达式或者浮点类型，就可以使用 switch 多分支语句代替 if 语句，这样执行效率会更高。

注意

（1）同一个 switch 多分支语句，case 的常量值必须互不相同。

（2）在 switch 多分支语句中，case 语句后常量表达式的值可以为 int、short、char、byte、String 以及 enum（枚举类型）。例如，下面的代码就是不合法的：

```
case 1.1:    // 如果case后常量的值是浮点类型的，那么Eclipse就会报错
```

拓展训练

一、使用 switch 多分支语句判断控制台输入的某个月份属于哪个季节。（资源包 \Code\Try\03\05）

二、某大型商超为答谢新老顾客，当累计消费金额达到一定数额时，顾客可享受不同的折扣：

①尚未超过 200 元，顾客须按照小票价格支付全款；

②不少于 200 元但尚未超过 600 元，顾客全部的消费金额可享 8.5 折优惠；

③不少于 600 元但尚未超过 1000 元，顾客全部的消费金额可享 7 折优惠；

④不少于 1000 元，顾客全部的消费金额可享 6 折优惠；

根据顾客购物小票上的消费金额，在控制台上输出该顾客将享受的折扣与打折后须支付的金额。（资源包 \Code\Try\03\06）

3.3 循环语句

日常生活中很多问题都无法一次解决，比如盖楼，所有高楼都是一砖一瓦堆起来的。有些事物必须周而复始地运转才能保证其存在的意义，例如公交、地铁等交通工具必须每天在同样的时间出现在相同的站点。类似这样反复执行同一件事的情况，在程序设计中经常碰到，为了解决这样的开发需求，

编程中就有了循环语句。

循环语句就是在满足一定条件的情况下反复执行某一个操作。Java 中提供了 4 种常用的循环语句，分别是 while 语句、do…while 语句、for 语句和 foreach 语句，其中，foreach 语句是 for 语句的特殊简化版本。下面分别进行介绍。

3.3.1 while 循环语句

▶ 视频讲解：资源包\Video\03\3.3.1 while循环语句.mp4

while 语句的循环方式是通过一个条件来控制是否要继续反复执行执行语句。语法如下：

```
while(条件表达式)
{
    执行语句
}
```

当条件表达式的返回值为真时，则执行 {} 中的语句，当执行完 {} 中的语句后，重新判断条件表达式的返回值，直到表达式的返回值为假时，退出循环。while 循环语句的执行流程如图 3.9 所示。

实例 04 对 1～10 进行相加计算	实例位置：资源包\Code\SL\03\04 视频位置：资源包\Video\03\

在项目中创建 GetSum 类，在主方法中通过 while 循环将整数 1～10 相加，并将结果输出，实例代码如下：

```
01  public class GetSum {                              // 创建类
02      public static void main(String args[]) {       // 主方法
03          int x = 1;                                  // 定义int型变量x，并赋初值
04          int sum = 0;                                // 定义变量用于保存相加后的结果
05          while (x <= 10) {          // while循环语句，当变量满足条件表达式时执行循环体语句
06              sum = sum + x;
07              x++;                                    // x的值自增
08          }
09          System.out.println("sum = " + sum);         // 将变量sum输出
10      }
11  }
```

运行结果如图 3.10 所示。

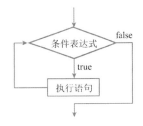

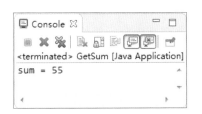

图 3.9　while 循环语句的执行流程　　图 3.10　用 while 循环语句计算 1～10 相加的和的运行结果

拓展训练

一、猜数字游戏：假设目标数字为 147，使用 while 循环实现控制台的多次输入，猜对后终止程序。（资源包 \Code\Try\03\07）

二、在生物实验室做单细胞细菌繁殖实验，每一代细菌数量都会成倍增长，第一代菌落中只有一个细菌，第二代菌落中分裂成两个，第三代菌落中分裂成 4 个，以此类推，请问第十代菌落中的细菌数量。（资源包 \Code\Try\03\08）

3.3.2 do…while 循环语句

视频讲解：资源包\Video\03\3.3.2 do…while循环语句.mp4

do…while 循环语句与 while 循环语句类似，它们之间的区别是 while 循环语句先判断条件是否成立再执行循环体，而 do…while 循环语句则先执行一次循环后，再判断条件是否成立。也就是说，do…while 循环语句的 {} 中的语句至少要被执行一次。语法如下：

```
do
{
  执行语句
}
while(条件表达式);
```

do…while 循环语句与 while 循环语句的一个明显区别是，do…while 循环语句在结尾处多了一个分号。根据 do…while 循环语句的语法特点总结出的 do…while 循环语句的执行流程如图 3.11 所示。

实例 05　用户登录验证　　实例位置：资源包\Code\SL\03\05
　　　　　　　　　　　　　　视频位置：资源包\Video\03\

创建 LoginService 类，首先提示用户输入 6 位密码，然后使用 Scanner 扫描器类获取用户输入的密码，最后进入 do…while 循环进行判断。如果用户输入的密码不是"651472"，则让用户反复输入，直到输入正确密码，实例代码如下：

```
01  import java.util.Scanner;                        // 引入Scanner类
02  public class LoginService {
03      public static void main(String[] args) {
04          Scanner sc = new Scanner(System.in);// 创建扫描器，获取在控制台输入的值
05          String password;                          // 创建字符串变量，用来保存用户输入的密码
06          do {
07              System.out.println("请输入6位数字密码:");      // 输出提示
08              password = sc.nextLine();       // 将用户在控制台输入的密码记录下来
09          } while (!"651472".equals(password));  // 如果用户输入的密码不是"651472"，则继续执行循环
10          System.out.println("登录成功");                  // 提示循环已结束
11          sc.close();                              // 关闭扫描器
12      }
13  }
```

运行结果如图 3.12 所示。

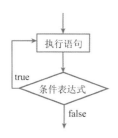

图 3.11　do…while 循环语句的执行流程　　图 3.12　使用 do…while 循环语句验证用户登录密码的运行结果

拓展训练

一、用户输入一个值，从这个值开始，依次与这个值之后的连续 n 个自然数相加，当和超过 100 时结束，输出此时的和与自然数的值。（资源包 \Code\Try\03\09）

二、自动售卖机有 3 种饮料，价格分别为 3 元、5 元、7 元。自动售卖机仅支持 1 元硬币支付，请编写该售卖机的自动收费系统程序。（资源包 \Code\Try\03\10）

3.3.3 for 循环语句

视频讲解

▶ 视频讲解：资源包\Video\03\3.3.3 for循环语句.mp4

for 循环语句是 Java 程序设计中最有用的循环语句之一。一个 for 循环可以用来重复执行某条语句，直到某个条件得到满足。for 循环语句的语法如下：

```
for(表达式1;表达式2;表达式3) {
    语句
}
```

☑ 表达式 1：该表达式通常是一个赋值表达式，负责设置循环的起始值，也就是给控制循环的变量赋初值。

☑ 表达式 2：该表达式通常是一个关系表达式，用于控制循环的变量和循环变量允许的范围值进行比较。

☑ 表达式 3：该表达式通常是一个赋值表达式，对控制循环的变量进行增大或减小。

☑ 语句：语句仍然是复合语句。

for 循环语句的执行流程如下。

（1）先执行表达式 1。

（2）判断表达式 2，若其值为真，则执行 for 语句中指定的内嵌语句，然后执行（3）。若表达式 2 的值为假，则结束循环，转到（5）。

（3）执行表达式 3。

（4）返回（2）继续执行。

（5）循环结束，执行 for 语句之外的语句。

上面的 5 个步骤也可以用图 3.13 表示。

实例 06 1~100 的累加计算

实例位置：资源包\Code\SL\03\06
视频位置：资源包\Video\03\

创建 AdditiveFor 类，使用 for 循环完成 1 ～ 100 的相加运算，实例代码如下：

```
01  public class AdditiveFor {
02      public static void main(String[] args) {
03          int sum = 0;                                  // 创建用户求和的变量
04          int i;                                        // 创建用于循环判断的变量
05          for (i = 1; i <= 100; i++) {                  // for循环语句
06              sum += i;                                 // 循环体内执行的代码
07          }
08          System.out.println("the result :" + sum);    // 在循环外输出相加的最终结果
09      }
10  }
```

运行结果如图 3.14 所示。

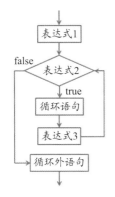

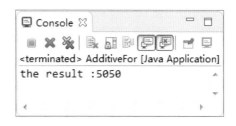

图 3.13　for 循环语句的执行流程　　图 3.14　使用 for 循环语句完成 1～100 的累加计算的运行结果

程序中 for(i=1; i<=100; i++) ｛sum += i｝就是一个循环语句，sum += i 是循环体语句，其中 i 是控制循环的变量，i=1 是表达式 1，i<=100 是表达式 2，i++ 是表达式 3；表达式 1 给循环控制变量 i 赋初始值 1，表达式 2 中的 100 是循环变量允许的范围，也就是说 i 不能大于 100，大于 100 时将不执行语句 sum += i。语句 sum += i 使用了复合赋值运算符，它等同于语句 sum = sum + i。sum += i 语句共执行了 100 次，i 的值从 1 加到了 100。

说明

使用 for 循环时，可以在表达式 1 中直接声明变量。例如：

```
01  int sum = 0;
02  for (int i = 1; i <= 100; i++){          // 在for循环中定义循环变量i
03  sum += i;
04  }
05  System.out.println("the result :" + sum);
```

拓展训练

一、有一组数：1、1、2、3、5、8、13、21、34……请用 for 循环算出这组数的第 n 个数是多少？（资源包 \Code\Try\03\11）

二、一个球从 80 米高度自由落下，每次落地后反弹的高度为原高度的一半，第 6 次落地时球共经过多少米？第 6 次反弹多高？（资源包 \Code\Try\03\12）

3.3.4 foreach 语句

视频讲解：资源包\Video\03\3.3.4 foreach语句.mp4

foreach 语句是 for 语句的特殊简化版本，但是 foreach 语句并不能完全取代 for 语句，不是任何 foreach 语句都可以改写为 for 语句版本。foreach 并不是一个关键字，只是习惯上将这种特殊的 for 语句格式称为 foreach 语句。foreach 语句在遍历数组等方面为程序员提供了很大的方便。语法如下：

```
for(循环变量x : 遍历对象obj){
    引用了x的Java语句;
}
```

☑ 遍历对象 obj：依次读取 obj 中元素的值。
☑ 循环变量 x：将遍历 obj 读出的值赋给 x。

说明　遍历，在数据结构中指沿着某条路线，依次对树中每个节点均做一次且仅做一次访问。也可以简单地将其理解为"对数组或集合中的所有元素逐一访问"。数组，就是相同数据类型的元素按一定的顺序排列的集合。

对 foreach 语句中的元素变量 x，不必进行初始化。下面通过简单的例子来介绍 foreach 语句是如何遍历一维数组的。

实例 07　遍历整型数组　　　　实例位置：资源包\Code\SL\03\07
　　　　　　　　　　　　　　　　视频位置：资源包\Video\03\

在项目中创建 Repetition 类，在主方法中声明一维整型数组，并使用 foreach 语句遍历该数组，实例代码如下：

```
01  public class Repetition {
02      public static void main(String args[]) {          // 主方法
03          int arr[] = { 7, 10, 1 };                      // 声明一维数组
04          System.out.println("一维数组中的元素分别为：");    // 输出信息
05          // foreach语句，int x引用的变量，arr指定要循环遍历的数组，最后将x输出
06          for (int x : arr) {
07              System.out.println(x);
08          }
09      }
10  }
```

运行结果如图 3.15 所示。

拓展训练　一、模拟淘宝购物车场景（记录商品名称、数量和价格，并统计总金额）：现将商品信息存储在 String 类型的数组中，即 String info[][] = {{ "舒适达牙膏", "1", "68.49" }, { "益达口香糖", "1", "9.8" }, { "大宝 SOD 蜜", "1", "9.9" }}，使用 foreach 语句遍历这个二维数组。（资源包\Code\Try\03\13）

二、现通过 List<String> list=new ArrayList<String>();、list.add("舒适达牙膏");、list.add("2"); 以及 list.add("68.49"); 这 4 条语句将舒适达牙膏放入"购物车"（List 集合）中，然后使用 foreach 语句遍历这个 List 集合。（资源包 \Code\Try\03\14）

图 3.15　使用 foreach 语句
遍历数组的运行结果

3.3.5 循环语句的嵌套

▶ 视频讲解：资源包\Video\03\3.3.5 循环语句的嵌套.mp4

循环有 for、while 和 do…while 3 种方式，这 3 种循环可以相互嵌套。例如，在 for 循环中套用 for 循环的代码格式如下：

```
for(...)
{
    for(...)
    {
        ...
    }
}
```

在 while 循环中套用 while 循环的代码格式如下：

```
while(...)
{
    while(...)
    {
        ...
    }
}
```

在 while 循环中套用 for 循环的代码格式如下：

```
while(...)
{
    for(...)
    {
        ...
    }
}
```

实例 08 输出乘法口诀表

实例位置：资源包\Code\SL\03\08
视频位置：资源包\Video\03\

创建 Multiplication 类，使用两层 for 循环实现在控制台输出乘法口诀表，实例代码如下：

```
01  public class Multiplication {
02      public static void main(String[] args) {
03          int i, j;                                    // i代表行，j代表列
04          for (i = 1; i < 10; i++) {                   // 输出9行
05              for (j = 1; j < i + 1; j++) {            // 输出与行数相等的列
06                  System.out.print(j + "*" + i + "=" + i * j + "\t"); // 打印拼接的字符串
07              }
08              System.out.println();                   // 换行
09          }
10      }
11  }
```

运行结果如图 3.16 所示。

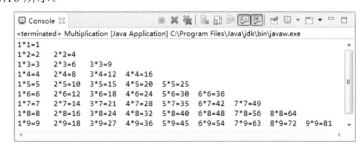

图 3.16 使用嵌套 for 循环输出乘法口诀表的运行结果

这个结果是如何得出来的呢？外层循环控制输出的行数，i 从 1 到 9，当 i = 1 的时候，输出第 1 行，然后进入内层循环，这里的 j 是循环变量，循环的次数与 i 的值相同，所以使用 "j < i+1" 来控制，内

层循环的次数决定本行有几列，所以先输出 j 的值，然后输出 * 号，再输出 i 的值，最后输出 j * i 的结果。内层循环全部执行完毕后，换行，然后开始下一行的循环。

一、5 文钱可以买一只公鸡，3 文钱可以买一只母鸡，1 文钱可以买三只雏鸡，现在用 100 文钱买 100 只鸡，那么公鸡、母鸡、雏鸡各有多少只？（资源包 \Code\Try\03\15）

二、根据用户控制输入 * 的行数，在控制台中输出相应行数的等腰三角形。（资源包 \Code\Try\03\16）

3.4 跳转语句

假设在一个书架上寻找一本《新华字典》，如果在第二排第三个位置找到了这本书，那还需要去看第三排、第四排的书吗？不需要。同样，在编写一个循环时，当循环还未结束，就已经处理完所有的任务时，还有必要让循环继续运行下去吗？答案是没有必要，再继续运行下去，既浪费时间又浪费内存资源。本节详细讲解可以用来控制循环的跳转语句。

跳转语句包含两方面的内容，一方面是控制循环变量的变化，也就是让循环判断中的逻辑关系表达式变成 false，从而达到终止循环的效果；另一方面是控制循环的跳转，控制循环的跳转需要用到 break 和 continue 两个关键字，这两条跳转语句的跳转效果不同，break 是中断循环，continue 是直接执行下一次循环。

3.4.1 break 语句

视频讲解：资源包\Video\03\3.4.1 break语句.mp4

使用 break 语句可以跳出 switch 结构。在循环结构中，同样可以用 break 语句跳出当前循环体，从而中断当前循环。

在 3 种循环语句中使用 break 语句的形式如图 3.17 所示。

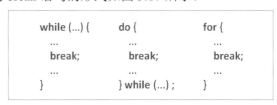

图 3.17　break 语句的使用形式

实例 09　输出数字中的第一个偶数　　　　实例位置：资源包\Code\SL\03\09
　　　　　　　　　　　　　　　　　　　　　　视频位置：资源包\Video\03\

创建 BreakTest 类，循环输出 1～19 的整数值，在遇到第一个偶数的时候，使用 break 语句结束循环，实例代码如下：

```
01  public class BreakTest {
02      public static void main(String[] args) {
03          for (int i = 1; i < 20; i++) {        // i的值从1循环至19
04              if (i % 2 == 0) {                   // 如果i是偶数
05                  System.out.println(i);          // 输出i的值
06                  break;                          // 跳出循环
```

```
07                          }
08                    }
09                    System.out.println("---end---");              // 结束时输出一行文字
10        }
11   }
```

运行结果如图 3.18 所示。

注意

如果遇到循环嵌套的情况，break 语句只会使程序流程跳出包含它的循环结构，即只跳出一层循环。

拓展训练

一、地铁 1 号线共有 18 个地铁站，某人乘坐 1 号线从始发站前往第 4 站，请在控制台输出此人经过哪些地铁站。（地铁站名采用数字编号，例如第 4 站）（资源包 \Code\Try\03\17）

二、有一口井深 10 米，一只蜗牛从井底向井口爬，白天向上爬 2 米，晚上向下滑 1 米，问多少天可以爬到井口？（资源包 \Code\Try\03\18）

如果想要让 break 跳出外层循环，Java 提供了"标签"的功能，语法如下：

```
标签名 ： 循环体{
    break 标签名;
}
```

☑ 标签名：任意标识符。

☑ 循环体：任意循环语句。

☑ break 标签名：跳出指定的循环体，此循环体的标签名必须与 break 标签名一致。

带有标签名的 break 可以跳出指定的循环，这个循环可以是内层循环，也可以是外层循环。

实例 10　使用 break 语句跳出指定的循环

实例位置：资源包\Code\SL\03\10
视频位置：资源包\Video\03\

创建 BreakOutsideNested 类，在主方法中编写两层 for 循环，并给外层循环添加标签名。当内层循环语句循环 4 次时，结束所有循环，实例代码如下：

```
01   public class BreakOutsideNested {
02       public static void main(String[] args) {
03       Loop: for (int i = 0; i < 3; i++) {          // 在for循环前用标签名标记
04              for (int j = 0; j < 6; j++) {
05                    if (j == 4) {                    // 如果j = 4，结束外层循环
06                        break Loop;                  // 跳出由Loop标签名标记的循环体
07                    }
08                    System.out.println("i=" + i + " j=" + j);    // 输出i和j的值
09              }
10          }
11       }
12   }
```

运行结果如图 3.19 所示。

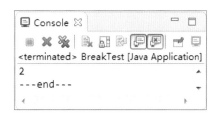

图 3.18　输出数字中的第一个偶数的运行结果　　图 3.19　使用带有标签名的 break 跳出外层循环的运行结果

从这个结果可以看出，当 j=4 时，i 的值没有继续增加，直接结束外层循环。

一、编写一个程序，体现如下过程：一个 8×8 的方阵正通过报数的方式统计人数，当报数至第 2 排第 5 列时，报数终止。（资源包 \Code\Try\03\19）

拓展训练　　二、编写一个程序，体现如下过程：一个停车场有 4 排停车位，每排有 10 个停车位，某车主查询到第 3 排第 6 个车位尚未使用，于是开车前往空车位。（资源包 \Code\Try\03\20）

3.4.2 continue 语句

📹 视频讲解：资源包\Video\03\3.4.2 continue语句.mp4

continue 语句是针对 break 语句的补充。continue 不是立即跳出循环体，而是跳过本次循环结束前的语句，回到循环的条件判断部分，重新开始执行循环。在 for 循环语句中遇到 continue 后，首先执行循环的增量部分，然后进行条件判断。在 while 和 do…while 循环中，continue 语句使控制直接回到条件判断部分。

在 3 种循环语句中使用 continue 语句的形式如图 3.20 所示。

```
while (...) {        do {                for {
    ...                  ...                  ...
    continue;            continue;            continue;
    ...                  ...                  ...
}                    } while (...);       }
```

图 3.20　使用 continue 语句的形式

实例 11　输出数字中的所有偶数　　　实例位置：资源包\Code\SL\03\11
　　　　　　　　　　　　　　　　　　　视频位置：资源包\Video\03\

创建 ContinueTest 类，使用一个 for 循环输出 1 ～ 19 的所有值，如果输出的值是奇数，则使用 continue 语句跳过本次循环，实例代码如下：

```java
01  public class ContinueTest {
02      public static void main(String[] args) {
03          for (int i = 1; i < 20; i++) {      // i的值从1循环至19
04              if (i % 2 != 0) {               // 如果i不是偶数
05                  continue;                   // 跳到下一次循环
06              }
07              System.out.println(i);          // 输出i的值
08          }
09      }
10  }
```

运行结果如图 3.21 所示。

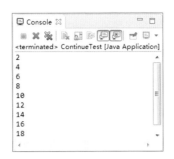

视 频 讲 解

图 3.21　输出 1 ～ 19 中的所有偶数的运行结果

与 break 语句一样，continue 语句也支持标签功能，语法如下：

```
标签名 ： 循环体{
    continue 标签名;
}
```

☑ 标签名：任意标识符。

☑ 循环体：任意循环语句。

☑ continue 标签名：跳出指定的循环体，此循环体的标签名必须与 continue 标签名一致。

拓展训练

一、某剧院发售演出门票，演播厅观众席有 4 排，每排有 10 个座位。为了不影响观众视角，在发售门票时，屏蔽掉最左一列和最右一列的座位。（资源包 \Code\Try\03\21）

二、某公司新增 4×4 个办公卡位，现只有第 1 排第 3 个和第 3 排第 2 个卡位被使用，在控制台输出尚未使用的办公卡位。（资源包 \Code\Try\03\22）

3.5　小结

本章主要介绍了流程控制语句（条件语句、循环语句和跳转语句），通过使用 if 条件语句与 switch 多分支语句，可以基于布尔类型的条件判断，将一个程序分成不同的部分；通过 while、do…while 和 for 循环语句，可以让程序的一部分重复地执行，直到满足某个终止循环的条件；使用跳转语句可以使条件语句和循环语句变得更加灵活。通过学习本章的内容，读者可以掌握如何在程序中灵活使用流程控制语句。

本章 e 学码：关键知识点拓展阅读

arr[]	nextLine() 方法	关系表达式	循环变量
break Loop	遍历数组	集合	循环的跳转
break 语句	标签	节点	循环的增量
case 语句	布尔变量	结构化程序设计	循环嵌套
default 语句	布尔表达式	逻辑表达式	一维数组
expression	常量表达式	枚举类型	元素
List 集合	二维数组	条件执行体	

e 学码

第 4 章
数组

(▶ 视频讲解：1 小时 26 分钟)

本章概览

　　数组是最为常见的一种数据结构，分为一维数组、二维数组及多维数组，是把相同数据类型的元素用一个标识符封装到一起的基本类型数据序列或对象序列。

　　只有灵活掌握数组的应用，才能写出科学、合理、高效的 Java 程序。本章不仅对一维数组和二维数组的创建及使用进行了详细讲解，还介绍了遍历数组、填充和批量替换数组元素等对数组的基本操作。通过学习本章内容，读者可以掌握数组的使用方法，提高编程技能。

　　本章内容也是 Java Web 技术和 Android 技术的基础知识。

知识框架

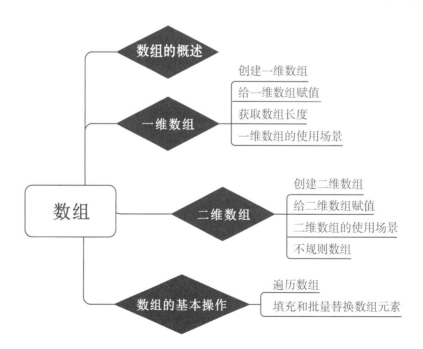

4.1 数组的概述

视 频 讲 解

▶ 视频讲解：资源包\Video\04\4.1 数组的概述.mp4

　　数组是具有相同数据类型的一组数据的集合。例如，球类集合——足球、篮球、羽毛球等；电器集合——电视机、洗衣机、电风扇等。在程序设计中，可以将这些集合称为数组。数组中的每个元素都具有相同的数据类型。在 Java 中，将数组看作一个对象，虽然基本数据类型不是对象，但是由基本数据类型组成的数组却是对象。在程序设计中引入数组可以更有效地管理和处理数据。经常用到的数组包括一维数组和二维数组等，图 4.1 就是变量和一维数组的概念图。

图 4.1　变量和一维数组的概念图

4.2 一维数组

　　一维数组实质上是一组相同数据类型的数据的线性集合。例如，学校的学生们排列成的一字长队就是一个数组，每一位学生都是数组中的一个元素。再如，把一家快捷酒店看作一个一维数组，那么酒店里的每个房间都是这个数组中的元素。当在程序中需要处理一组数据，或者传递一组数据时，就可以使用数组来实现。本节将介绍一维数组的创建及使用。

4.2.1 创建一维数组

视 频 讲 解

▶ 视频讲解：资源包\Video\04\4.2.1 创建一维数组.mp4

　　数组元素的数据类型决定了数组的数据类型。它可以是 Java 中任意的数据类型，包括基本数据类型和其他引用数据类型。数组名字为一个合法的标识符，符号 [ ] 指明该变量是一个数组类型变量。单个 [ ] 表示要创建的数组是一个一维数组。
　　声明一维数组有两种方式：

```
数组元素类型  数组名字[];
数组元素类型[]  数组名字;
```

　　声明一维数组的语法如下：

```
int arr[];              // 声明int型数组，数组中的每个元素都是int型数值
double[] dou;           // 声明double型数组，数组中的每个元素都是double型数值
```

　　声明数组后，还不能访问它的任何元素，因为声明数组只是给出了数组名字和元素的数据类型，要想真正使用数组，还要为它分配内存空间。在为数组分配内存空间时必须指明数组的长度。为数组分配内存空间的语法格式如下：

```
数组名字 = new 数组元素类型[数组元素的个数];
```

　　数组名字：被连接到数组变量的名称。
　　数组元素个数：指定数组中变量的个数，即数组的长度。

为数组分配内存的语法如下：

```
arr = new int[5];        //数组长度为5
```

以上代码表示要创建一个有 5 个元素的整型数组，并且将创建的数组对象赋给引用变量 arr，即引用变量 arr 引用这个数组，如图 4.2 所示。

图 4.2　一维数组的内存模式

在上面的代码中，arr 为数组名称，方括号 [ ] 中的值为数组的下标，也叫索引。数组通过下标来区分不同的元素，也就是说，数组中的元素都可以通过下标来访问。这就相当于刚才比喻的快捷酒店，如果想要找到某个房间里的人，只需要知道这个人所在的房间号，这个房间号就相当于数组的下标。

数组的下标是从 0 开始的。由于创建的数组 arr 中有 5 个元素，因此数组中元素的下标为 0 ～ 4。

在声明数组的同时，也可以为数组分配内存空间，这种创建数组的方法是将数组的声明和内存的分配合在一起执行的，语法如下：

```
数组元素类型 数组名 = new 数组元素类型[数组元素的个数];
```

声明并为数组分配内存的语法如下：

```
int month[] = new int[12];
```

上面的代码创建数组 month，并指定了数组长度为 12。这种创建数组的方法也是编写 Java 程序过程中的常用做法。

4.2.2 给一维数组赋值

📺 视频讲解：资源包\Video\04\4.2.2 给一维数组赋值.mp4

数组可以与基本数据类型一样进行初始化操作，也就是赋初值。数组的初始化可分别初始化数组中的每个元素。数组的初始化有以下 3 种形式：

```
01  int a[] = { 1, 2, 3 };                    // 第一种方式
02  int b[] = new int[] { 4, 5, 6 };          // 第二种方式
03  int c[] = new int[3];                     // 第三种方式
04  c[0] = 7;                                  // 给第一个元素赋值
05  c[1] = 8;                                  // 给第二个元素赋值
06  c[2] = 9;                                  // 给第三个元素赋值
```

从上面的代码可以看出，数组的初始化就是包括在大括号之内用逗号分开的表达式列表。用逗号分割数组中的各个元素，系统自动为数组分配一定的空间。用第一种初始化方式，将创建 3 个元素的数组，依次为 1、2、3；用第二种初始化方式，将创建 3 个元素的数组，依次为 4、5、6；第三种方式先给数组创建了内存空间，再给数组元素逐一赋值。

注意

　　Java 数组中的第一个元素，索引是从 0 开始的，如图 4.3 所示。

4.2.3 获取数组长度

📹 视频讲解：资源包\Video\04\4.2.3 获取数组长度.mp4

在初始化一维数组的时候，都会在内存中分配内存空间，内存空间的大小决定了一维数组能够存储多少个元素，也就是数组长度。如果不知道数组是如何分配内存空间的，该如何获取数组长度呢？可以使用数组对象自带的 length 属性，语法如下：

```
arr.length
```

☑ arr：数组名。

☑ length：数组长度属性，返回 int 型值。

实例 01　获取班级总人数

实例位置：资源包\Code\SL\04\01
视频位置：资源包\Video\04\

创建 GetArrayLength 类，首先将某班级所有的人名都存入一个字符串数组，然后调用数组的 length 属性获取班级总人数，实例代码如下：

```
01  public class GetArrayLength {
02      public static void main(String[] args) {
03          String class1[] = { "张三", "李四", "王五", "赵六" };// 创建数组，记录1班人名
04          System.out.println("此班级共有" + class1.length + "人"); // 输出1班人数
05      }
06  }
```

运行结果如图 4.4 所示。

图 4.3　数组中的元素与对应的索引　　图 4.4　使用 length 属性获取数组长度的运行结果

拓展训练

一、把键盘上每一排字母按键都保存成一个一维数组，利用数组长度分别输出键盘中 3 排字母按键的个数。（资源包 \Code\Try\04\01）

二、超市有 20 个储物箱，现第 2、3、5、8、12、13、16、19、20 号尚未使用，使用数组的长度分别输出尚未使用的储物箱个数，以及已经使用的储物箱个数。（资源包 \Code\Try\04\02）

4.2.4 一维数组的使用场景

📹 视频讲解：资源包\Video\04\4.2.4 一维数组的使用场景.mp4

在 Java 中，一维数组是最常见的一种数据结构。下面的实例是使用一维数组将 1～12 月份各月的天数输出。

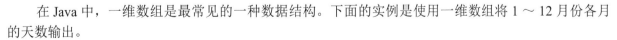
实例 02　输出一年中各月的天数

实例位置：资源包\Code\SL\04\02
视频位置：资源包\Video\04\

在项目中创建 GetDay 类，在主方法中创建 int 型数组，并实现将各月的天数输出，实例代码如下：

```
01  public class GetDay {
02      public static void main(String[] args) {
03              // 创建并初始化一维数组
04              int day[] = new int[] { 31, 28, 31, 30, 31, 30, 31, 31, 30, 31, 30, 31 };
05              for (int i = 0; i < 12; i++) {              // 利用循环将信息输出
06                  System.out.println((i + 1) + "月有" + day[i] + "天");// 输出的信息
07              }
08      }
09  }
```

运行结果如图 4.5 所示。

一、数组 "int[] a={59, 90, 45, 78, 20};" 保存了一名学生的 5 科考试成绩，写一个程序打印出所有及格的成绩。（资源包 \Code\Try\04\03）

二、编写一个程序，将用户在控制台上输入的 3 科考试成绩保存在数组中，然后输出该用户的总成绩。（资源包 \Code\Try\04\04）

使用数组最常见的错误就是数组下标越界，例如：

```
01  public class ArrayIndexOut {
02      public static void main(String[] args) {
03              int a[] = new int[3];                   // 最大下标为2
04              System.out.println(a[3]);               // 数组下标越界！
05      }
06  }
```

这段代码运行时，会抛出数组下标越界的异常，如图 4.6 所示。

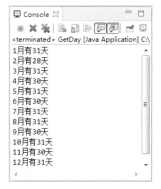

图 4.5　输出一年中各月天数的运行结果

图 4.6　数组下标越界异常

4.3 二维数组

前文提到快捷酒店每一个楼层都有很多房间，这些房间都可以构成一维数组。如果这个酒店有 500 个房间，并且所有房间都在同一个楼层里，那么拿到 499 号房钥匙的旅客可能就不高兴了，从 1 号房走到 499 号房要花好长时间，因此每个酒店都不只有一个楼层，而是很多楼层，每一个楼层都会有很多房间，形成一个立体的结构，把大量的房间均摊到每个楼层，这种结构就是二维表结构。在计算机中，二维表结构可以使用二维数组来表示。使用二维表结构表示快捷酒店每一个楼层的房间号的效果如图 4.7 所示。

楼层	房间号						
一楼	1101	1102	1103	1104	1105	1106	1107
二楼	2101	2102	2103	2104	2105	2106	2107
三楼	3101	3102	3103	3104	3105	3106	3107
四楼	4101	4102	4103	4104	4105	4106	4107
五楼	5101	5102	5103	5104	5105	5106	5107
六楼	6101	6102	6103	6104	6105	6106	6107
七楼	7101	7102	7103	7104	7105	7106	7107

图 4.7 二维表结构的楼层房间号

二维数组常用于表示二维表，表中的信息以行和列的形式表示，第一个下标代表元素所在的行，第二个下标代表元素所在的列。

4.3.1 创建二维数组

▶ 视频讲解：资源包\Video\04\4.3.1 创建二维数组.mp4

二维数组可以看作特殊的一维数组，它有两种声明方式：

```
数组元素类型 数组名字[][];
数组元素类型[][] 数组名字;
```

声明二维数组的语法如下：

```
int tdarr1[][];
char[][] tdarr2;
```

同一维数组一样，二维数组在声明时也没有分配内存空间，同样要先使用关键字 new 来分配内存，然后才可以访问每个元素。

为二维数组分配内存有两种方式：

```
01  int a[][];
02  a = new int[2][4];      // 直接分配行列
03  int b[][];
04  b = new int[2][];       // 先分配行，不分配列
05  b[0] = new int[2];      // 给第一行分配列
06  b[1] = new int[2];      // 给第二行分配列
```

注意

在创建二维数组的时候，可以只声明"行"的长度，而不声明"列"的长度，例如：

```
int a[][] = new int[2][];           // 可省略"列"的长度
```

但如果不声明"行"数量，那就是错误的写法，例如：

```
int b[][] = new int[][];          // 错误写法！
int c[][] = new int[][2];         // 错误写法！
```

4.3.2 给二维数组赋值

视频讲解：资源包\Video\04\4.3.2 给二维数组赋值.mp4

　　二维数组的初始化方法与一维数组类似，也有 3 种方式。但不同的是，二维数组有两个索引（即下标），构成由行和列组成的一个矩阵，如图 4.8 所示。

图 4.8　二维数组索引与行、列的关系

实例 03　使用三种方式初始化二维数组

实例位置：资源包\Code\SL\04\03
视频位置：资源包\Video\04\

　　创建 InitTDArray 类，分别用三种方式初始化二维数组，实例代码如下：

```
01  public class InitTDArray {
02      public static void main(String[] args) {
03          /* 第一种方式 */
04          int tdarr1[][] = { { 1, 3, 5 }, { 5, 9, 10 } };
05          /* 第二种方式 */
06          int tdarr2[][] = new int[][] { { 65, 55, 12 }, { 92, 7, 22 } };
07          /* 第三种方式 */
08          int tdarr3[][] = new int[2][3];        // 先给数组分配内存空间
09          tdarr3[0] = new int[] { 6, 54, 71 };   // 给第一行分配一个一维数组
10          tdarr3[1][0] = 63;                     // 给第二行第一列赋值为63
11          tdarr3[1][1] = 10;                     // 给第二行第二列赋值为10
12          tdarr3[1][2] = 7;                      // 给第二行第三列赋值为7
13      }
14  }
```

　　从这个例子可以看出，二维数组的每一个元素都是一个数组，所以第一种方式直接赋值，在大括号内还有大括号，因为每一个元素都是一个一维数组；第二种方式使用 new 的方法与一维数组类似；第三种方式比较特殊，在分配内存空间之后，还有两种赋值的方式，给某一行直接赋值一个一维数组，或者给某一行的每一个元素都分别赋值。开发者可以根据使用习惯和程序要求灵活地选用其中一种赋值方式。

拓展训练

　　一、一个私人书柜有 3 层 2 列，分别向该书柜第 1 层第 1 列放入历史类读物，向该书柜第 2 层第 1 列放入经济类读物，向该书柜第 2 层第 2 列放入现代科学类读物。初始化一个二维数组，

并为相应的数组元素赋值。（**资源包 \Code\Try\04\05**）

二、学校打算让三年级 80 人、四年级 91 人、五年级 85 人都参加消防演练。初始化一个二维数组，通过一个 for 循环将参演班级和总人数上报给消防部。（**资源包 \Code\Try\04\06**）

多学两招

比一维数组维数高的叫多维数组，理论上二维数组也属于多维数组。Java 也支持三维、四维等多维数组，创建其他多维数组的方法与创建二维数组类似。

```
01   int a[][][] = new int[3][4][5];                              // 创建三维数组
02   char b[][][][] = new char[6][7][8][9];                       // 创建四维数组
03   double c[][][][][] = new double[10][11][12][13][14];         // 创建五维数组
```

注意

多维数组在 Java 中是可以使用的，但因为其结构关系太过于复杂，容易出错，所以不推荐在程序中使用比二维数组更高维数的数组。如果需要存储复杂的数据，推荐使用集合类或自定义类。集合类包括 List、Map 等，这些集合类会在后面的章节重点讲解。

4.3.3 二维数组的使用场景

视频讲解

📹 视频讲解：资源包\Video\04\4.3.3 二维数组的使用场景.mp4

二维数组在实际应用中非常广泛。下面使用二维数组输出古诗《春晓》。

实例 04　输出不同版式的古诗	实例位置：资源包\Code\SL\04\04 视频位置：资源包\Video\04\

创建 Poetry 类，声明一个字符型二维数组，将古诗《春晓》的内容赋值于二维数组，然后分别用横版和竖版两种方式输出，实例代码如下：

```
01   public class Poetry {
02       public static void main(String[] args) {
03           char arr[][] = new char[4][];                        // 创建一个4行的二维数组
04           arr[0] = new char[] { '春', '眠', '不', '觉', '晓' };  // 为每一行赋值
05           arr[1] = new char[] { '处', '处', '闻', '啼', '鸟' };
06           arr[2] = new char[] { '夜', '来', '风', '雨', '声' };
07           arr[3] = new char[] { '花', '落', '知', '多', '少' };
08           /* 横版输出 */
09           System.out.println("-----横版-----");
10           for (int i = 0; i < 4; i++) {                        // 循环4行
11               for (int j = 0; j < 5; j++) {                    // 循环5列
12                   System.out.print(arr[i][j]);                 // 输出数组中的元素
13               }
14               if (i % 2 == 0) {
15                   System.out.println("，");                     // 如果是第一、三句，输出逗号
16               } else {
17                   System.out.println("。");                     // 如果是第二、四句，输出句号
18               }
19           }
20           /* 竖版输出 */
21           System.out.println("\n-----竖版-----");
22           for (int j = 0; j < 5; j++) {                        // 列变行
```

```
23                    for (int i = 3; i >= 0; i--) {          // 行变列，反序输出
24                        System.out.print(arr[i][j]);        // 输出数组中的元素
25                    }
26                    System.out.println();                   // 换行
27                }
28                System.out.println("。，。，");                // 输出最后的标点
29            }
30    }
```

运行结果如图 4.9 所示。

图 4.9　使用二维数组输出古诗《春晓》后运行结果

 一、遍历二维数组 int a[][] = {{ 23, 65, 43, 68 }, { 45, 99, 86, 80 }, { 76, 81, 34, 45 }, { 88, 64, 48, 25 }}; 后，通过循环计算该二维数组的两条对角线之和。（资源包 \Code\Try\04\07）

拓展训练　二、一个 3×3 的网格，将从 1 到 9 的数字放入方格，达到能够使得每行、每列及每个对角线的值相加都相同。（提示：矩阵中心的元素为 5）（资源包 \Code\Try\04\08）

4.3.4 不规则数组

📹 视频讲解：资源包\Video\04\4.3.4 不规则数组.mp4

上文讲的数组都是行、列固定的矩形方阵，Java 同时支持不规则数组，例如在二维数组中，不同行的元素个数可以不同，例如：

```
01   int a[][] = new int[3][];           // 创建二维数组，指定行数，不指定列数
02   a[0] = new int[5];                   // 第一行分配5个元素
03   a[1] = new int[3];                   // 第二行分配3个元素
04   a[2] = new int[4];                   // 第三行分配4个元素
```

不规则二维数组所占的空间如图 4.10 所示。

实例 05　输出不规则二维数组中的所有元素　　实例位置：资源包\Code\SL\04\05
　　　　　　　　　　　　　　　　　　　　　　　　视频位置：资源包\Video\04\

创建 IrregularArray 类，声明一个不规则二维数组，输出数组每行的元素个数及各元素的值，实例代码如下：

```
01  public class IrregularArray {
02      public static void main(String[] args) {
03          int a[][] = new int[3][];                          // 创建二维数组，指定行数，不指定列数
04          a[0] = new int[] { 52, 64, 85, 12, 3, 64 };       // 第一行分配6个元素
05          a[1] = new int[] { 41, 99, 2 };                    // 第二行分配3个元素
06          a[2] = new int[] { 285, 61, 278, 2 };             // 第三行分配4个元素
07          for (int i = 0; i < a.length; i++) {
08              System.out.print("a[" + i + "]中有" + a[i].length + "个元素，分别是：");
09              for (int tmp : a[i]) {                         // foreach循环输出数组中元素
10                  System.out.print(tmp + " ");
11              }
12              System.out.println();
13          }
14      }
15  }
```

运行结果如图 4.11 所示。

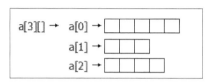

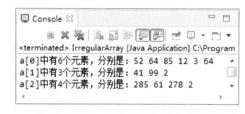

图 4.10　不规则二维数组的空间占用　　　　图 4.11　输出不规则二维数组中的所有元素的运行结果

拓展训练

一、一辆大巴有 9 排 4 列的座位，现模拟客车售票过程（1 代表"有票"，0 代表"无票"）。（资源包 \Code\Try\04\09）

二、现有学号为 1 ~ 8 的 8 名学生和 10 道题目（标准答案为 {"B"，"A"，"D"，"C"，"C"，"B"，"C"，"A"，"D"，"B"}），将学生的答案存储在一个二维数组中，通过学号找到并输出该学生的答案以及回答正确的题目总数。（资源包 \Code\Try\04\10）

4.4　数组的基本操作

4.4.1　遍历数组

▶ 视频讲解：资源包\Video\04\4.4.1 遍历数组.mp4

遍历数组就是获取数组中的每个元素。通常遍历数组都是使用 for 循环来实现的。遍历一维数组很简单，也很好理解。下面详细介绍遍历二维数组的方法。

遍历二维数组需使用双层 for 循环，通过数组的 length 属性可获得数组的长度。

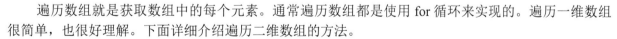

实例 06　双循环嵌套遍历数组　　　　　　实例位置：资源包\Code\SL\04\06
　　　　　　　　　　　　　　　　　　　　　　视频位置：资源包\Video\04\

创建 Trap 类，定义二维数组，实现将二维数组中的每一个元素都按照行、列格式进行输出，实例代码如下：

```
01  public class Trap {
02      public static void main(String[] args) {
03          int b[][] = new int[][] { { 1 }, { 2, 3 }, { 4, 5, 6 } };  // 定义二维数组
04          for (int k = 0; k < b.length; k++) {          // 循环遍历二维数组中第 ·个索引
05              for (int c = 0; c < b[k].length; c++) {  // 循环遍历二维数组中第二个索引
06                  System.out.print(b[k][c]);            // 将数组中的元素输出
07              }
08              System.out.println();                     // 输出换行
09          }
10      }
11  }
```

运行结果如图 4.12 所示。

本实例中有一个语法需要掌握：如果有一个二维数组 a[][]，a.length 返回的是数组的行数，a[0].length 返回的是第一行的列数量，a[1].length 返回的是第二行的列数量。同理，a[n] 返回的是第 $n+1$ 行的列数量，由于二维数组可能是不规则数组，所以每一行的列数量可能都不相同，因此在遍历二维数组时，最好使用数组的 length 属性控制循环次数，而不是用其他变量或常量。

拓展训练

一、交换二维数组 int[][] array = {{ 8, 75, 23 }, { 21, 55, 34 }, { 15, 23, 20 }}; 的行、列数据。（资源包 \Code\Try\04\11）

二、使用二维数组实现杨辉三角算法，运行结果如图 4.13 所示。（资源包 \Code\Try\04\12）

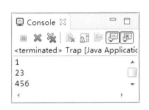

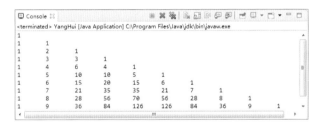

图 4.12 双循环嵌套遍历数组的运行结果　　图 4.13 使用二维数组实现杨辉三角算法的运行结果

4.4.2 填充和批量替换数组元素

视频讲解

▶ 视频讲解：资源包\Video\04\4.4.2 填充和批量替换数组元素.mp4

数组中的元素定义完成后，可通过 Arrays 类的静态方法 fill() 来对数组中的元素进行分配，起到填充和替换的效果。fill() 方法可将指定的 int 值分配给 int 型数组的每个元素。语法如下：

```
Arrays.fill(int[] a , int value)
```

☑ a：要进行元素分配的数组。

☑ value：要存储数组中所有元素的值。

实例 07　将空数组填满数据　　　　实例位置：资源包\Code\SL\04\07
　　　　　　　　　　　　　　　　　　　视频位置：资源包\Video\04\

创建 Swap 类，通过 fill() 方法填充数组元素，最后将数组中的各个元素输出，实例代码如下：

```
01   import java.util.Arrays;                              // 导入java.util.Arrays类
02   public class Swap {
03       public static void main(String[] args) {
04           int arr[] = new int[5];                       // 创建int型数组
05           Arrays.fill(arr, 8);                          // 使用同一个值对数组进行填充
06           for (int i = 0; i < arr.length; i++) {        // 循环遍历数组中的元素
07               // 将数组中的元素依次输出
08               System.out.println("第" + i + "个元素是: " + arr[i]);
09           }
10       }
11   }
```

运行结果如图 4.14 所示。

视频讲解

图 4.14　通过 fill() 方法填充数组元素的运行结果

拓展训练

一、某鸡蛋销售公司准备好 10 个包装箱，每箱装 60 枚鸡蛋。由于机器故障，每箱少装了 2 枚鸡蛋，使用数组的相关知识体现该过程。（资源包 \Code\Try\04\13）

二、某鸡蛋销售公司准备了 10 个包装箱，每箱装 60 枚鸡蛋。由于机器故障，后 6 箱每箱少装了 2 枚鸡蛋，使用数组的相关知识体现该过程。（资源包 \Code\Try\04\14）

4.5 小结

本章介绍的是数组的创建及使用方法。需要注意的是数组的下标是从 0 开始的，最后一个元素的下标总是"数组名 .length-1"。本章的重点是创建数组、给数组赋值及读取数组中元素的值。此外，Arrays 类还提供了其他操作数组的方法，有兴趣的读者可以查阅相关资料。

本章 e 学码：关键知识点拓展阅读

Arrays 类	Map	集合类	主方法
char	new	数据结构	自定义类
fill()	对象	线性集合结构	
length	二维表结构	杨辉三角算法	
List	汇编语言	引用变量	

e 学码

第 **5** 章

字符串

（ ▶ 视频讲解：2 小时 50 分钟）

前面的章节介绍了 char 型可以保存字符，但它只能表示单个字符。如果要用 char 型来展示像"版权说明""功能简介"之类大篇幅的文章会非常麻烦，这种情况可以使用 Java 中最常用的一个概念——字符串来解决。

字符串，顾名思义，就是用字符拼接成的文本值。字符串在存储上类似数组，不仅字符串的长度可取，而且每一位上的字符也可取。Java 是把字符串当作对象来处理的，可以通过 java.lang 包中的 String 类创建字符串对象。本章将从创建字符串开始介绍，并逐步深入学习各种处理字符串的方法。

本章内容也是 Java Web 技术和 Android 技术的基础知识。

知识框架

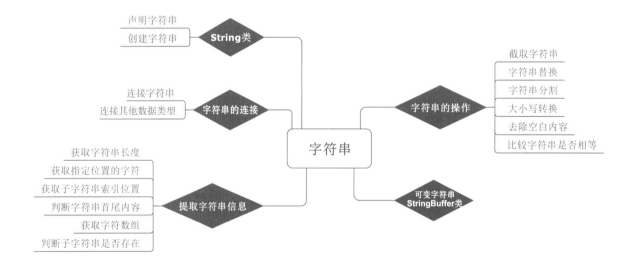

5.1 String 类

5.1.1 声明字符串

▶ 视频讲解：资源包\Video\05\5.1.1 声明字符串.mp4

　　字符串是常量，它们可以显示任何文字信息，字符串的值在创建之后不能更改。在 Java 中，单引号中的内容表示字符，例如 's'；而双引号中的内容则表示字符串。例如：

```
"我是字符串" , "123456789" , "上下 左右 东西 南北"
```

　　Java 通过 java.lang.String 这个类来创建可以保存字符串的变量，所以字符串变量是一个对象。
　　声明一个字符串变量 a 与声明两个字符串变量 a、b 的代码如下：

```
String a;
String a,b;
```

注意　　在不给字符串变量赋值的情况下，其默认值为 null。如果此时调用 String 的方法，则会发生空指针异常。

5.1.2 创建字符串

▶ 视频讲解：资源包\Video\05\5.1.2 创建字符串.mp4

　　为字符串变量赋值有很多方法，下面分别介绍。

1. 引用字符串常量

　　例如，直接将字符串常量赋值给 String 类型变量。代码如下：

```
String a = "时间就是金钱，我的朋友。";
String b = "锄禾日当午", c = "小鸡炖蘑菇";
String str1,str2;
str1 = "We are students";
str2 = "We are students";
```

　　当两个字符串对象引用相同的常量时，就会具有相同的实体，如图 5.1 所示。

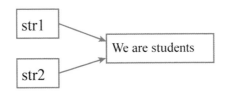

图 5.1　两个字符串对象引用相同的常量

2. 利用构造方法实例化

　　例如，使用 new 关键字创建 String 对象。代码如下：

```
String a = new String("我爱清汤小肥羊");
String b = new String(a);
```

3. 利用字符数组实例化

例如，定义一个字符数组 charArray，使用该字符数组创建一个字符串。代码如下：

```
char[] charArray = { 't', 'i', 'm', 'e' };
String a = new String(charArray);
```

4. 提取字符数组中的一部分创建字符串对象

例如，定义一个字符数组 charArray，从该字符数组索引 3 的位置开始，提取两个元素，创建一个字符串。代码如下：

```
char[] charArray = { '时', '间', '就', '是', '金', '钱' };
String a = new String(charArray, 3, 2);
```

实例 01　为字符串赋值

实例位置：资源包\Code\SL\05\01
视频位置：资源包\Video\05\

创建 CreateString 类，声明多个字符串变量，用不同的赋值方法为这些字符串变量赋值并输出。代码如下：

```
01  public class CreateString{
02      public static void main(String[] args) {
03          String a = "时间就是金钱，我的朋友。";   // 直接引用字符串常量
04          System.out.println("a = " + a);
05          String b = new String("我爱清汤小肥羊");// 利用构造方法实例化
06          String c = new String(b);              // 使用已有字符串变量实例化
07          System.out.println("b = " + b);
08          System.out.println("c = " + c);
09          char[] charArray = { 't', 'i', 'm', 'e' };
10          String d = new String(charArray);      // 利用字符数组实例化
11          System.out.println("d = " + d);
12          char[] charArray2 = { '时', '间', '就', '是', '金', '钱' };
13          // 提取字符数组部分内容，从下标为4的元素开始，截取两个字符
14          String e = new String(charArray2, 4, 2);
15          System.out.println("e = " + e);
16      }
17  }
```

运行结果如图 5.2 所示。

图 5.2　用不同的赋值方法为字符串变量赋值的运行结果

一、创建一个名为"科比"的字符串对象，并将"你见过洛杉矶凌晨 4 点的样子吗？"存储在这个字符串对象中。使用创建字符串的相应格式展示上述过程并在不使用 + 运算符的情况下，输出"科比：你见过洛杉矶凌晨 4 点的样子吗？"。（资源包 \Code\Try\05\01）
二、模拟小学生识字过程，运行结果如图 5.3 所示。（资源包 \Code\Try\05\02）

图 5.3　模拟小学生识字过程的运行结果

5.2　字符串的连接

对于已声明的字符串，可以对其进行相应的操作。连接字符串是比较简单的一种操作字符串的方式。在连接字符串时，目标字符串既可以连接任意多个字符串，也可以连接其他数据类型的变量或者常量。

5.2.1　连接字符串

▶ 视频讲解：资源包\Video\05\5.2.1 连接字符串.mp4

使用 + 运算符可以连接多个字符串并产生一个 String 对象。除了 + 运算符，+= 同样可以实现字符串的连接。

实例 02　李狗蛋的自我介绍

实例位置：资源包\Code\SL\05\02
视频位置：资源包\Video\05\

创建 StringConcatenation 类，使用 + 和 += 将多个字符串连接成一个字符串，将李狗蛋的自我介绍连接成一句话。代码如下：

```
01  public class StringConcatenation {
02      public static void main(String[] args) {
03          String a = "我叫李狗蛋";                    // 要连接的第一个字符串
04          String b = "今年十九岁";                    // 要连接的第二个字符串
05          String c = a + ", " + b;                   // 使用+连接字符串
06          String d = "我来做个自我介绍：";              // 要连接的第三个字符串
07          d += c;                                    // 使用+=连接字符串
```

```
08          System.out.println("a = " + a);                // 输出字符串a
09          System.out.println("b = " + b);                // 输出字符串b
10          System.out.println("c = " + c);                // 输出字符串c
11          System.out.println("d = " + d);                // 输出字符串d
12      }
13  }
```

运行结果如图 5.4 所示。

图 5.4　连接字符串的运行结果

Java 中相连的字符串不可以直接分成两行。例如：

```
System.out.println("I like
Java")
```

这种写法是错误的，如果一个字符串太长，为了便于阅读，可以将这个字符串分成两行书写。此时就可以使用＋将两个字符串连起来，之后在加号处换行。因此，上面的语句可以修改为：

```
System.out.println("I like"+
"Java");
```

因为字符串是常量，是不能修改的，所以连接两个字符串之后，原先的字符串不会发生变化，而是在内存中生成一个新的字符串，如图 5.5 所示。

String 自带的 concat() 方法可以实现将指定字符串连接到此字符串结尾的功能，语法如下：

```
a.concat(str);
```

a：原字符串。
str：原字符串末尾拼接的字符串。

一、将字符串连接成"兔子"，运行结果如图 5.6 所示。（资源包 \Code\Try\05\03）

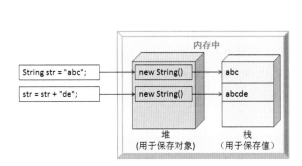

图 5.5　字符串更改后的内存示意图

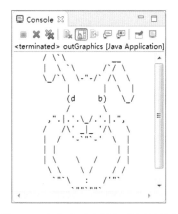

图 5.6　字符串"兔子"的运行结果

二、声明两个 String 类型的数组，第一个数组存储"CCTV1"和"CCTV5"，第二个数组存储"彭德怀元帅（第 29、30 集）"和"欧洲杯之西班牙 vs. 捷克"。使用"+"输出"CCTV1：彭德怀元帅（第 29、30 集）"和使用"+="输出"CCTV5：欧洲杯之西班牙 vs. 捷克"。（资源包 \Code\Try\05\04）

5.2.2　连接其他数据类型

视频讲解：资源包\Video\05\5.2.2 连接其他数据类型.mp4

字符串也可以同其他基本数据类型进行连接。如果将字符串同这些数据类型的数据进行连接，则会将这些数据直接转换成字符串。

实例 03　将字符串与数字连接	实例位置：资源包\Code\SL\05\03
	视频位置：资源包\Video\05\

创建 Link 类，在主方法中声明数值型变量，输出把字符串与整型、浮点型变量相连的结果。代码如下：

```
01  public class Link {
02      public static void main(String args[]) {
03          int booktime = 4;                    // 声明的int型变量booktime
04          float practice = 2.5f;               // 声明的float型变量practice
05          // 将字符串与整型、浮点型变量相连，并将结果输出
06          System.out.println("我每天花费" + booktime + "小时看书；" + practice
07              + "小时上机练习");
08      }
09  }
```

运行结果如图 5.7 所示。

视 频 讲 解

图 5.7　把字符串与数字相连的运行结果

本实例输出的是把字符串常量与整型变量 booktime 和浮点型变量 practice 相连后的结果。在这里，booktime 和 practice 都不是字符串，当它们与字符串相连时，会自动调用 toString() 方法，将其转换成字符串形式，然后参与连接。

注意　只要 + 运算符的一个操作数是字符串，编译器就会将另一个操作数转换成字符串形式，所以应谨慎地将其他数据类型与字符串相连，以免出现意想不到的结果。

如果将上例中的输出语句修改为：

```
System.out.println("我每天花费" + booktime + "小时看书；"+(practice + booktime)+"小时上机练习");
```

则实例 03 修改后的运行结果如图 5.8 所示。

为什么会这样呢？这是由于运算符是有优先级的，圆括号的优先级最高，所以先被执行，再将结果与字符串相连。

注意　字符串在计算公式中的先后顺序会影响运算结果。例如：
String a= "1" +2+3+4 → "1234"　　碰到字符串后，直接输出后面内容。
String b = 1+2+3+"4" → "64"　　碰到字符串前，先做运算，后输出内容。
String c = "1"+(2+3+4) → "19"　　碰到字符串后，先运算圆括号中的值，后输出内容。

拓展训练　一、将象棋的棋子声明为 char 型变量后，输出象棋口诀：马走日，象走田，小卒一去不回还。（资源包 \Code\Try\05\05）
二、10000 元人民币存入银行，"一年定期"的年利率为 2.6%，计算并输出满一年的本金、利息和本息和，运行结果如图 5.9 所示。（资源包 \Code\Try\05\06）

图 5.8　实例 03 修改后的运行结果

图 5.9　计算并输出满一年的本金、利息和本息和的运行结果

5.3　提取字符串信息

字符串作为对象，可以通过相应的方法获取其有效信息，如获取某字符串的长度、某个索引位置的字符等。本节将介绍几种获取字符串信息的方法。

5.3.1　获取字符串长度

▶ 视频讲解：资源包\Video\05\5.3.1 获取字符串长度.mp4

length() 方法会返回字符数量，获取字符串长度，也就是 char 型的数量，语法如下：

```
str.length();
```

例如，定义一个字符串 num，使用 length() 方法获取其长度。代码如下：

```
String num ="12345 67890";
int size = num.length();
```

将 size 输出，得出的结果就是：

```
11
```

这个结果是将字符串 num 的长度赋给 int 型变量 size，此时变量 size 的值为 11，表示 length() 方法返回的字符串长度包括字符串中的空格。

注意

字符串的 length() 方法与数组的 length 属性虽然都是用来获取长度的，但两者也有所不同。String 的 length() 方法是类的成员方法，有圆括号；数组的 length 属性是数组的一个属性，没有圆括号。

5.3.2 获取指定位置的字符

视频讲解：资源包\Video\05\5.3.2 获取指定位置的字符.mp4

charAt(index) 方法用来获取指定索引的字符，语法如下：

```
str.charAt(intindex);
```

☑ str：任意字符串对象。
☑ index：char 型值的索引。

实例 04 找出字符串中索引位置为 4 的字符

实例位置：资源包\Code\SL\05\04
视频位置：资源包\Video\05\

创建 ChatAtTest 类，找出古诗《静夜思》前两句中索引位置为 4 的字符。代码如下：

```
01  public class ChatAtTest {
02      public static void main(String[] args) {
03          String str = "床前明月光，疑是地上霜。"; // 创建字符串对象str
04          char chr = str.charAt(4);              // 将字符串str中索引位置为4的字符赋值给chr
05          System.out.println("字符串中索引位置为4的字符是: " + chr); // 输出chr
06      }
07  }
```

从这个字符串中找到索引位置为 4 的字符，在内存查找的过程如图 5.10 所示。程序运行结果如图 5.11 所示。

图 5.10 查找索引位置为 4 的字符图

图 5.11 查看字符串中索引位置为 4 的字符的运行结果

一、将"津 A·12345""沪 A·23456""京 A·34567"这 3 张车牌放到 String 类型的数组中，然后在遍历数组的过程中完成对每张车牌归属地的判断。（资源包 \Code\Try\05\07）
二、先在控制台输入 3 个单词，然后根据单词首字母进行排序。（资源包 \Code\Try\05\08）

5.3.3 获取子字符串索引位置

📹 视频讲解：资源包\Video\05\5.3.3 获取子字符串索引位置.mp4

indexOf() 方法返回的是搜索的字符或字符串在字符串中首次出现的索引位置，如果没有检索到要查找的字符或字符串，则返回 –1。语法如下：

```
a.indexOf(substr);
```

☑ a：任意字符串对象。

☑ substr：要搜索的字符或字符串。

例如，查找字符 e 在字符串 str 中首次出现的索引位置，代码如下：

```
String str="We are the world";
int size=str.indexOf('e');                    //size的值为1
```

理解字符串的索引位置，要先了解字符串的下标。在计算机中，String 对象是用数组表示的。字符串的下标是 0 ～ length()－1。字符 e 在字符串"We are the world"中首次出现的索引位置如图 5.12 所示。

图 5.12　字符 e 首次出现的索引位置

在日常开发工作中，经常会遇到判断一个字符串是否包含某个字符或者某个子字符串的情况，这时就可以用到 indexOf() 方法。

实例 05　判断字符串中是否有中文逗号

实例位置：资源包\Code\SL\05\05
视频位置：资源包\Video\05\

创建 StringIndexOf 类，判断字符串"明月几时有，把酒问青天。"中是否存在中文逗号。代码如下：

```
01  public class StringIndexOf {
02      public static void main(String[] args) {
03          String str = "明月几时有，把酒问青天。";              // 创建字符串对象
04          // 获取字符串中文逗号首次出现的索引，赋值给charIndex
05          int charIndex = str.indexOf("，");
06          if (charIndex != -1) {                        // 判断：index的值不等于-1
07              // 如果index的值不等于-1，则执行此行代码，说明字符串中有中文逗号
08              System.out.println("字符串中中文逗号的索引为: " + charIndex);
09          } else {// 如果index的值等于-1，则执行此行代码，说明字符串中没有中文逗号
10              System.out.println("字符串中没有中文逗号");
11          }
12      }
13  }
```

运行结果如图 5.13 所示。

视频讲解

图 5.13　判断字符串中是否存在中文逗号的运行结果

拓展训练

一、以"www"和".com"作为依据，简单判断控制台上输入的地址是否为有效网址。（资源包 \Code\Try\05\09）

二、通信录中有 6 位联系人，找到并输出通信录中含有 0431 的所有手机号码。（资源包 \Code\Try\05\10）

5.3.4 判断字符串首尾内容

视频讲解

▶ 视频讲解：资源包\Video\05\5.3.4 判断字符串首尾内容.mp4

startsWith() 方法和 endsWith() 方法分别用于判断字符串是否以指定的内容开始或结束。这两个方法的返回值都是 boolean 类型。

1. startsWith( ) 方法

该方法用于判断字符串是否以指定的前缀开始。语法如下：

```
str.startsWith(String prefix);
```

☑ str：任意字符串。
☑ prefix：作为前缀的字符串。

实例 06　统计某一品牌电器种类总数

实例位置：资源包\Code\SL\05\06
视频位置：资源包\Video\05\

创建 StringStartsWith 类，类中有一个记录各种品牌家用电器的数组，遍历此数组，统计海尔品牌的家用电器一共有多少种。代码如下：

```
01  public class StringStartsWith {
02      public static void main(String[] args) {
03              // 家用电器种类数组
04              String appliances[] = { "美的电磁炉", "海尔冰箱", "格力空调", "小米手机",
05                      "海尔洗衣机", "美的吸尘器", "格力手机", "海尔电热水器", "海信液晶电视" };
06              int sum = 0;                                    // 用于计算总数的变量
07              for (int i = 0; i < appliances.length; i++) {   // 遍历所有家用电器
08                      String name = appliances[i];            // 获取电器的名称
09                      if (name.startsWith("海尔")) {          // 判断名称是否以"海尔"开头
10                              sum++;                          // 计数器递增
11                      }
12              }
13              System.out.println("海尔品牌的电器共有" + sum + "种");   // 输出统计结果
```

```
14    }
15 }
```

运行结果如图 5.14 所示。

视 频 讲 解

图 5.14　统计海尔品牌的家用电器总数的运行结果

拓展训练

一、找到并输出 "【聚划算】中秋广式五仁月饼""【天天特价】纯黑格子衬衫""【聚划算】格兰仕 7 公斤全自动滚筒洗衣机""【天天特价】海鲜即食鱿鱼丝""【天天特价】秋冬男装牛仔夹克""【双十一特价】夜钓灯智能充电器""【聚划算】3D 硬金貔貅黄金手链""【双十一特价】JARE 佳仁机械手按摩靠垫""【聚划算】五仁 2 斤装大月饼""【双十一特价】高品质大牌印花女风衣""【天天特价】LED 集成吊顶空调型多功能浴霸""【双十一特价】闪迪 16g 手机内存卡"中以"【天天特价】"开头的商品名称。（资源包 \Code\Try\05\11）

二、判断控制台上输入的手机号码归属于哪个手机运营商。（资源包 \Code\Try\05\12）

2. endsWith() 方法

该方法判断字符串是否以指定的后缀结束。语法如下：

```
str.endsWith(String suffix);
```

☑ str：任意字符串。

☑ suffix：指定的后缀字符串。

实例 07　查找限号车牌

实例位置：资源包\Code\SL\05\07

视频位置：资源包\Video\05\

创建 StringEndsWith 类，将一组车牌号存入一个数组中，查找数组中尾号为 "4" 的车牌并输出。代码如下：

```
01 public class StringEndsWith {
02     public static void main(String[] args) {
03         // 将所有车牌号都保存到一个数组中
04         String licensePlates[] = { "XX56841", "XX48969", "XX04103", "XX69310",
05                                    "XX97211", "XX53184", "XX30014", "XX79824" };
06         String number = "4";                                        // 被限制的尾号
07         System.out.println("今日限号:" + number + "  限制出行的车牌有: ");// 输出提示
08         for (int i = 0; i < licensePlates.length; i++) {// 遍历所有车牌
09             if (licensePlates[i].endsWith(number)) {// 如果该车牌尾号与被限制的相同
10                 System.out.print(licensePlates[i] + " ");        // 输出此车牌
11             }
12         }
13     }
14 }
```

运行结果如图 5.15 所示。

一、在 "张三" "李四" "王五" "赵六" "周七" "王哲" "白浩" "贾蓉" "慕容阿三" 和 "黄蓉" 10 个名字中找到并输出最后一个字相同的名字。（资源包 \Code\Try\05\13）

二、现有如下格式的 6 张图片 "abc.jpg" "d.gif" "ef.png" "hijk.jpg" "lmn.gif" "opqrst. jpg"。根据控制台上输入的序号，输出指定格式的图片全称，运行结果如图 5.16 所示。（资源包 \Code\Try\05\14）

图 5.15　查找限号车牌的运行结果

图 5.16　输出指定格式的图片全称的运行结果

5.3.5 获取字符数组

▶ 视频讲解：资源包\Video\05\5.3.5 获取字符数组.mp4

toCharArray() 方法可以将字符串转换为一个字符数组。语法如下：

```
str.toCharArray();
```

str：任意字符串。

实例 08　提取字符串中的每一个字符　　　　实例位置：资源包\Code\SL\05\08
　　　　　　　　　　　　　　　　　　　　　　视频位置：资源包\Video\05\

创建 StringToArray 类，将一个字符串转换成字符数组，并按照数组中元素的索引输出数组中的每个元素。代码如下：

```
01  public class StringToArray {
02      public static void main(String[] args) {
03          String str = "这是一个字符串";              // 创建一个字符串
04          char[] ch = str.toCharArray();            // 将字符串转换成字符数组
05          for (int i = 0; i < ch.length; i++) {     // 遍历字符数组
06              System.out.println("数组第" + i + "个元素为：" + ch[i]);// 输出数组的元素
07          }
08      }
09  }
```

运行结果如图 5.17 所示。

一、在控制台上输入一个字符串，并将此字符串转置输出，例如 "故事" 转置后变为 "事故"。（资源包 \Code\Try\05\15）

二、将乱序的 26 个字母升序排列，运行结果如图 5.18 所示。（资源包 \Code\Try\05\16）

零基础学 Java（升级版）

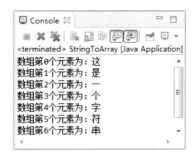

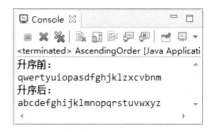

图 5.17 将字符串转换为字符数组后输出数组中元素的运行结果　　图 5.18 26 个字母升序排列的运行结果

5.3.6 判断子字符串是否存在

▶ 视频讲解：资源包\Video\05\5.3.6 判断子字符串是否存在.mp4

contains() 方法可以判断字符串中是否包含指定的内容，语法如下：

```
str.contains (string);
```

☑ str：任意字符串。

☑ string：查询的子字符串。

实例 09 在菜谱中查找某一道菜　　　实例位置：资源包\Code\SL\05\09
　　　　　　　　　　　　　　　　　　视频位置：资源包\Video\05\

创建 StringContains 类，首先把菜谱中的菜品赋给一个字符串，菜品与菜品之间用"，"隔开，然后使用 contains() 方法查看菜谱中是否有"腊肉"和"汉堡"。代码如下：

```
01  public class StringContains {
02    public static void main(String[] args) {
03        String str = "今天的菜谱有：蒸羊羔，蒸熊掌，蒸鹿尾，烧花鸭，烧雏鸡，烧子鹅，" +
04                    "卤煮咸鸭，酱鸡，腊肉，松花小肚。";            // 创建菜谱
05        System.out.println(str);                           // 输出菜谱
06        boolean request1 = str.contains("腊肉");       // 判断菜谱中是否有"腊肉"的字样
07        System.out.println("今天有腊肉吗？" + request1);         // 输出查询结果
08        boolean request2 = str.contains("汉堡");       // 判断菜谱中是否有"汉堡"的字样
09        System.out.println("今天有汉堡吗？" + request2);         // 输出查询结果
10    }
11  }
```

运行结果如图 5.19 所示。

图 5.19 在菜谱中查找某一道菜的运行结果

88

拓展训练

一、公司有"张三""李四""王五""赵六""周七""王哲""白浩""贾蓉""慕容阿三"和"黄蓉" 10 名员工，使用 contains() 方法模拟员工打卡。（资源包 \Code\Try\05\17）

二、书架上存放着《明史讲义》《明代社会生活史》《紫禁城的黄昏》《中国的黄金时代》《国史十六讲》《停滞的帝国》《唐朝定居指南》《明史简述》《明史十讲》《大明风物志》《西方眼中的中国》和《皇帝与秀才》，通过关键字或书名检索相应的图书。（资源包 \Code\Try\05\18）

5.4　字符串的操作

5.4.1　截取字符串

📱 视频讲解：资源包\Video\05\5.4.1 截取字符串.mp4

substring() 方法返回一个新字符串，它是此字符串的一个子字符串。该子字符串从指定的 beginIndex 处的字符开始，直到索引 endIndex − 1 处的字符。语法如下：

```
str.substring(beginIndex);
str.substring(beginIndex, endIndex);
```

- ☑ str：任意字符串。
- ☑ beginIndex：起始索引（包括）。
- ☑ endIndex：结束索引（不包括）。

实例 10　截取身份证号中的出生日期	实例位置：资源包\Code\SL\05\10
	视频位置：资源包\Video\05\

创建 IDCard 类，用字符串变量记录一个身份证号，截取并输出身份证号中的出生日期。代码如下：

```
01  public class IDCard {
02      public static void main(String[] args) {
03          String idNum = "123456198002157890";        // 模拟身份证字符串
04          String year = idNum.substring(6, 10);        // 截取年
05          String month = idNum.substring(10, 12);       // 截取月
06          String day = idNum.substring(12, 14);         // 截取日
07          System.out.print("该身份证显示的出生日期为");    // 输出标题
08          System.out.print(year + "年" + month + "月" + day + "日");  // 输出结果
09      }
10  }
```

运行结果如图 5.20 所示。

图 5.20　截取身份证号中的出生日期的运行结果

一、截取任意手机号的前三位和后四位。（资源包 \Code\Try\05\19）
二、截取任意 QQ 邮箱地址中的 QQ 号。（资源包 \Code\Try\05\20）

5.4.2 字符串替换

视频讲解：资源包\Video\05\5.4.2 字符串替换.mp4

replace() 方法可以实现将指定的字符序列替换成新的字符序列。语法如下：

```
str.replace(oldstr, newstr);
```

☑ str：任意字符串。

☑ oldstr：要被替换的字符序列。

☑ newstr：替换后的字符序列。

说明

replace() 方法返回的是一个新的字符串。如果字符串 str 中没有找到需要被替换的子字符序列 oldstr，则将原字符串返回。

实例 11 替换字符串中的错别字　　　　　　实例位置：资源包\Code\SL\05\11
　　　　　　　　　　　　　　　　　　　　　　视频位置：资源包\Video\05\

创建 StringReplace 类，将字符串"登陆功能介绍：用户输入用户名和密码之后，单击登陆按钮即可完成登陆操作。"中的"陆"替换为"录"。代码如下：

```
01  public class StringReplace {
02      public static void main(String[] args) {
03              // 创建一段功能说明字符串，所有的"登录"均写成了"登陆"
04      String str = "登陆功能介绍：用户输入用户名和密码之后，单击登陆按钮即可完成登陆操作。";
05          String restr = str.replace("陆", "录");      // 将字符串中所有"陆"改为"录"
06          System.out.println("【更改前】" + str);        // 输出原字符串
07          System.out.println("【更改后】" + restr);      // 输出更改后的字符串
08      }
09  }
```

运行结果如图 5.21 所示。

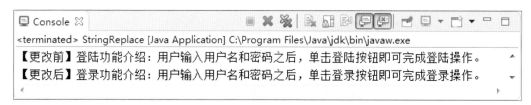

图 5.21　替换字符串中的错别字的运行结果

注意

如果要替换的子字符串 oldstr 在字符串中重复出现多次，replace() 方法会将所有 oldstr 全部替换成 newstr。例如：

```
String str = "java project";
String str2 = str.replace("j","J");
```

此时，str2 的值为 Java proJect。

需要注意的是，要替换的子字符串 oldstr 的大小写要与原字符串中字符的大小写保持一致，否则不能成功地替换。例如，上面的实例如果写成如下语句，则不能成功替换。

```
String str = "java project";
String str3 = str.replace("P","t");
```

一、将文件路径 "D:/Users/MR/workspace" 分别替换为 "D:\Users\MR\workspace" 和 "D:\\Users\\MR\\workspace"。（资源包 \Code\Try\05\21）
二、将字符串 "光盘成为数字行业最重要的数据存储工具，用光盘存储数据不仅效率高，而且价格低廉。" 中的 "光盘" 改为 "移动硬盘"。（资源包 \Code\Try\05\22）

5.4.3 字符串分割

▶ 视频讲解：资源包\Video\05\5.4.3 字符串分割.mp4

split() 方法可根据给定的分隔符对字符串进行拆分，支持正则表达式，最后返回一个字符串数组。语法如下：

```
str.split(regex);
```

☑ str：任意字符串。
☑ regex：分隔符表达式。

实例 12 将菜谱中的菜品保存在一个数组中　　　实例位置：资源包\Code\SL\05\12
　　　　　　　　　　　　　　　　　　　　　　　　　视频位置：资源包\Video\05\

创建 StringSplit 类，首先把菜谱中的菜品赋给一个字符串，菜品与菜品之间用 "，" 隔开，然后用 "，" 将菜谱分割成若干菜品，并把分割出来的菜品保存在一个字符串类型的数组中，最后输出数组中的菜品。代码如下：

```
01  public class StringSplit {
02      public static void main(String args[]) {
03          // 创建菜谱
04          String a = "蒸羊羔,蒸熊掌,蒸鹿尾,烧花鸭,烧雏鸡,烧子鹅,卤煮咸鸭,酱鸡,腊肉,松花小肚";
05          String denal[] = a.split(",");                // 按照","将字符串分割成数组
06          for (int i = 0; i < denal.length; i++) {      // 遍历数组
07              // 输出元素的索引和具体值
08              System.out.println("索引" + i + "的元素: " + denal[i]);
09          }
10      }
11  }
```

运行结果如图 5.22 所示。

拓展训练

一、声明两个字符串：一个是"宋江，卢俊义，林冲，鲁智深，武松"；另一个是"及时雨，玉麒麟，豹子头，花和尚，行者"。以逗号为分隔符分割两个字符串，然后将人物绰号和名字拼接在一起并输出。（资源包 \Code\Try\05\23）

二、模拟火车订票，运行结果如图 5.23 所示。（资源包 \Code\Try\05\24）

图 5.22 分割字符串并输出菜品的运行结果

图 5.23 模拟火车订票的运行结果

5.4.4 大小写转换

📹 视频讲解：资源包\Video\05\5.4.4 大小写转换.mp4

视频讲解

1. toLowerCase() 方法

该方法可以将字符串中的所有字符都转换为小写。如果字符串中没有应该被转换的字符，则将原字符串返回；否则返回一个新字符串，并将原字符串中每个应该进行小写转换的字符都转换成等价的小写字符，该字符串长度与原字符串长度相同。语法如下：

```
str.toLowerCase();
```

str：任意字符串。

2. toUpperCase() 方法

该方法可以将字符串中的所有字符都转换为大写。如果字符串中没有应该被转换的字符，则将原字符串返回；否则返回一个新字符串，并将原字符串中每个应该进行大写转换的字符都转换成等价的大写字符。新字符串长度与原字符串长度相同。语法如下：

```
str.toUpperCase();
```

str：任意字符串。

实例 13 输出字符串的大小写格式

实例位置：资源包\Code\SL\05\13
视频位置：资源包\Video\05\

创建 StringTransform 类，将字符串"abc DEF"分别用大写、小写两种格式输出。代码如下：

```
01  public class StringTransform {
02      public static void main(String[] args) {
03          String str = "abc DEF";                          // 创建字符串
04          System.out.println(str.toLowerCase());           // 按照小写格式输出
```

```
05              System.out.println(str.toUpperCase());          // 按照大写格式输出
06      }
07  }
```

运行结果如图 5.24 所示。

一、将张三的邮箱地址 ZhangSan@MRSOFT.COM 全部转化为小写。（资源包 \Code\Try\05\25）
二、有两个小型书柜，其中第 1 个书柜依次有 5 本书，即《Java》《Java Web》《C 语言》
《C++》《Linux C》。第 2 个书柜依次也有 5 本书，即《论语》《资治通鉴》《四十二章经》
《史记》《隋唐史》。在控制台输入要搜索的书名或关键字（包括可忽略大小写的字母）后，
输出书名以及书的位置，运行结果如图 5.25 所示。（资源包 \Code\Try\05\26）

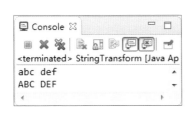

图 5.24　用大写、小写两种格式输出字符串的运行结果　　图 5.25　搜索书名或关键字输出书名及书的位置的运行结果

5.4.5 去除空白内容

📹 视频讲解：资源包\Video\05\5.4.5 去除空白内容.mp4

trim() 方法可以将字符串首尾处的空白内容都删除。语法如下：

```
str.trim();
```

str：任意字符串

实例 14　去掉字符串两边的空白内容　　　　实例位置：资源包\Code\SL\05\14
　　　　　　　　　　　　　　　　　　　　　视频位置：资源包\Video\05\

创建 StringTrim 类，使用 trim() 方法去掉字符串首尾处的空白内容。代码如下：

```
01  public class StringTrim {
02      public static void main(String[] args) {
03          String str = "        abc            ";
04          String shortStr = str.trim();
05          System.out.println("str的原值是: [" + str + "]");
06          System.out.println("去掉首尾空白的值: [" + shortStr + "]");
07      }
08  }
```

运行结果如图 5.26 所示。

图 5.26 去掉字符串两边的空白内容的运行结果

一、模拟用户注册，用户输入账户名时，忽略所有空格；用户输入密码时，不忽略任何字符。
用户注册完之后，在控制台上输出用户数据。（资源包 \Code\Try\05\27）
拓展训练
二、删除任意代码中的所有缩进格式。（资源包 \Code\Try\05\28）

5.4.6 比较字符串是否相等

📹 视频讲解：资源包\Video\05\5.4.6 比较字符串是否相等.mp4

视频讲解

　　想要比较两个字符串对象的内容是否相同，就需要用 equals() 方法。当且仅当进行比较的字符串
不为 null，并且与被比较的字符串内容相同时，结果才为 true。语法如下：

```
a.equals(str);
```

- ☑ a：任意字符串。
- ☑ str：进行比较的字符串。

实例 15　比较字符串的内容是否相同	实例位置：资源包\Code\SL\05\15
	视频位置：资源包\Video\05\

　　创建 StringEquals 类，创建 4 个不同的字符串对象，分别用 == 和 equals() 方法查看这些字符串比
较的结果。代码如下：

```
01  public class StringEquals {
02      public static void main(String[] args) {
03          String str1 = "Hello";                    // 直接引用字符串常量
04          String str2 = new String("Hello");        // 创建新字符串对象
05          String str3 = new String("你好");          // 创建新字符串对象，但内容不同
06          String str4 = str2;                       // 直接引用已有的字符串对象
07          // 两个不同引用地址的字符串对象使用"=="判断，结果为false
08          System.out.println("str1 == str2 的结果: " + (str1 == str2));
09          // 两个不同引用地址的字符串对象使用"=="判断，结果为false
10          System.out.println("str1 == str3 的结果: " + (str1 == str3));
11          // 两个不同引用地址的字符串对象使用"=="判断，结果为false
12          System.out.println("str1 == str4 的结果: " + (str1 == str4));
13          // 两个同一个引用地址的字符串对象使用"=="判断，结果为true
14          System.out.println("str2 == str4 的结果: " + (str2 == str4));
15          // 内容相同的字符串使用equals()判断，结果为true
16          System.out.println("str1.equals(str2) 的结果: " + str1.equals(str2));
17          // 内容不同的字符串使用equals()判断，结果为false
18          System.out.println("str1.equals(str3) 的结果: " + str1.equals(str3));
19          // 内容相同的字符串使用equals()判断，结果为true
```

```
20              System.out.println("str1.equals(str4) 的结果: " + str1.equals(str4));
21      }
22  }
```

运行结果如图 5.27 所示。

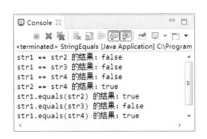

视 频 讲 解

图 5.27　比较字符串的内容是否相同并输出比较结果的运行结果

注意

String str=null; 和 String str=""; 是两种不同的概念。前者是空对象，没有指向任何引用地址，调用 String 的相关方法会抛出 NullPointerException 空指针异常；"" 是一个字符串，分配了内存空间，可以调用 String 的相关方法，只是没有显示出任何东西而已。

拓展训练

一、用户注册某网站账号，该网站已注册的用户名名单为 mrsoft、mr、miss 和 Admin.。如果用户申请的用户名已被他人注册，则注册失败并给予用户提示。（资源包 \Code\Try\05\29）

二、某网站已注册 4 名用户，用户名和密码分别为 mrsoft 和 mingRI，mr 和 Mr1234，miss 和 MissYeah 以及 Admin 和 admin，且用户信息被存储在二维数组中，在控制台上分别输入用户名和密码后实现用户的登录。（资源包 \Code\Try\05\30）

5.5　可变字符串 StringBuffer 类

视 频 讲 解

StringBuffer 类是线程安全的可变字符序列，一个类似于 String 类的字符串缓冲区，两者本质上是一样的，但 StringBuffer 类的执行效率要比 String 类高很多。前面内容介绍过 String 类创建的字符串对象是不可修改的，这一节介绍的 StringBuffer 类创造的字符串序列是可修改的，且实体容量会随着存放的字符串增加而自动增加。下面将介绍 StringBuffer 类的创建及常用方法。

1. 创建 StringBuffer 类

创建一个新的 StringBuffer 类必须用关键字 new，而不能像 String 类那样直接引用字符串常量。语法如下：

```
StringBuffer sbf = new StringBuffer();           // 创建一个类，无初始值
StringBuffer sbf = new StringBuffer("abc");      // 创建一个类，初始值为 "abc"
StringBuffer sbf = new StringBuffer(32);         // 创建一个类，初始容量为32个字符
```

2. append() 方法

append() 方法可将参数转换成字符串，然后追加到此序列中。语法如下：

```
sbf.append(obj);
```

☑ sbf：任意 StringBuffer 类。

☑ obj：任意数据类型的类，如 String、int、double、Boolean 等，都转变成字符串的表示形式。

实例 16 为字符串追加不同类型的文字内容

实例位置：资源包\Code\SL\05\16
视频位置：资源包\Video\05\

创建 StringBufferAppend 类，在类中创建一个 StringBuffer 类，使用 append() 方法分别来追加字符常量、其他 StringBuffer 类和整型变量，输出最后拼接的结果。代码如下：

```
01  public class StringBufferAppend {
02      public static void main(String[] args) {
03          StringBuffer sbf = new StringBuffer("门前大桥下,"); // 创建StringBuffer类
04          sbf.append("游过一群鸭,");                          // 追加字符串常量
05          StringBuffer tmp = new StringBuffer("快来快来数一数,");// 创建其他StringBuffer类
06          sbf.append(tmp);                                   // 追加StringBuffer类
07          int x = 24678;                                     // 创建整型变量
08          sbf.append(x);                                     // 追加整型变量
09          System.out.println(sbf.toString());                // 输出
10      }
11  }
```

运行结果如图 5.28 所示。

图 5.28 使用 append() 方法追加不同类型的文字内容并输出结果的运行结果

拓展训练

一、使用 append() 方法在控制台上输出银行存款单，运行结果如图 5.29 所示。（资源包 \Code\Try\05\31）

二、在控制台输入指定个数的整数后，使用 StringBuffer 类的 append() 方法记录输入的整数，最后将所有偶数输出到控制台上，运行结果如图 5.30 所示。（资源包 \Code\Try\05\32）

图 5.29 输出银行存款单的的运行结果

图 5.30 输出偶数的的运行结果

3. setCharAt() 方法

将给定索引处的字符修改为 ch。语法如下：

```
sbf.setCharAt(int index, char ch);
```

- ☑ sbf：任意 StringBuffer 类。
- ☑ index：被替换字符的索引。
- ☑ ch：替换后的字符。

实例17 替换手机号中间四位为 "××××"　　　实例位置：资源包\Code\SL\05\17
　　　　　　　　　　　　　　　　　　　　　　　　　　视频位置：资源包\Video\05\

创建 StringBufferSetCharAt 类，创建一个 StringBuffer 类记录一个手机号，将索引为 3 ～ 6 的字符修改成 "×"。代码如下：

```
01  public class StringBufferSetCharAt {
02      public static void main(String[] args) {
03              // 创建StringBuffer类，记录一个电话号
04              StringBuffer phoneNum = new StringBuffer("18612345678");
05              for (int i = 3; i <= 6; i++) {                    // 从3开始循环到6
06                      phoneNum.setCharAt(i, 'X');               // 将此索引的字符改为 "×"
07              }
08              System.out.println("幸运观众的手机号为: " + phoneNum);// 输出结果
09      }
10  }
```

运行结果如图 5.31 所示。

图 5.31　使用 setCharAt() 方法将手机号中间四位改成 "××××" 的运行结果

一、在控制台输入 7 位彩票号码后，对某一位上的号码进行修改。（资源包 \Code\Try\05\33）
二、根据用户的实际情况修改用户的性别（默认为男），运行结果如图 5.32 所示。（资源包 \Code\Try\05\34）

图 5.32　修改用户性别的运行结果

4. insert() 方法

将字符串 str 插入指定的索引值 offset 位置。语法如下：

```
sbf.insert(offset, str);
```

☑ sbf：任意 StringBufferl 类。
☑ offset：插入的索引。
☑ str：插入的字符串。

实例 18　模拟 VIP 插队排号　　　　　　实例位置：资源包\Code\SL\05\18
　　　　　　　　　　　　　　　　　　　　视频位置：资源包\Video\05\

创建 StringBufferInsert 类，在类中创建一个 StringBuffer 类，在索引为 13 的位置插入字符串 "F"。代码如下：

```
01  public class StringBufferInsert {
02      public static void main(String[] args) {
03              // 创建StringBuffer类
04              StringBuffer sbf = new StringBuffer();
05              sbf.append("057号客户请到窗口受理,");        // 添加第一个客户提示
06              sbf.append("058号客户请到窗口受理,");        // 添加第二个客户提示
07              System.out.println("字符串原值: " + sbf);        // 输出原值
08              sbf.insert(13, "01号VIP客户请到窗口受理,");     // 在索引13的位置插入VIP客户
09              System.out.println("插入VIP后: " + sbf);       // 输出插入之后的值
10      }
11  }
```

运行结果如图 5.33 所示。

```
Console ✕
<terminated> StringBufferInsert (1) [Java Application] C:\Program Files\Java\jdk\bin\javaw.exe
字符串原值: 057号客户请到窗口受理,058号客户请到窗口受理,
插入VIP后: 057号客户请到窗口受理,01号VIP客户请到窗口受理,058号客户请到窗口受理,
```

视频讲解

图 5.33　在指定位置插入字符序列的运行结果

拓展训练

一、给字符串 "熊出没小心" 加上标点符号。（熊出没，小心）（熊出，没小心）（资源包\Code\Try\05\35）

二、公司名单上有 4 名员工，名单的内容为 "张三，李四，王五，赵六"，今天新来了一个员工周七，请将周七的名字放到公司名单的第一个位置。（资源包 \Code\Try\05\36）

5. delete() 方法

delete() 方法可移除此序列的子字符串中的字符。该子字符串是从指定的索引 start 处开始的，直到索引 end－1 处，如果 end－1 超出最大索引范围，则一直到序列尾部。如果 start 等于 end，则不发生任何更改。语法如下：

```
sbf.delete(int start, int end)
```

☑ sbf：任意 StringBuffer 类。
☑ start：起始索引（包含）。
☑ end：结束索引（不包含）。

实例 19　删除台词中的失误片段

实例位置：资源包\Code\SL\05\19
视频位置：资源包\Video\05\

创建 StringBufferDelete 类，使用 StringBuffer 类的 delete() 方法将主持人读错的内容删掉。代码如下：

```
01  public class StringBufferDelete {
02      public static void main(String[] args) {
03              // 台词字符串
04              String value = "各位观众大家好，欢迎准时打开电梯不对是电视机收看本节目……";
05              StringBuffer sbf = new StringBuffer(value);// 创建台词StringBuffer类
06              System.out.println("原值为：" + sbf);           // 输出原值
07              sbf.delete(14, 19);                           // 删除从索引14开始至索引19之间的内容
08              System.out.println("删除后：" + sbf);           // 输出新值
09      }
10  }
```

运行结果如图 5.34 所示。

Console
<terminated> StringBufferDelete [Java Application] C:\Program Files\Java\jdk\bin\
原值为：各位观众大家好，欢迎准时打开电梯不对是电视机收看本节目……
删除后：各位观众大家好，欢迎准时打开电视机收看本节目……

视频讲解

图 5.34　删除字符序列中指定内容的运行结果

拓展训练

一、某社交平台留言板只能留 10 个字，多出的部分无法显示出来，请用 delete() 方法控制留言长度。（资源包 \Code\Try\05\37）

二、公司名单上有 5 名员工，名单的内容为"周七，张三，李四，王五，赵六"，员工张三申请离职后，请将张三的名字从公司名单中删除。（资源包 \Code\Try\05\38）

6. 其他方法

除了这几个常用方法，StringBuffer 类中还有类似 String 类的方法，下面通过一个实例演示如何使用 StringBuffer 类中的方法。

实例 20　StringBuffer 类中方法的使用

实例位置：资源包\Code\SL\05\20
视频位置：资源包\Video\05\

创建 StringBufferTest 类，调用 StringBuffer 类中类似 String 类的方法。代码如下：

```
01  public class StringBufferTest {
02      public static void main(String[] args) {
03              StringBuffer sbf = new StringBuffer("ABCDEFG");      // 创建字符串序列
04              System.out.println("sbf的原值为：" + sbf);             // 输出原值
05              int length = sbf.length();                          // 获取字符串序列的长度
06              System.out.println("sbf的长度为：" + length);          // 输出长度
07              char chr = sbf.charAt(5);                           // 获取索引为5的字符
08              System.out.println("索引为5的字符为：" + chr);          // 输出指定索引的字符
09              int index = sbf.indexOf("DEF");                     // 获取DEF字符串所在的索引位置
10              System.out.println("DEF字符串的索引位置为：" + index);// 输出子字符串索引
```

```
11              String substr = sbf.substring(0, 2);        // 截取从索引0开始至索引2之间的字符串
12              System.out.println("索引0开始至索引2之间的字符串: " + substr);// 输出截取结果
13              // 将从索引2开始至索引5之间的字符序列替换成"1234"
14              StringBuffer tmp = sbf.replace(2, 5, "1234");
15              System.out.println("替换后的字符串为: " + tmp);        // 输出替换结果
16      }
17  }
```

运行结果如图 5.35 所示。

视频讲解

图 5.35 StringBuffer 类中类似 String 类的方法的运行结果

拓展训练

一、将 IP 地址"192.168.1.147"存储在 StringBufferl 类中后，使用 indexOf() 和 substring() 方法在控制台上输出该 IP 地址的网络号码和本地计算机号码。（资源包 \Code\Try\05\39）

二、请使用 replace() 方法屏蔽手机号中间四位的值，例如"133****9865"。（资源包 \Code\Try\05\40）

5.6 小结

因为在开发过程中，处理字符串的代码将会占据很大比例，所以学习、理解和操作字符串，可谓学习编程的重中之重。本章介绍了很多字符串相关操作：如何获取字符串的内容和长度、如何查找某个位置的字符，以及如何将字符串替换成指定内容等。如果读者想要了解更多关于 String 类的使用方法，可以参考官方提供的 API 文档。

本章 e 学码：关键知识点拓展阅读

concat()	toString() 方法	空指针异常	线程安全
null	value	匿名对象	正则表达式
split	浮点型	实例化	字符串对象
String 对象	构造方法	实体类	字符串缓冲区

e 学码

第**6**章
面向对象编程基础

（ ▶ 视频讲解：1 小时 48 分钟）

本章概览

    Java 是面向对象的编程语言，类与对象是面向对象编程的重要概念。实质上，可以将类看作对象的载体，它定义了对象所具有的属性和行为。学习 Java 必须掌握类与对象的概念，这样可以从更深层次去理解 Java "面向对象"的开发理念，从而更好、更快地掌握 Java 编程思想与编程方式。本章将详细介绍类的各种成员及对象，为了使读者更容易入门，在讲解过程中列举了大量实例，配合生动的图片，让读者更好地了解面向对象的编程思想。

    本章内容也是 Java Web 技术和 Android 技术的基础知识。

知识框架

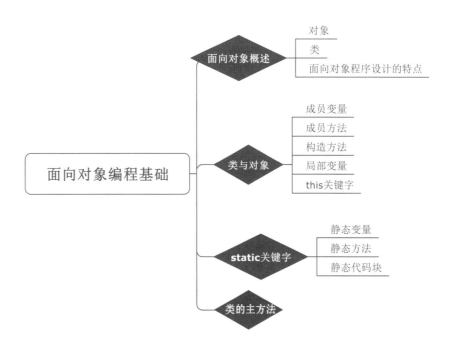

6.1 面向对象概述

在程序开发初期，人们使用结构化开发语言，但随着软件的规模越来越庞大，结构化语言的弊端也逐渐暴露出来，开发周期被无休止地拖延，产品的质量也不尽如人意，结构化语言已经不再适合当前软件开发的发展趋势。这时人们开始将另一种开发思想引入程序中，即面向对象开发思想。面向对象开发思想是人类最自然的一种思考方式，它将所有预处理的问题都抽象为对象，同时了解这些对象具有哪些相应的属性及行为，以解决这些对象面临的一些实际问题，面向对象设计实质上就是对现实世界的对象进行建模操作。

6.1.1 对象

视频讲解：资源包\Video\06\6.1.1 对象.mp4

对象，是一个抽象概念，英文称作"Object"，表示任意存在的事物。世间万物皆对象！在现实世界中，随处可见的一种事物就是对象，对象是事物存在的实体，例如一个人，如图 6.1 所示。

通常将对象划分为两部分，即静态部分与动态部分。静态部分被称为"属性"，任何对象都具备自身属性，这些属性不仅是客观存在的，而且是不能被忽视的，例如人的性别，如图 6.2 所示；动态部分指的是对象的行为，即对象执行的动作，例如人可以行走，如图 6.3 所示。

图 6.1 对象人的示意图　　　图 6.2 静态属性"性别"的示意图　　　图 6.3 动态属性"行走"的示意图

6.1.2 类

视频讲解：资源包\Video\06\6.1.2 类.mp4

类是封装对象的属性和行为的载体，反过来说，具有相同属性和行为的一类实体被称为类。例如，把雁群比作大雁类，那么大雁类就具备了喙、翅膀和爪等属性，觅食、飞行和睡觉等行为，而一只要从北方飞往南方的大雁则被视为大雁类的一个对象。大雁类和大雁对象的关系如图 6.4 所示。

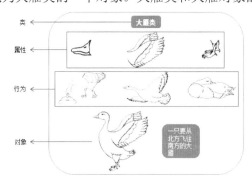

图 6.4 大雁类和大雁对象的关系

在 Java 中，类包括对象的属性和方法。类中对象的属性是以成员变量的形式定义的，对象的行为是以方法的形式定义的，有关类的具体实现会在 6.2 节进行详细介绍。

6.1.3 面向对象程序设计的特点

▶ 视频讲解：资源包\Video\06\6.1.3 面向对象程序设计的特点.mp4

面向对象程序设计具有以下特点。
- ☑ 封装。
- ☑ 继承。
- ☑ 多态。

1. 封装

封装是面向对象编程的核心思想。将对象的属性和行为封装起来，其载体就是类，类通常会对客户隐藏其实现细节，这就是封装的思想。例如，用户使用计算机时，只需要使用手指敲击键盘就可以实现一些功能，无须知道计算机内部是如何工作的。

采用封装的思想保证了类内部数据结构的完整性，使用该类的用户不能轻易地直接操作此数据结构，只能操作类允许公开的数据。这样就避免了外部操作对内部数据的影响，提高了程序的可维护性。

使用类实现封装特性如图 6.5 所示。

2. 继承

矩形、菱形、平行四边形和梯形都是四边形。四边形具有共同的特征：拥有 4 个边。只要将四边形适当延伸，就会得到上述图形。以平行四边形为例，如果把平行四边形看作四边形的延伸，那么平行四边形就复用了四边形的属性和行为，同时添加了平行四边形特有的属性和行为，如平行四边形的对边平行且相等。在 Java 中，可以把平行四边形类看作继承四边形类后产生的类，其中，将类似于平行四边形的类称为子类，将类似于四边形的类称为父类或超类。值得注意的是，在阐述平行四边形和四边形的关系时，可以说平行四边形是特殊的四边形，但不能说四边形是平行四边形。同理，在 Java 中，可以说子类的实例都是父类的实例，但不能说父类的实例是子类的实例，四边形类层次结构如图 6.6 所示。

图 6.5　封装特性　　　　　　　　　　　图 6.6　四边形类层次结构

综上所述，继承是实现重复利用的重要手段，子类通过继承，复用父类属性和行为的同时又添加了子类特有的属性和行为。

3. 多态

将父类对象应用于子类的特征就是多态。例如，首先创建一个螺丝类，螺丝类有两个属性：粗细和螺纹密度；然后创建两个类，一个是长螺丝类，一个是短螺丝类，并且它们都继承了螺丝类。这样长螺丝类和短螺丝类不仅具有相同的特征（粗细相同，且螺纹密度也相同），还具有不同的特征（一个长，一个短，长的可以用来固定大型支架，短的可以用来固定生活中的家具）。综上所述，一个螺丝类衍生出不同的子类，子类继承父类特征的同时，也具备了自己的特征，并且能够实现不同的效果，这就是多态化的结构。螺丝类层次结构如图 6.7 所示。

图 6.7　螺丝类层次结构

6.2 类与对象

在 6.1.2 节中已经介绍过类是封装对象的属性和行为的载体，Java 中定义类时使用了 class 关键字，其语法如下：

```
class 类名称{
// 类的成员变量
// 类的成员方法
}
```

在 Java 中，对象的属性以成员变量的形式存在，对象的方法以成员方法的形式存在。本节将对类与对象进行详细讲解。

6.2.1 成员变量

 视频讲解：资源包\Video\06\6.2.1 成员变量.mp4

在 Java 中，对象的属性也被称为成员变量，成员变量的定义与普通变量的定义一样，语法如下：

```
数据类型 变量名称 [ = 值] ;
```

其中，[= 值] 表示可选内容，定义变量时可以为其赋值，也可以不为其赋值。

为了了解成员变量，首先定义一个鸟类——Bird 类，成员变量对应于类对象的属性，在 Bird 类中设置 4 个成员变量，分别为 wing、claw、beak 和 feather，分别对应于鸟类的翅膀、爪子、喙和羽毛。

例如，在项目中创建鸟类 Bird，在该类中定义成员变量。代码如下：

```
01  public class Bird {
02      String wing;            // 翅膀
03      String claw;            // 爪子
04      String beak;            // 喙
05      String feather;         // 羽毛
06  }
```

从以上代码可以看到，在 Java 中，使用 class 关键字来定义类，Bird 是类的名称。同时，在 Bird 类中定义了 4 个成员变量，成员变量的类型可以设置为 Java 中合法的数据类型，其实成员变量就是普通的变量，可以设置初始值，也可以不设置初始值。如果不设置初始值，则会有默认值。Java 常见类型的默认值如表 6.1 所示。

表 6.1　Java 常见类型的默认值

数 据 类 型	默 认 值	说 明
byte、short、int、long	0	整型零
float、double	0.0	浮点零
char	''	空格字符
boolean	false	逻辑假
引用类型，例如 String	null	空值

6.2.2 成员方法

 视频讲解：资源包\Video\06\6.2.2 成员方法.mp4

在 Java 中，成员方法对应于类对象的行为，它主要用来定义类可执行的操作，它是包含一系列语句的代码块，本节将对成员方法进行详细讲解。

1. 成员方法的定义

定义成员方法的语法格式如下：

```
[权限修饰符] [返回值类型] 方法名( [参数类型 参数名] ) [throws 异常类型] {
    …//方法体
    return 返回值;
}
```

其中，权限修饰符可以是 private、public、protected 中的任意一个，也可以不写，主要用来控制方法的访问权限，关于权限修饰符将在第 7 章中详细讲解；返回值类型用来指定方法返回数据的类型，可以是任何类型，如果方法不需要返回值，则使用 void 关键字；一个成员方法既可以有参数，也可以没有参数，参数可以是对象，也可以是基本数据类型的变量。

例如，定义一个 showGoods() 方法，用来输出库存商品信息，代码如下：

```
01  public void showGoods() {
02      System.out.println("库存商品名称: ");
03      System.out.println(FullName);
04  }
```

说明　方法的定义必须在某个类中，定义方法时如果没有指定权限修饰符，则方法的访问权限为默认（即只能在本类及同一个包中的类中进行访问）。

如果定义的方法有返回值，则必须使用 return 关键字返回一个指定类型的数据，并且返回值类型要与方法返回值的类型一致。例如，定义一个返回值为 int 型的方法，就必须使用 return 返回一个 int 型的值，代码如下：

```
01  public int showGoods() {
02      System.out.println("库存商品名称: ");
03      return 1;
04  }
```

在上面的代码中，如果将 "return 1;" 删除，将会出现如图 6.8 所示的错误提示。

2. 成员方法的参数

在调用方法时，可以给该方法传递一个或多个值，传给方法的值被叫作实参，在方法内部，接收实参的变量被叫作形参，形参的声明语法与变量的声明语法一样。形参只在方法内部有效。在 Java 中，方法的参数主要有 3 种，分别为值参数、引用参数和不定长参数，下面分别进行讲解。

☑ 值参数

值参数表明实参与形参之间按值传递，当使用值参数的方法被调用时，编译器为形参分配存储单元，然后将对应的实参的值复制到形参中，由于是值类型的传递方式，所以，在方法中对值类型的形参的修改并不会影响实参。

实例 01　计算箱子里图书的总数　　实例位置：资源包\Code\SL\06\01
视频位置：资源包\Video\06\

书架上有 30 本书，箱子里有 40 本书，把书架上的书全部放进箱子后，使用带参数的成员方法计算箱子里书的总数。代码如下：

```
01  public class Book {                                      // 创建书类
02      public static void main(String[] args) {
03          Book book = new Book();                          // 创建书类对象
04          int shelf = 30;                                  // 初始化书架上书的本数（实参）
05          int box = 40;                                    // 初始化箱子里书的本数（实参）
06          // 把书架上的书全部放进箱子后，输出箱子里书的总数
07          System.out.println("把书架上的书全部放进箱子后，箱子里一共有"
08                  + book.add(shelf, box) + "本书。\n明细如下：书架上"
09                  + shelf + "本书，箱子里原有" + box + "本书。");
10      }
11      private int add(int shelf, int box) {                // 把书架上、箱子里的书相加求和（形参）
12          box = box + shelf;                               // 对box进行加shelf操作
13          return box;                                      // 返回box
14      }
15  }
```

运行结果如图 6.9 所示。

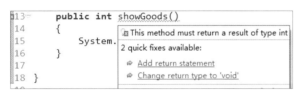

图 6.8　方法无返回值的错误提示

图 6.9　使用带参数的成员方法计算箱子里书的总数的运行结果

从图 6.9 中可以看出，在成员方法中修改形参 box 值后，并没有改变实参 box 的值。

拓展训练

一、今日橘子的价格为每 500 克 2.98 元，购买 3 千克橘子，计算顾客需支付的钱款。（资源包 \Code\Try\06\01）

二、创建店员类，设计一个查询的成员方法，顾客咨询哪一类图书，店员就返回该类图书的名称，例如顾客咨询"计算机"，店员答复"《Java 从入门到精通（第 4 版）》"。（资源包 \Code\Try\06\02）

☑ 引用参数

如果在给方法传递参数时，参数的类型是数组或者其他引用类型，那么，在方法中对参数的修改会反映到原有的数组或者其他引用类型上，这种类型的方法参数被称为引用参数。

实例 02　将美元转换为人民币

实例位置：资源包\Code\SL\06\02
视频位置：资源包\Video\06\

现有 1 美元、10 美元和 100 美元 3 种面值的美元，将这 3 种面值的美元存储在 double 类型的数组中，如果当前 1 美元可兑换 6.903 元人民币，那么使用参数为 double 类型的数组的成员方法，将 3 种面值的美元转换为等值的人民币。代码如下：

```
01  public class ExchangeRate {                                    // 创建汇率类
02      public static void main(String[] args) {
03          ExchangeRate rate = new ExchangeRate();                // 创建RefTest对象
04          double[] denomination = { 1, 10, 100 };  // 定义一维数组，用来存储纸币面额（实参）
05          // 输出数组中3种面值的美元
06          System.out.print("美元: ");
07          for (int i = 0; i < denomination.length; i++) {        // 使用for循环遍历数组
08              System.out.print(denomination[i] + "美元 ");
09          }
10          rate.change(denomination);                             // 调用方法改变数组中元素的值
11          // 输出与3种面值的美元等值的人民币
12          System.out.print("\n人民币: ");
13          for (int j = 0; j < denomination.length; j++) {        // 使用for循环遍历数组
14              System.out.print(denomination[j] + "元 ");
15          }
16      }
17      // 定义一个方法，方法的参数为一维数组（形参）
18      public void change(double[] i) {
19          for (int j = 0; j < i.length; j++) {                   // 使用for循环遍历数组
20              i[j] = i[j] * 6.903;                               // 将数组中的元素乘以当前汇率
21          }
22      }
23  }
```

运行结果如图 6.10 所示。

图 6.10　使用引用参数将美元转换成人民币

一、设计加油站类和汽车类，加油站提供一个给汽车加油的方法，参数为剩余汽油数量。每次执行加油方法，汽车的剩余汽油数量都会加 2。（资源包 \Code\Try\06\03）

二、图书馆举办双十一买二享五折活动，设计一个打折方法，传入顾客购买的图书数组，然后重新为图书定价。已知顾客购买的图书为《Java 从入门到精通（第 4 版）》，作者是明日科技，售价 59.8 元；《Java Web 从入门到精通（第 2 版）》，作者是明日科技，售价 69.8 元。在控制台输出打折前和打折后的图书信息。（资源包 \Code\Try\06\04）

☑ 不定长参数

在在声明方法时，如果有若干相同类型的参数，可以定义为不定长参数，该类型的参数声明如下：

权限修饰符 返回值类型 方法名(参数类型… 参数名)

参数类型和参数名之间是三个点，而不是其他数量或省略号。

例如，对 20、30、40、50、60 求和，就可以使用参数为不定长参数的成员方法。以成员方法 add(int... x) 为例，通过"类的对象 .add(20, 30, 40, 50, 60);"的形式，实现对 20、30、40、50、60 求和的目的。成员方法 add(int... x) 的代码如下：

```
01  int add(int... x) {                          // 定义add方法，并指定不定长参数的类型为int
02      int result = 0;                          // 记录运算结果
03      for (int i = 0; i < x.length; i++) {     // 遍历参数
04          result += x[i];                      // 执行相加操作
05      }
06      return result;                           // 返回运算结果
07  }
```

6.2.3 构造方法

视频讲解

▶ 视频讲解：资源包\Video\06\6.2.3 构造方法.mp4

在类中，除了成员方法，还存在一种特殊类型的方法，那就是构造方法。构造方法是一个与类同名的方法，对象的创建就是通过构造方法完成的。每当类实例化一个对象时，类都会自动调用构造方法。

构造方法的特点如下。

☑ 构造方法没有返回类型，也不能定义为 void。

☑ 构造方法的名称要与本类的名称相同。

☑ 构造方法的主要作用是完成对象的初始化工作，它能把定义对象的参数传给对象成员。

说明

在定义构造方法时，构造方法没有返回值，但这与普通没有返回值的方法不同，普通没有返回值的方法使用 public void methodEx() 这种形式进行定义，但构造方法并不需要使用 void 关键字进行修饰。

构造方法的定义语法如下：

```
class Book {
    public Book() {                    // 构造方法
    }
}
```

☑ public：构造方法的修饰符。

☑ Book：构造方法的名称。

在构造方法中，可以为成员变量赋值，这样当实例化一个本类的对象时，相应的成员变量也将被初始化。如果类中没有明确定义构造方法，则编译器会自动创建一个不带参数的默认构造方法。

除此之外，在类中定义构造方法时，还可以为其添加一个或者多个参数，即有参构造方法，语法如下：

```
class Book {
    public Book(int args) {            // 有参构造方法
        // 对成员变量进行初始化
    }
}
```

☑ public：构造方法的修饰符。

☑ Book：构造方法的名称。

☑ args：构造方法的参数，可以是多个参数。

注意　如果在类中定义的构造方法都是有参构造方法，则编译器不会为类自动生成一个默认的无参构造方法，当试图调用无参构造方法实例化一个对象时，编译器会报错。所以只有在类中没有定义任何构造方法时，编译器才会在该类中自动创建一个不带参数的构造方法。

实例 03　借阅《战争与和平》　　　　实例位置：资源包\Code\SL\06\03
　　　　　　　　　　　　　　　　　视频位置：资源包\Video\06\

创建一个借书类 BorrowABook，借书类中有默认构造方法和参数为书名的借书方法 borrow()。编写一个程序，使用默认构造方法借阅《战争与和平》这本书。代码如下：

```
01  public class BorrowABook {                        // 创建借书类
02      public BorrowABook() {                        // 无参构造方法
03      }
04      public void borrow(String name) {             // 参数为书名的借书方法
05          System.out.println("请前往借阅登记处领取" + name + "。");  // 输出借出的书名
06      }
07      public static void main(String[] args) {
08          BorrowABook book = new BorrowABook();     // 创建借书类对象
09          book.borrow("《战争与和平》"); // 调用借书方法，并将 "《战争与和平》" 赋给参数name
10      }
11  }
```

运行结果如图 6.11 所示。

图 6.11　使用默认构造方法的运行结果

视频讲解

一、智能手机的默认语言为英文，但制造手机时可以将默认语言设置为中文。编写手机类，无参构造方法使用默认语言设计，利用有参构造方法修改手机的默认语言。（资源包 \Code\Try\06\05）

二、张三去 KFC 买可乐，商家默认不加冰块，但是张三要求加 3 个冰块。请利用有参构造方法实现上述功能。（资源包 \Code\Try\06\06）

6.2.4 局部变量

 视频讲解：资源包\Video\06\6.2.4 局部变量.mp4

视频讲解

如果在成员方法内定义一个变量，那么这个变量被称为局部变量。

局部变量在方法执行时被创建，在方法执行结束时被销毁。局部变量在使用时必须进行赋值操作或初始化，否则会出现编译错误。

例如，在项目中创建一个类文件，在该类中定义 getName() 方法，在 getName() 方法中声明 int 型的局部变量 id，并赋值为 0，代码如下：

```
01  public class BookTest {
02      public String getName(){      // 定义一个getName()方法
03          int id = 0;   // 局部变量，如果将id这个局部变量的初始值去掉，则编译器将出现错误
04          setName("Java");          // 调用类中其他方法
05          return id + this.name;// 设置方法返回值
06      }
07  }
```

说明　类成员变量和成员方法可以统称为类成员。如果一个方法中含有与成员变量同名的局部变量，则方法中对这个变量的访问以局部变量的值为基准。例如，变量 id 在 getName() 方法中值为 0，而不是成员变量中 id 的值。

局部变量的作用域，即局部变量的有效范围，图 6.12 描述了局部变量的作用范围。

```
public void doString(String name) {
    int id = 0;
    for (int i = 0; i < 10; i++) {
        System.out.println(name + String.valueOf(i));
    }
}
```
局部变量id的作用范围　　局部变量i的作用范围

图 6.12　局部变量的作用范围

在互不嵌套的作用域中，可以同时声明两个名称和类型相同的局部变量，如图 6.13 所示。

```
public void doString(String name) {
    int id = 0;
    for (int i = 0; i < 10; i++) {
        System.out.println(name + String.valueOf(i));
    }
    for (int i = 0; i <3; i++) {
        System.out.println(i);
    }
}
```
在互不嵌套的区域可以定义同名、同类型的局域变量

图 6.13　在不同嵌套区域可以定义相同名称和类型的局部变量

但是在相互嵌套的区域中不可以这样声明，如果将局部变量 id 在方法体的 for 循环中再次定义，编译器将会报错，如图 6.14 所示。

```
public void doString(String name) {
    int id = 0;
    for (int i = 0; i < 10; i++) {
        System.out.println(name + String.valueOf(i));
    }
    for (int i = 0; i <3; i++) {
        System.out.println(i);
        int id = 7;
    }
}
```
在嵌套区域内重复定义局部变量

图 6.14　在嵌套区域中不可以定义相同名称和类型的局部变量

注意　在作用范围外使用局部变量是一个常见的错误，因为在作用范围外没有声明局部变量的代码。

6.2.5　this 关键字

▶ 视频讲解：资源包\Video\06\6.2.5 this关键字.mp4

当类中的成员变量与成员方法中的参数重名时，方法中如何使用成员变量呢？首先来看一下重名的情况下会发生什么问题。

例如，创建 Book2 类，定义一个成员变量 name 并赋初值，再定义一个成员方法 showName(String name)，输出方法中 name 的值。

```
01  public class Book2 {
02      String name="abc";
03      public void showName(String name) {
04          System.out.println(name);
```

```
05        }
06    public static void main(String[] args) {
07            Book2 book = new Book2();
08            book.showName("123");
09        }
10  }
```

运行结果如图 6.15 所示。

从这个结果可以看出，输出的值不是成员变量的值。也就是说，如果方法中出现了与局部变量同名的参数，则会导致方法无法直接使用成员变量。

在上述代码中可以看到，成员变量与在 showtName() 方法中的形式参数的名称相同，都为 name，那么如何在类中区分使用的是哪一个变量呢？在 Java 中，规定使用 this 关键字来代表本类对象的引用，this 关键字被隐式地用于引用对象的成员变量和方法。

实例 04　调用书名属性

实例位置：资源包\Code\SL\06\04
视频位置：资源包\Video\06\

创建一个借书类 BorrowABook2，借书类中有书名属性 name、参数为 name 的构造方法和借书方法 borrow()。编写一个程序，使用 this 关键字调用书名属性后，借阅《战争与和平》这本书。代码如下：

```
01  public class BorrowABook2 {                              // 创建借书类
02    String name;                                           // 属性：书名
03    public BorrowABook2(String name) {                     // 参数为name的构造方法
04            this.name = name;                              // 将参数name的值赋给属性name
05    }
06    public void borrow() {                                 // 借书方法
07            System.out.println("请前往借阅登记处领取" + name + "。");   // 输出借出的书名
08    }
09    public static void main(String[] args) {
10            // 创建参数为 "《战争与和平》" 的借书类对象
11            BorrowABook2 book = new BorrowABook2("《战争与和平》");
12            book.borrow();                                 // 调用借书方法
13    }
14  }
```

运行结果如图 6.16 所示。

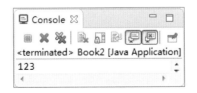

视频讲解

图 6.15　输出成员变量的运行结果　　　图 6.16　使用 this 关键字调用书名属性的运行结果

拓展训练

一、创建教师类，类中有姓名、性别和年龄 3 个属性，在构造方法中使用 this 关键字分别为这 3 个成员属性赋值。（资源包 \Code\Try\06\07）

二、一只大熊猫，长 1.3 米，重 90 千克。在自定义方法中使用 this 关键字调用类的成员变量并在控制台上输出这只大熊猫的信息。（资源包 \Code\Try\06\08） this 关键字虽然可以调用成员变量和成员方法，但 Java 中常规的调用方式是使用"对象 . 成员变量"或"对象 . 成员方法"进行调用（关于使用对象调用成员变量和方法的问题，将在后续章节中进行讲述）。

既然 this 关键字和对象都可以调用成员变量和成员方法，那么 this 关键字与对象之间具有怎样的关系呢？

事实上，this 关键字引用的就是本类的一个对象，在局部变量或方法参数覆盖了成员变量时，如上面代码的情况，就要添加 this 关键字明确引用的是类成员还是局部变量或方法参数。

如果省略 this 关键字直接写成 name＝name，那只是把参数 name 赋值给参数变量本身而已，成员变量 name 的值没有改变，因为参数 name 在方法的作用域中覆盖了成员变量 name。

其实，this 关键字除了可以调用成员变量或成员方法，还可以作为方法的返回值。

例如，在项目中创建一个类文件，在该类中定义 Book 类的方法，并通过 this 关键字进行返回。

```
01  public class Book {
02      public Book getBook() {
03              return this;                              // 返回Book类引用
04      }
05  }
```

在 getBook() 方法中，方法的返回值为 Book 类，所以方法体中使用 return this 这种形式将 Book 类的对象进行返回。

通过介绍，我们知道 this 关键字可以调用类的成员变量和成员方法。此外，它还可以调用类中的构造方法。

实例 05　给鸡蛋灌饼只加一个蛋

实例位置：资源包\Code\SL\06\05
视频位置：资源包\Video\06\

顾客买鸡蛋灌饼要求加几个蛋，烙饼大妈就加几个蛋，不要求的时候就只加一个蛋。创建鸡蛋灌饼 EggCake 类，创建有参和无参构造方法，无参构造方法调用有参构造方法并实现初始化。代码如下：

```
01  public class EggCake {                          // 创建鸡蛋灌饼EggCake类
02   int eggCount;                                  // 鸡蛋灌饼里蛋的个数（属性）
03      // 有参构造方法，参数是加蛋的个数
04      public EggCake(int eggCount) {              // 参数为鸡蛋灌饼里蛋的个数的构造方法
05              this.eggCount = eggCount;           // 将参数eggCount的值赋给属性eggCount
06              System.out.println("这个鸡蛋灌饼里有" + eggCount + "个蛋。");
07      }
08      // 无参构造方法，默认加一个蛋
09      public EggCake() {                          // 默认构造方法
10          // 调用参数为鸡蛋灌饼里蛋的个数的构造方法，并设置鸡蛋灌饼里蛋的个数为1
11              this(1);
12      }
13      public static void main(String[] args) {
14              EggCake cake1 = new EggCake();      // 创建无参的鸡蛋灌饼对象
15              EggCake cake2 = new EggCake(5);     // 创建鸡蛋灌饼对象，且鸡蛋灌饼里5个蛋
16
17      }
18  }
```

运行结果如图 6.17 所示。

实例 05 中定义了两个构造方法，在无参构造方法中可以使用 this 关键字调用有参构造方法。但是注意，this() 语句之前不可以有其他代码。

拓展训练

一、设计电池类，在电池类的构造方法中声明一节 5 号电池的电压为 1.5V，使用 this 关键字调用电池类中的构造方法，实现电压为 9V 的叠层电池，运行结果如图 6.18 所示。（资源包 \Code\Try\06\09）

二、创建信用卡类，有两个成员变量分别是卡号和密码，如果用户开户时没有设置初始密码，则使用 "123456" 作为默认密码。设计两个不同的构造方法，分别用于用户设置密码和用户未设置密码两种构造场景。（资源包 \Code\Try\06\10）

图 6.17　模拟购买鸡蛋灌饼加蛋数量的运行结果

图 6.18　实现电压为 9V 的叠层电池的运行结果

6.3 static 关键字

由 static 修饰的变量、常量和方法分别被称作静态变量、静态常量和静态方法，也被称作类的静态成员。

6.3.1 静态变量

视频讲解：资源包\Video\06\6.3.1 静态变量.mp4

很多时候，不同的类之间需要对同一个变量进行操作，比如一个水池，同时打开入水口和出水口，进水和出水这两个动作会同时影响水池中的水量，此时水池中的水量就可以认为是一个共享的变量。在 Java 程序中，如果把共享的变量用 static 修饰，那么该变量就是静态变量。

调用静态变量的语法如下：

```
类名.静态类成员
```

实例 06　使用静态变量表示水池中的水量　　　　实例位置：资源包\Code\SL\06\06
　　　　　　　　　　　　　　　　　　　　　　　　视频位置：资源包\Video\06\

创建一个水池类，使用静态变量表示水池中的水量，并初始化水池中的水量为 0，通过注水方法（一次注入 3 个单位）和放水方法（一次放出 2 个单位），控制水池中的水量。代码如下：

```
01  public class Pool {                          // 创建水池类
02      public static int water = 0;             // 初始化静态变量之水池中的水量为0
03      public void outlet() {                   // 放水，一次放出2个单位
04          if (water >= 2) {                    // 如果水池中的水量大于或等于2个单位
05              water = water - 2;               // 放出2个单位的水
06          } else {                             // 如果水池中的水量小于2个单位
07              water = 0;                       //  水池中的水量为0
```

```
08              }
09      }
10      public void inlet() {                                    // 注水，一次注入3个单位
11              water = water + 3;                                // 注入3个单位的水
12      }
13      public static void main(String[] args) {
14              Pool pool = new Pool();                          // 创建水池对象
15              System.out.println("水池的水量: " + Pool.water);  // 输出水池当前水量
16              System.out.println("水池注水两次。");
17              pool.inlet();                                    // 调用注水方法
18              pool.inlet();                                    // 调用注水方法
19              System.out.println("水池的水量: " + Pool.water);  // 输出水池当前水量
20              System.out.println("水池放水一次。");
21              pool.outlet();                                   // 调用放水方法
22              System.out.println("水池的水量: " + Pool.water);  // 输出水池当前水量
23      }
24 }
```

运行结果如图 6.19 所示。

视 频 讲 解

图 6.19　使用静态变量控制水池水量的运行结果

一、设计银行账户类，该类有一个静态变量为当前银行的定期利率，变量值为 2.65%，根据控制台输入的存款本金和存款年限，计算年利息。当银行调整利率时，根据控制台输入的本金和存款年限，计算调整利率后的年利息，运行结果如图 6.20 所示。（资源包 \Code\Try\06\11）

二、某地出租车起步价为 2.5 千米 5 元；超过 2.5 千米，每千米 1.3 元，除乘车费用外，还需支付 1 元的燃油附加费。将起步价设为静态变量，根据出租车的行驶里程，计算乘车费用。当出租车起步价格调整后，根据出租车的行驶里程，计算出租车起步价格调整后的乘车费用，运行结果如图 6.21 所示。（资源包 \Code\Try\06\12）

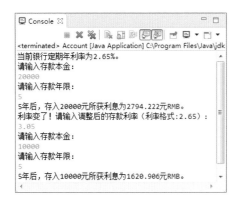

图 6.20　使用静态变量计算年利息的运行结果

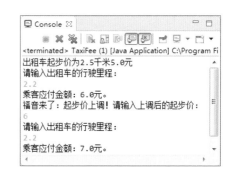

图 6.21　使用静态变量计算乘车费用的运行结果

6.3.2 静态方法

▶ 视频讲解：资源包\Video\06\6.3.2 静态方法.mp4

如果想要使用类中的成员方法，需要先将这个类进行实例化，但有些时候不想或者无法创建类的对象时，还要调用类中的方法才能够完成业务逻辑，这种情况下就可以使用静态方法。

调用类的静态方法的语法如下：

```
类名.静态方法();
```

实例 07 使用静态方法控制水池中的水量　　　　实例位置：资源包\Code\SL\06\07
　　　　　　　　　　　　　　　　　　　　　　　视频位置：资源包\Video\06\

创建一个水池类，使用静态变量表示水池中的水量，并初始化水池中的水量为 0，通过调用静态方法之注水方法（一次注入 3 个单位）和放水方法（一次放出 2 个单位），控制水池中的水量。代码如下：

```java
01  public class Pool2 {                                      // 创建水池类
02      public static int water = 0;                          // 初始化静态变量之水池中的水量为0
03      public static void outlet() {                         // 放水，一次放出2个单位
04          if (water >= 2) {                                 // 如果水池中的水量大于或等于2个单位
05              water = water - 2;                            // 放出2个单位的水
06          } else {                                          // 如果水池中的水量小于2个单位
07              water = 0;                                    // 水池中的水量为0
08          }
09      }
10      public static void inlet() {                          // 注水，一次注入3个单位
11          water = water + 3;                                // 注入3个单位的水
12      }
13      public static void main(String[] args) {
14          System.out.println("水池的水量: " + Pool2.water);   // 输出水池当前水量
15          System.out.println("水池注水两次。");
16          Pool2.inlet();                                    // 调用静态的注水方法
17          Pool2.inlet();                                    // 调用静态的注水方法
18          System.out.println("水池的水量: " + Pool2.water);   // 输出水池当前水量
19          System.out.println("水池放水一次。");
20          Pool2.outlet();                                   // 调用静态的放水方法
21          System.out.println("水池的水量: " + Pool2.water);   // 输出水池当前水量
22      }
23  }
```

运行结果如图 6.22 所示。

图 6.22　使用静态方法控制水池水量的运行结果

一、设计手机类，手机有一个静态的打电话方法，此方法跟手机型号、手机品牌无关，运行结果如图 6.23 所示。（资源包 \Code\Try\06\13）

拓展训练

二、设计钟表类，钟表有一个静态的获取时间方法，此方法与钟表的结构、样式、价格无关，运行结果如图 6.24 所示。（资源包 \Code\Try\06\14）

视频讲解

图 6.23　静态打电话方法的运行结果　　　　图 6.24　静态获取时间方法的运行结果

6.3.3 静态代码块

视频讲解

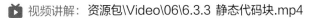

📺 视频讲解：资源包\Video\06\6.3.3 静态代码块.mp4

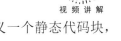

在类的成员方法之外，用 static 修饰的代码区域可以被称为静态代码块。定义一个静态代码块，可以完成类的初始化操作，在类声明时就会运行。

语法如下：

```java
public class StaticTest {
    static {
            // 此处编辑执行语句
    }
}
```

实例 08　代码块的执行顺序　　　　实例位置：资源包\Code\SL\06\08
　　　　　　　　　　　　　　　　　　视频位置：资源包\Video\06\

创建静态代码块、非静态代码块、构造方法、成员方法，查看这几处代码的调用顺序。代码如下：

```java
01  public class StaticTest {
02     static String name;
03     //静态代码块
04     static {
05             System.out.println(name + "静态代码块");
06     }
07     //非静态代码块
08     {
09             System.out.println(name+"非静态代码块");
10     }
11     public StaticTest(String a) {
12             name = a;
```

```
13              System.out.println(name + "构造方法");
14      }
15      public void method() {
16              System.out.println(name + "成员方法");
17      }
18      public static void main(String[] args) {
19          StaticTest s1;                          // 声明的时候就已经运行静态代码块了
20          StaticTest s2 = new StaticTest("s2");// new的时候才会运行构造方法
21          StaticTest s3 = new StaticTest("s3");
22          s3.method();                            // 成员方法只有调用的时候才会运行
23      }
24  }
```

运行结果如图 6.25 所示。

图 6.25　静态代码块的执行顺序的运行结果

说明

从图 6.25 的运行结果可以看出：

（1）静态代码块自始至终只运行了一次。

（2）非静态代码块，每次创建对象的时候，都会在构造方法之前运行。所以读取成员变量 name 时，只能获取 String 类型的默认值 "null"。

（3）构造方法只有在使用 new 创建对象的时候才会运行。

（4）成员方法只有在使用对象调用的时候才会运行。

（5）因为 name 是 static 修饰的静态成员变量，在创建 s2 对象时将字符串 "s2" 赋给了 name，所以创建 s3 对象时，重新调用了类的非静态代码块，此时 name 的值还没有被 s3 对象改变，于是就会输出 "s2 非静态代码块"。

拓展训练

一、创建当前年类，在创建当前年类对象时会敲响新年的钟声，使用静态代码块实现这个过程。（资源包 \Code\Try\06\15）

二、设计数据库连接类，在首次创建类对象时，会自动加载数据库的驱动程序，之后创建的所有类对象都不需要重复加载驱动。（资源包 \Code\Try\06\16）

6.4　类的主方法

📹 视频讲解：资源包\Video\06\6.4 类的主方法.mp4

主方法是类的入口点，它指定了程序从何处开始，提供对程序流向的控制。Java 编译器通过主方法来执行程序。

主方法的语法如下：

```
public static void main(String[] args){
    // 方法体
}
```

在主方法的定义中可以看到，主方法具有以下特性。

☑ 主方法是静态的，所以若要直接在主方法中调用其他方法，则该方法也必须是静态的。

☑ 主方法没有返回值。

☑ 主方法的形参为数组。其中 args[0] ～ args[n] 分别代表程序的第一个参数到第 n+1 个参数，可以使用 args.length 获取参数的个数。

实例 09 设置程序参数

实例位置：资源包\Code\SL\06\09
视频位置：资源包\Video\06\

在项目中创建 TestMain 类，在主方法中编写以下代码，并在 Eclipse 中设置程序参数。代码如下：

```
01  public class TestMain {
02      public static void main(String[] args) {        // 定义主方法
03          for (int i = 0; i < args.length; i++) {      // 根据参数个数做循环操作
04              System.out.println(args[i]);             // 循环打印参数内容
05          }
06      }
07  }
```

在 Eclipse 中设置程序参数的步骤如下。

（1）打开 Eclipse，在包资源管理器的项目名称节点上单击鼠标右键，在弹出的快捷菜单中选择 Run As → Run Configrations，弹出 Run Configrations 对话框。

（2）在 Run Configrations 对话框中选择 Arguments 选项卡，在 Program arguments 文本框中设置"参数 1""参数 2""参数 3"，每个参数间都按下 Enter 键隔开。具体设置如图 6.26 所示。

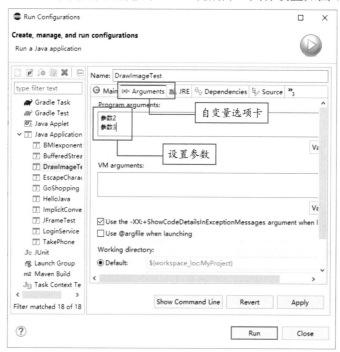

视频讲解

图 6.26 Eclipse 中的 Run Configrations 对话框

程序运行结果如图 6.27 所示。

图 6.27　带参数程序的运行结果

拓展训练

一、在 Run Configrations 对话框中选择 Arguments 选项卡，在 Program arguments 文本框中输入字符串"张三"和"123456"，利用 main 函数给程序添加权限判断，如果用户名、密码正确，控制台输出"开始执行……"；否则，输出"您的权限无法运行此程序"。（资源包 \Code\Try\06\17）

二、在 Run Configrations 对话框中选择 Arguments 选项卡，在 Program arguments 文本框中输入字符串 where、r 和 u，利用 main 函数分别将字符串 where、r 和 u 转换为大写并输出"WHERE R U?"的结果。（资源包 \Code\Try\06\18）

6.5　小结

本章学习了面向对象的概念、类的定义、成员方法、类的构造方法、主方法以及对象的应用等。通过对本章的学习，读者应该掌握面向对象的编程思想，这对学习 Java 十分有帮助。同时在此基础上，读者可以编写类、定义类成员、构造方法、主方法，以解决一些实际问题。由于 Java 中通过对象来处理问题，所以对象的创建、比较、销毁的应用就显得非常重要。读者应该反复揣摩这些基本概念和面向对象编程思想，为 Java 的学习打下坚实的基础。

本章 e 学码：关键知识点拓展阅读

add	return 关键字	调用	权限修饰符
args.length	this 关键字	返回值	缺省
class 关键字	void 关键字	建模操作	销毁
for	编译错误	结构化语言	
println	程序的生命周期	静态全局变量	

e 学码

第 2 篇　核心技术

第 7 章
面向对象核心技术

（ ▶ 视频讲解：3 小时 19 分钟）

本章概览

第 6 章介绍了面向对象编程有 3 大基本特性：封装、继承和多态。应用面向对象思想编写程序，整个程序的架构既可以变得非常有弹性，又可以减少代码冗余。那么面向对象编程的这 3 大基本特性具体是如何实现的呢？本章就将详细讲解如何实现并应用面向对象编程的 3 大基本特性，对面向对象编程的其他知识点（例如抽象类、接口、访问控制和内部类）也会予以详细的讲解。

本章内容也是 Java Web 技术和 Android 技术的基础知识。

知识框架

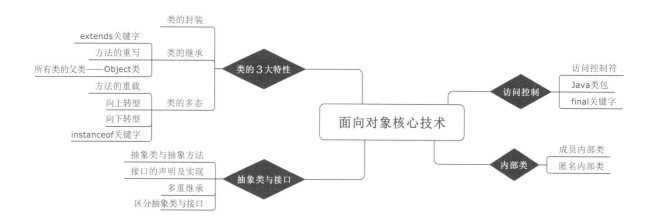

7.1 类的封装

视频讲解：资源包\Video\07\7.1 类的封装.mp4

封装是面向对象编程的核心思想。封装的载体是类，且对象的属性和行为被封装在这个类中。

实例 01　"被封装的厨师"为顾客做一份香辣肉丝	实例位置：资源包\Code\SL\07\01 视频位置：资源包\Video\07\

顾客到一家餐厅去吃饭，点了一盘香辣肉丝，感觉很好吃，顾客就想知道厨师的名字，希望让厨师再为自己多做点事情。按照日常生活场景来讲，去餐厅吃饭，下单的是服务员，上菜的也是服务员，厨师被封装在餐厅中，顾客无法正面接触厨师。代码如下：

```
01  public class Restaurant {
02      private Cook cook = new Cook();                    // 餐厅封装的厨师类
03      public void takeOrder(String dish) {               // 下单
04          cook.cooking(dish);                            // 通知厨师做菜
05          System.out.println("您的菜好了，请慢用。");
06      }
07      public String saySorry() {                         // 拒绝顾客请求
08          return "抱歉，餐厅不提供此项服务。";
09      }
10      public static void main(String[] args) {
11          Restaurant waiter = new Restaurant();          // 创建餐厅对象，为顾客提供服务
12          System.out.println("**请让厨师为我做一份香辣肉丝。***");
13          waiter.takeOrder("香辣肉丝");                    // 服务员给顾客下单
14          System.out.println("**你们的厨师叫什么名字？***");
15          System.out.println(waiter.saySorry());         // 服务员给顾客善意的答复
16          System.out.println("**请让厨师给我切一点葱花。***");
17          System.out.println(waiter.saySorry());         // 服务员给顾客善意的答复
18      }
19  class Cook {
20          private String name;                           // 厨师的名字
21          public Cook() {
22              this.name = "Tom Cruise";                  // 厨师的名字叫Tom Cruise
23          }
24          private void cutOnion() {                      // 厨师切葱花
25              System.out.println(name + "切葱花");
26          }
27          private void washVegetavles() {                // 厨师洗蔬菜
28              System.out.println(name + "洗蔬菜");
29          }
30          void cooking(String dish) {                    // 厨师烹饪顾客点的菜
31              washVegetavles();
32              cutOnion();
33              System.out.println(name + "开始烹饪" + dish);
34          }
35      }
36  }
```

121

运行效果如图 7.1 所示。

从这个例子可以看出，先由顾客和服务员交流，再由服务员和厨师交流。在整个交流的过程中，顾客和厨师之间没有交流。作为顾客，不知道自己品尝的美食是由哪位厨师用何种方法烹饪出来的，这种编程模式就是封装。

一、把一个 Student 类封装起来，模拟一个转校生转入新学校后为其制作学生信息的过程。运行结果如图 7.2 所示。（资源包 \Code\Try\07\01）

图 7.1　使用封装实现餐厅点菜的运行结果　　　图 7.2　制作学生信息的运行结果

二、封装一个股票 (Stock) 类，大盘名称为上证 A 股，前一日的收盘点是 2844.70 点，设置新的当前值如 2910.02 点，控制台既要显示以上信息，又要显示涨跌幅度及点数变化的百分比。运行结果如图 7.3 所示。（资源包 \Code\Try\07\02）

图 7.3　股票涨跌幅度及点数变化的百分比的运行结果

7.2　类的继承

继承的基本思想是基于某个父类的扩展，并制定一个新的子类，子类可以继承父类原有的属性和方法，也可以增加原来父类所不具备的属性和方法，或者直接重写父类中的某些方法。例如，平行四边形是特殊的四边形，如果说平行四边形类继承了四边形类，那么平行四边形类就在保留四边形类所有属性和方法的同时，还扩展了一些平行四边形类特有的属性和方法。

7.2.1 extends 关键字

　视频讲解：资源包\Video\07\7.2.1 extends关键字.mp4

在 Java 中，让一个类继承另一个类需要使用 extends 关键字，语法如下：

```
Child extends Parents
```

Child 类在继承了 Parents 类的同时，也继承了 Parents 类中的属性和方法。

注意

Java 仅支持单继承，即一个类只可以有一个父类，类似下面的代码是错误的：

```
Child extends Parents1,Parents2 {   // 错误的继承语法
}
```

实例 02　使用继承表现 Pad 和 Computer 的关系

实例位置：资源包\Code\SL\07\02
视频位置：资源包\Video\07\

创建一个电脑类 Computer，Computer 类中有屏幕属性 screen 和开机方法 startup()。现 Computer 类有一个子类 Pad（平板电脑）类，除和 Computer 类具有相同的屏幕属性和开机方法外，Pad 类还有电池属性 battery，使用继承表现 Pad 和 Computer 的关系。代码如下：

```java
01  class Computer {                                      // 父类：电脑
02      String screen = "液晶显示屏";                      // 属性：屏幕
03      void startup() {                                  // 方法：开机
04          System.out.println("电脑正在开机，请等待...");
05      }
06  }
07  public class Pad extends Computer {                   // 子类：平板电脑
08      String battery = "5000毫安电池";                   // 平板电脑的属性：电池
09      public static void main(String[] args) {
10          Computer pc = new Computer();                 // 创建电脑类对象
11          System.out.println("computer的屏幕是：" + pc.screen);
12          pc.startup();                                 // 电脑类对象调用开机方法
13          Pad ipad = new Pad();                         // 创建平板电脑类对象
14          System.out.println("pad的屏幕是：" + ipad.screen); // 平板电脑类对象使用父类属性
15          System.out.println("pad的电池是：" + ipad.battery);// 平板电脑类对象使用自己的属性
16          ipad.startup();                               // 平板电脑类对象使用父类方法
17      }
18  }
```

运行结果如图 7.4 所示。

视 频 讲 解

图 7.4　使用继承表现 Pad 和 Computer 的关系的运行结果

从这个结果可以看出，Pad 类继承了 Computer 类之后，虽然没有定义任何成员方法，但仍可以调用父类的方法，被调用的方法就是从父类那里继承过来的。

拓展训练

一、创建银行卡类，并设计银行卡的两个子类：储蓄卡与信用卡。（资源包 \Code\Try\07\03）
二、使用继承说明经过人工包装的水果与普通水果在价格上的区别，运行结果如图 7.5 所示。
（资源包 \Code\Try\07\04）

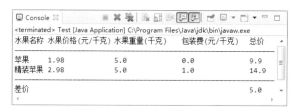

图 7.5　使用继承说明人工包装的水果与普通水果在价格上的区别的运行结果

7.2.2 方法的重写

▶ 视频讲解：资源包\Video\07\7.2.2 方法的重写.mp4

父类的成员都会被子类继承，当父类中的某个方法并不适用于子类时，就需要在子类中重写父类的这个方法。

1. 重写的实现

继承并不只是扩展父类的功能，还可以重写父类的成员方法。重写（又称覆盖）就是在子类中将父类的成员方法名称保留，重新编写父类成员方法的实现内容，更改成员方法的存储权限，或者修改成员方法的返回值类型（重写父类成员方法的返回值类型是基于 Java SE 5.0 以上编译器提供的新功能）。

在继承中还有一种特殊的重写方式，子类与父类的成员方法返回值、方法名称、参数类型及个数完全相同，唯一不同的是方法实现内容，这种特殊的重写方式被称为重构。

注意

当重写父类方法时，修改方法的修饰权限只能从小的范围到大的范围改变，例如，父类中的 doSomething() 方法的修饰权限为 protected，继承后子类中的方法 doSomething() 的修饰权限只能修改为 public，不能修改为 private。如图 7.6 所示的重写关系就是错误的。本章 7.5 节会详细地介绍访问修饰符。

图 7.6　重写时不能降低方法的修饰权限范围

实例 03　在电脑类中展示图片　　　　实例位置：资源包\Code\SL\07\03
　　　　　　　　　　　　　　　　　　　视频位置：资源包\Video\07\

平板电脑类是普通电脑类的子类，当用户想欣赏放大后的美图时，它们都会以各自的方式（普通电脑通过鼠标单击展示图片，平板电脑通过手指单击触摸屏展示图片）展示图片满足用户的需求。代码如下：

```
01  class Computer2 {                        // 父类：电脑
02      void showPicture() {                 // 方法：展示图片
03          System.out.println("鼠标单击");
04      }
05  }
```

```
06    public class Pad2 extends Computer2 {              // 子类：平板电脑
07        void showPicture() {                           // 重写父类中展示图片的方法
08            System.out.println("手指单击触摸屏");
09        }
10        public static void main(String[] args) {
11            Computer2 pc = new Computer2();            // 创建电脑类对象
12            System.out.print("pc打开图片：");
13            pc.showPicture();                          // 电脑类对象调用展示图片的方法
14            Pad2 ipad = new Pad2();                    // 创建平板电脑类对象
15            System.out.print("ipad打开图片：");
16            ipad.showPicture();                        // 平板电脑类对象调用重写后的父类方法
17        }
18    }
```

运行结果如图 7.7 所示。

图 7.7　重写普通电脑类中展示图片的方法

一、首先自定义一个 Vehicle（交通工具）类，用来作为父类。该类中自定义一个 move() 方法；然后自定义 Train（火车）类和 Car（汽车）类，都继承自 Vehicle 类，在这两个子类中重写父类中的 move() 方法，输出 "交通工具都可以移动" "火车在铁轨上行驶"，以及 "汽车在公路上行驶"。（资源包 \Code\Try\07\05）

二、首先自定义一个 TrafficLights（交通信号灯）类，用来作为父类，该类中自定义一个 shine()（闪烁）方法；然后自定义 RedTrafficLights 类、YellowTrafficLights 类和 GreenTrafficLights 类，都继承自 TrafficLights 类，在这 3 个子类中重写父类中的 shine() 方法。在 main() 方法中，分别将父类和子类的对象存储在一个 Vehicle 类型的数组中，使数组中的每个对象都调用 shine() 方法，输出 "交通信号灯发光" "红灯发出红光" "黄灯发出黄光"，以及 "绿灯发出绿光"。（资源包 \Code\Try\07\06）

2. super 关键字

如果子类重写了父类的方法，就再也无法调用父类的方法吗？如果想在子类的方法中实现父类原有的方法怎么办？为了解决这种需求，Java 提供了 super 关键字。super 关键字代表父类对象，super 关键字的使用方法如下：

```
super.property;    // 调用父类的属性
super.method();    // 调用父类的方法
```

实例 04　让平板电脑调用台式机的功能　　实例位置：资源包\Code\SL\07\04　视频位置：资源包\Video\07\

编写一个程序，平板电脑类是普通电脑类的子类，当使用普通电脑时，普通电脑会提示"欢迎使用"的信息；当使用平板电脑时，平板电脑会提示"欢迎使用 iPad"的信息。代码如下：

```
01  class Computer3 {                                    // 父类：电脑
02      String sayHello(){                               // 方法：打招呼
03              return "欢迎使用";
04      }
05  }
06  public class Pad3 extends Computer3 {                // 子类：平板电脑
07      String sayHello() {                              // 子类重写父类方法
08              return super.sayHello() + "iPad";         // 调用父类方法并添加字符串
09      }
10      public static void main(String[] args) {
11              Computer3 pc = new Computer3();           // 创建电脑类对象
12              System.out.println(pc.sayHello());
13              Pad3 ipad = new Pad3();                   // 创建平板电脑类对象
14              System.out.println(ipad.sayHello());
15      }
16  }
```

运行结果如图 7.8 所示。

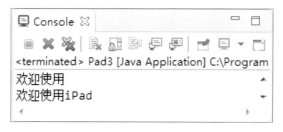

图 7.8　使用 super 关键字调用父类方法的运行结果

一、设计火车类和高铁类，高铁类继承自火车类，不管火车类的行进速度是多少，高铁类的行进速度永远是火车类的二倍。（资源包 \Code\Try\07\07）
二、设计人类，有一个自我介绍的方法，输出"我是 ×××"；设计博士类，继承人类，博士类自我介绍时输出"我是 ××× 博士"。（资源包 \Code\Try\07\08）

7.2.3 所有类的父类——Object 类

▶ 视频讲解：资源包\Video\07\7.2.3 所有类的父类——Object类.mp4

在开始学习使用 class 关键字定义类时，就应用了继承原理。因为在 Java 中，所有的类都直接或间接继承了 java.lang.Object 类。Object 类是比较特殊的类，它是所有类的父类，是 Java 类层中的最高层。当创建一个类时，除非已经指定要从其他类继承，否则都是从 java.lang.Object 类继承而来的，所以 Java 中的每个类都源于 java.lang.Object 类，如 String、Integer 等类都继承自 Object 类。除此之外，自定义的类也都继承自 Object 类。由于所有类都是 Object 类的子类，所以在定义类时，省略了 extends Object 语句，如图 7.9 所示。

在 Object 类中，主要包括 clone()、finalize()、equals()、toString() 等方法，其中常用的两个方法为 equals() 和 toString() 方法。由于所有的类都是 Object 类的子类，所以任何类都可以重写 Object 类中的方法。

注意

> Object 类中的 getClass()、notify()、notifyAll()、wait() 等方法不能被重写，因为这些方法被定义为 final 类型。

下面详细介绍 Object 类中的几个重要方法。

1. getClass() 方法

getClass() 方法会返回某个对象执行时的 Class 实例，然后通过 Class 实例调用 getName() 方法获取类的名称。语法如下：

```
getClass().getName();
```

2. toString() 方法

toString() 方法会返回某个对象的字符串表示形式。当打印某个类对象时，将自动调用重写的 toString() 方法。

实例 05　使用输出语句打印 Say Hello to Java　　　实例位置：资源包\Code\SL\07\05
　　　　　　　　　　　　　　　　　　　　　　　　　视频位置：资源包\Video\07\

编写一个程序，创建 Hello 类，在类中重写 Object 类的 toString() 方法，并在主方法中输出 Hello 类的实例对象。代码如下：

```
01  public class Hello {
02      public String toString() {                        // 重写toString()方法
03          return "Say "" + getClass().getName() + "" to Java";
04      }
05      public static void main(String[] args) {
06          System.out.println(new Hello());              // 打印SayHello类的实例对象
07      }
08  }
```

运行结果如图 7.10 所示。

视 频 讲 解

图 7.9　定义类时可以省略 extends Object 语句　　　图 7.10　在 Hello 类中重写 toString() 方法的运行结果

 拓展训练

一、重写 toString() 方法将如下信息输出在控制台上：红色的苹果被称为"糖心富士"，每 500 克 4.98 元，买了 2500 克"糖心富士"，需支付多少元。（资源包 \Code\Try\07\09）

二、设计人类，定义年龄属性，重写 toString() 方法，在方法中判断此人类对象是否大于等于 18 岁，如果大于等于 18 岁，则输出"我 × × 岁，我是成年人。"否则输出"我 × × 岁，我是未成年人。"（资源包 \Code\Try\07\10）

3. equals() 方法

Object 类中的 equals() 方法比较的是两个对象的引用地址是否相等。

实例 06　比较普通类的两个对象是否相等	实例位置：资源包\Code\SL\07\06
	视频位置：资源包\Video\07\

编写一个程序，使用 equals() 方法分别比较内容相同的两个字符串对象和两个 V 类对象是否相等。代码如下：

```
01  class V {                                             // 自定义V类
02  }
03  public class OverWriteEquals {
04      public static void main(String[] args) {
05              String s1 = new String("123");           // 实例化两个对象，内容相同
06              String s2 = new String("123");
07              System.out.println(s1.equals(s2));       // 使用equals()方法调用
08              V v1 = new V();                           // 实例化两个V类对象
09              V v2 = new V();
10              System.out.println(v1.equals(v2));       // 使用equals()方法比较v1与v2对象
11      }
12  }
```

运行结果如图 7.11 所示。

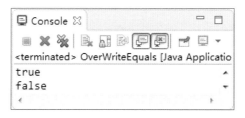

视频讲解

图 7.11　使用 equals() 方法比较字符串和自定义类对象的运行结果

拓展训练

一、重写 equals() 方法，得到一个荒唐的结果：猪和狗是同类。（资源包 \Code\Try\07\11）

二、重写 equals() 方法并加入生物中的"科"属性，通过判断"科"属性是否相等，纠正上一个"拓展训练"得出的荒唐结果。（资源包 \Code\Try\07\12）

7.3　类的多态

在 Java 中，多态的含义是"一种定义，多种实现"。例如，运算符 + 作用于两个整型量的目的是求和，作用于两个字符型量的目的是将其连接在一起。类的多态性可以从两方面体现：一是方法的重载，二是类的上下转型，本节将分别对它们进行详细讲解。

7.3.1　方法的重载

视频讲解

▶ 视频讲解：资源包\Video\07\7.3.1 方法的重载.mp4

构造方法的名称由类名决定。如果以不同的方式创建某个类的对象，那么就需要使用多个形参不同的构造方法来完成。为了让这些方法名相同但形参不同的构造方法同时存在，必须使用方法的重载。虽然方法的重载起源于构造方法，但是它也可以应用到其他方法中。

方法的重载就是在同一个类中允许同时存在多个同名方法，只要这些方法的参数数量或类型不同即可。

实例 07　编写 add() 方法的多个重载形式

实例位置：资源包\Code\SL\07\07
视频位置：资源包\Video\07\

首先在项目中创建 OverLoadTest 类，在类中编写 add() 方法的多个重载形式，然后在主方法中分别输出这些方法的返回值。代码如下：

```
01  public class OverLoadTest {
02      // 定义一个方法
03      public static int add(int a) {
04              return a;
05      }
06      // 定义与第一个方法参数数量不同的方法
07      public static int add(int a, int b) {
08              return a + b;
09      }
10      // 定义与第一个方法名称相同、参数类型不同的方法
11      public static double add(double a, double b) {
12              return a + b;
13      }
14      // 定义一个成员方法
15      public static int add(int a, double b) {
16              return (int) (a + b);
17      }
18      // 这个方法与前一个方法参数次序不同
19      public static int add(double a, int b) {
20              return (int) (a + b);
21      }
22      // 定义不定长参数
23      public static int add(int... a) {
24              int s = 0;
25              // 根据参数数量循环操作
26              for (int i = 0; i < a.length; i++) {
27                      s += a[i];                        // 将每个参数的值相加
28              }
29              return s;                                 // 将计算结果返回
30      }
31      public static void main(String args[]) {
32              System.out.println("调用add(int)方法：" + add(1));
33              System.out.println("调用add(int,int)方法：" + add(1, 2));
34              System.out.println("调用add(double,double)方法：" + add(2.1, 3.3));
35              System.out.println("调用add(int a, double b)方法：" + add(1, 3.3));
36              System.out.println("调用add(double a, int b) 方法：" + add(2.1, 3));
37              System.out.println("调用add(int... a)不定长参数方法："+
38                                                  add(1, 2, 3, 4, 5, 6, 7, 8, 9));
39              System.out.println("调用add(int... a)不定长参数方法：" + add(2, 3, 4));
40      }
41  }
```

运行结果如图 7.12 所示。

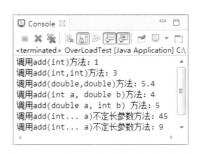

视频讲解

图 7.12　使用重载方法的运行结果

说明

本实例中分别定义了 6 个方法，在这 6 个方法中，前两个方法的参数数量不同，所以构成了重载关系；前两个方法与第 3 个方法比较时，方法的参数类型不同，并且方法的返回值类型也不同，所以这 3 个方法也构成了重载关系；比较第 4 个和第 5 个方法时，会发现除参数的出现顺序不同外，其他都相同，这样同样可以根据这个区别将两个方法构成重载关系；而最后一个使用不定长参数的方法，实质上与参数数量不同是一个概念，也构成了重载关系。

拓展训练

一、使用方法的重载描述所有的超市都支持现金付款，但大型商超还支持刷卡付款。（资源包 \Code\Try\07\13）

二、使用方法的重载描述所有的汽车都至少有两块脚踏板，但手动挡汽车有三块脚踏板。（资源包 \Code\Try\07\14）

7.3.2　向上转型

视频讲解

📺 视频讲解：资源包\Video\07\7.3.2　向上转型.mp4

在 Java 中，对象类型的转换包括向上转型与向下转型。例如，平行四边形是特殊的四边形，也就是说平行四边形是四边形的一种，那么就可以将平行四边形对象看作四边形对象。

实例 08　使用继承绘制平行四边形　　　实例位置：资源包\Code\SL\07\08
　　　　　　　　　　　　　　　　　　　　　　视频位置：资源包\Video\07\

在项目中先创建 Quadrangle 父类，再创建 Parallelogram 子类，并使 Parallelogram 子类继承自 Quadrangle 父类，然后在主方法中调用父类的 draw() 方法。代码如下：

```
01  class Quadrangle {                                      // 四边形类
02      public static void draw(Quadrangle q) {             // 四边形类中的方法
03          // SomeSentence
04      }
05  }
06  public class Parallelogram extends Quadrangle {         // 平行四边形类，继承了四边形类
07      public static void main(String args[]) {
08          Parallelogram p = new Parallelogram();          // 实例化平行四边形类对象
09          draw(p);                                        // 调用父类方法
10      }
11  }
```

在本实例中，平行四边形类继承了四边形类，四边形类存在一个 draw() 方法，它的参数类型是 Quadrangle（四边形类），而在平行四边形类的主方法中调用 draw() 方法时传入的参数类型却是 Parallelogram（平

行四边形类）。这里一直在强调一个问题，即平行四边形也是一种四边形，所以可以将平行四边形类的对象看作一个四边形类的对象，这就相当于"Quadrangle obj = new Parallelogram();"，即把子类对象赋值给父类对象，这种技术被称为"向上转型"。

平行四边形类与四边形类的关系如图 7.13 所示。

从图 7.13 可以看出，平行四边形类继承了四边形类，常规的继承图都是将顶级类设置在页面的顶部，然后逐渐向下，所以将子类对象看作父类对象被称为向上转型。由于向上转型是从一个较具体的类到较抽象类的转换，所以向上转型是安全的。例如，可以说平行四边形是特殊的四边形，但不能说四边形是平行四边形。

 注意　在执行向上转型操作时，父类对象无法调用子类独有的属性或者方法。例如，首先在上面代码的 Parallelogram 子类中定义一个 edges 变量，然后在 main() 方法中使用 Parallelogram 子类创建 Quadrangle 父类的对象，并使用该父类对象调用子类中定义的变量，代码修改如下：

```
01  public class Parallelogram extends Quadrangle {    // 平行四边形类，继承了四边形类
02      int edges=4;
03      public static void main(String args[]) {
04          Quadrangle p = new Parallelogram();          // 创建父类对象
05          p.edges=6;                                    // 调用子类的变量
06      }
07  }
```

运行上面的代码，出现如图 7.14 所示的错误提示。

图 7.13　平行四边形类与四边形类的关系

图 7.14　父类对象调用子类独有的属性会抛出异常

 拓展训练　一、对于汽车而言，至少有油门踏板和刹车踏板。模拟自动挡汽车的正确驾驶方式，运行结果如图 7.15 所示。（资源包 \Code\Try\07\15）

二、描述动物园里老虎、鱼、鸵鸟及青蛙的运动方式，运行结果如图 7.16 所示。（资源包 \Code\Try\07\16）

图 7.15　模拟自动挡汽车的正确驾驶方式的运行结果

图 7.16　描述动物园里动物的运动方式的运行结果

7.3.3 向下转型

▶ 视频讲解：资源包\Video\07\7.3.3 向下转型.mp4

通过向上转型可以推理出，向下转型是将较抽象类转换为较具体的类。这样的转型通常会出现问题，例如，不能说四边形是平行四边形，也不能说所有的鸟都是鸽子，因为这些说法不合逻辑。

实例 09　类型转换异常　　　　　　实例位置：资源包\Code\SL\07\09
　　　　　　　　　　　　　　　　　　视频位置：资源包\Video\07\

修改实例 08，在 Parallelogram 子类的主方法中将父类 Quadrangle 的对象赋值给子类 Parallelogram 对象的引用变量，将使程序产生错误。代码如下：

```
01  class Quadrangle {
02      public static void draw(Quadrangle q) {
03          // SomeSentence
04      }
05  }
06  public class Parallelogram extends Quadrangle {
07      public static void main(String args[]) {
08          draw(new Parallelogram());
09          // 将平行四边形类对象看作四边形类对象，称为向上转型操作
10          Quadrangle q = new Parallelogram();
11          Parallelogram p = q;  // 将父类对象赋予子类对象
12      }
13  }
```

运行此程序会直接抛出异常，如图 7.17 所示。

图 7.17　运行实例 09 直接抛出异常

在做向下转型操作时，将抽象的对象（四边形）转换为具象的对象（平行四边形）肯定会出现问题，所以这时需要告知编译器这个四边形对象就是平行四边形对象。将父类对象强制转换为某个子类对象的方式被称为显式转换。

采用父类对象强制转换为子类对象的方式，可将实例 09 的代码修改如下：

```
01  class Quadrangle {
02      public static void draw(Quadrangle q) {
03          // SomeSentence
04      }
05  }
06  public class Parallelogram extends Quadrangle {
07      public static void main(String args[]) {
08          draw(new Parallelogram());
```

```
09                    // 将平行四边形类对象看作四边形类对象,称为向上转型操作
10                    Quadrangle q = new Parallelogram();
11                    // 将父类对象赋予子类对象,并强制转换为子类型
12                    Parallelogram p = (Parallelogram) q;
13          }
14 }
```

这样,程序即可正常运行。综上所述,父类对象要变成子类对象,必须通过显式转换才能实现。

说明

当使用显式转换向下转型时,必须向编译器指明将父类对象转换为哪一种类型的子类对象。

拓展训练

一、创建动物类,动物类有 3 个子类:鹰、青蛙和蝗虫。创建 3 个动物类,分别强制转换成 3 个子类,执行 3 个子类吃食物的方法。(资源包 \Code\Try\07\17)

二、创建一个旅游胜地类,将其强制转换为九寨沟类,并介绍九寨沟。运行结果如图 7.18 所示。(资源包 \Code\Try\07\18)

图 7.18　将旅游胜地类强制转换为九寨沟类的运行结果

7.3.4　instanceof 关键字

视频讲解

📹 视频讲解:资源包\Video\07\7.3.4 instanceof关键字.mp4

当在程序中执行向下转型操作时,如果父类对象不是子类的实例,就会发生 ClassCastException 异常,所以在执行向下转型操作之前,需要使用 instanceof 关键字判断父类对象是否为子类的实例。instanceof 关键字还可以判断某个类是否实现了某个接口。instanceof 关键字的语法格式如下:

```
myobject instanceof ExampleClass
```

☑ myobject:某类的对象引用。

☑ ExampleClass:某个类。

使用 instanceof 关键字的表达式返回值为布尔值。如果返回值为 true,说明 myobject 对象为 ExampleClass 的实例;如果返回值为 false,说明 myobject 对象不是 ExampleClass 的实例。

注意

instanceof 是 Java 的关键字。在 Java 中,关键字都为小写。

实例 10　判断父类对象是否为子类的实例　　　实例位置:资源包\Code\SL\07\10

视频位置:资源包\Video\07\

在项目中,首先创建平行四边形类 Parallelogram 和另外 3 个类 Quadrangle(四边形类)、Square(正

方形类）、Anything。其中 Parallelogram 类和 Square 类继承自 Quadrangle 类，在 Parallelogram 类的主方法中分别创建这些类的对象。然后使用 instanceof 关键字判断父类对象是否为子类的实例。代码如下：

```
01  class Quadrangle {                                    // 创建四边形类
02      public static void draw(Quadrangle q) {           // 画四边形的方法
03      }
04  }
05  class Square extends Quadrangle {                     // 创建四边形类的子类：正方形类
06  }
07  class Anything {                                      // 创建普通类
08  }
09  public class Parallelogram extends Quadrangle {       // 创建四边形类的子类：平行四边形类
10      public static void main(String args[]) {
11          Quadrangle q = new Quadrangle();              // 创建四边形类对象
12          // 判断父类四边形类对象是否为平行四边形类的实例
13          if (q instanceof Parallelogram) {
14              Parallelogram p = (Parallelogram) q;      // 进行向下转型操作
15          }
16          // 判断四边形类对象是否为正方形类的实例
17          if (q instanceof Square) {
18              Square s = (Square) q;                    // 进行向下转型操作
19          }
20          // 由于q对象不是Anything类的对象，所以这条语句是错误的
21          System.out.println(q instanceof Anything);
22      }
23  }
```

视 频 讲 解

在 Eclipse 中，把鼠标悬停在"q instanceof Anything"上的结果如图 7.19 所示。

```
21          // 由于q对象不为Anything类的对象，所以这条语句是错误的
⊗22         System.out.println(q instanceof Anything);
23      }
24  }
25
            ⊗ Incompatible conditional operand types Quadrangle and Anything
                                                        Press 'F2' for focus
```

图 7.19　把鼠标悬停在"q instanceof Anything"上的结果

拓展训练

一、判断"鸡是不是鸟"并阐明依据（鸡是鸟的子类，所以鸡是鸟）。（资源包 \Code\Try\07\19）
二、通过 instanceof 关键字判断总统是否是公务员，并输出公务员和总统的主要工作。（资源包 \Code\Try\07\20）

7.4　抽象类与接口

虽然可以使用两组对边分别平行的四边形和有两条边相等的三角形分别定义平行四边形和等腰三角形，但却不能使用具体的语言定义图形。在 Java 中，把类似无法使用具体语言定义的图形类称为抽象类。

7.4.1 抽象类与抽象方法

▶ 视频讲解：资源包\Video\07\7.4.1 抽象类与抽象方法.mp4

在 Java 中，抽象类不能产生对象实例。在定义抽象类时，需要使用 abstract 关键字。定义抽象类的语法如下：

```
[权限修饰符] abstract class 类名 {
类体
}
```

使用 abstract 关键字定义的类被称为抽象类，使用 abstract 关键字定义的方法被称为抽象方法。定义抽象方法的语法如下：

```
[权限修饰符] abstract 方法返回值类型 方法名(参数列表);
```

从上面的语法可以看出，抽象方法是直接以分号结尾的，没有方法体，抽象方法本身没有任何意义，除非被重写，而承载这个抽象方法的抽象类必须被继承。实际上，抽象类除被继承外没有任何意义。图 7.20 说明了抽象类的继承关系。

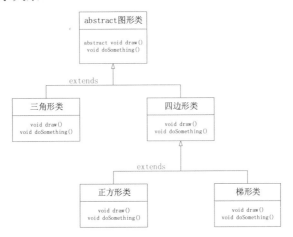

图 7.20　抽象类的继承关系

从图 7.20 可以看出，继承抽象类的所有子类都需要重写抽象类中的抽象方法。

　　　构造方法不能被定义为抽象方法。
注意

实例 11　模拟"去商场买衣服"场景

实例位置：资源包\Code\SL\07\11
视频位置：资源包\Video\07\

"去商场买衣服"这句话描述的是一个抽象的行为：到底去哪个商场买衣服？是实体店还是网店？买什么样的衣服，是短衫、裙子，还是其他什么衣服？在"去商场买衣服"这句话中，并没有为"买衣服"这个抽象行为指明一个确定的信息。设计一个商场的抽象类，并在其中定义买东西的抽象方法，具体是什么商场、买什么东西，交给子类去实现即可。代码如下：

```
01  public abstract class Market {
02      public String name;                // 商场名称
03      public String goods;               // 商品名称
04      public abstract void shop();       // 抽象方法，用来输出信息
05  }
```

零基础学 Java（升级版）

定义一个 TaobaoMarket 类，继承自 Market 抽象类，实现其中的 shop() 抽象方法，代码如下：

```
01  public class TaobaoMarket extends Market {
02      public void shop() {
03          System.out.println(name + "网购" + goods);
04      }
05  }
```

定义一个 WallMarket 类，继承自 Market 抽象类，实现其中的 shop() 抽象方法，代码如下：

```
01  public class WallMarket extends Market {
02      public void shop() {
03          System.out.println(name + "实体店购买" + goods);
04      }
05  }
```

定义一个 GoShopping 类，在该类中分别使用 WallMarket 类和 TaobaoMarket 类创建抽象类的对象，并分别为抽象类中的成员变量赋不同的值，调用 shop() 抽象方法分别输出结果，代码如下：

```
01  public class GoShopping {
02      public static void main(String[] args) {
03          Market market = new WallMarket();        // 使用派生类对象创建抽象类对象
04          market.name = "沃尔玛";
05          market.goods = "七匹狼西服";
06          market.shop();
07          market = new TaobaoMarket();             // 使用派生类对象创建抽象类对象
08          market.name = "淘宝";
09          market.goods = "韩都衣舍花裙";
10          market.shop();
11      }
12  }
```

运行结果如图 7.21 所示。

图 7.21　使用抽象类模拟"去商场买衣服"场景的运行结果

一、创建 Shape（图形）类，该类中有一个计算面积的方法。圆形和矩形都继承自图形类，输出圆形和矩形的面积。（资源包 \Code\Try\07\21）
二、创建工厂类，工厂类中有一个抽象生产方法，创建汽车厂类和鞋厂类，重写工厂类中的抽象生产方法，输出汽车厂生产的是汽车，鞋厂生产的是鞋。（资源包 \Code\Try\07\22）

综上所述，使用抽象类和抽象方法时，需要遵循以下原则。

（1）在抽象类中，可以包含抽象方法，也可以不包含抽象方法，但是包含了抽象方法的类必须被定义为抽象类。

（2）抽象类不能直接被实例化，即使抽象类中没有声明抽象方法，也不能被实例化。

（3）抽象类被继承后，子类需要重写抽象类中所有的抽象方法。

（4）如果继承抽象类的子类也被声明为抽象类，则可以不用重写父类中所有的抽象方法。

使用抽象类时，可能会出现这样的问题：程序中会有太多冗余的代码，同时父类的局限性很大。例如，在上面的例子中，也许某个不需要 shop() 方法的子类也必须重写 shop() 方法。如果将这个 shop() 方法从父类中拿出，放在别的类里，又会出现新问题：某些类想要实现"买衣服"的场景，竟然需要继承两个父类。Java 中规定，一个类不能同时继承多个父类，为解决这种问题，接口应运而生。

7.4.2 接口的声明及实现

视频讲解：资源包\Video\07\7.4.2 接口的声明及实现.mp4

接口是抽象类的延伸，可以将它看作纯粹的抽象类，接口中的所有方法都没有方法体。对于 7.4.1 节中遗留的问题，可以将 draw() 方法封装到一个接口中，这样可以让一个类既能继承图形类，又能实现 draw() 方法接口，这就是接口存在的必要性。各个子类继承图形类后使用接口的关系如图 7.22 所示。

接口使用 interface 关键字进行定义，其语法如下：

```
[修饰符] interface 接口名 [extends 父接口名列表]{
    [public] [static] [final] 常量;
    [public] [abstract] 方法;
}
```

☑ 修饰符：可选，用于指定接口的访问权限，可选值为 public。若省略则使用默认的访问权限。

☑ 接口名：必选参数，用于指定接口的名称，接口名必须是合法的 Java 标识符。在一般情况下，要求首字母大写。

☑ extends 父接口名列表：可选参数，用于指定要定义的接口继承自哪个父接口。当使用 extends 关键字时，父接口名为必选参数。

☑ 方法：接口中的方法都是抽象方法，没有方法体。

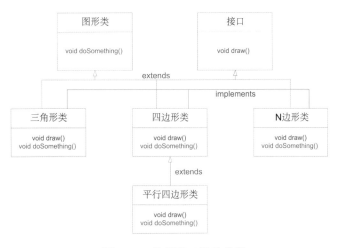

图 7.22　使用接口继承关系

一个类实现一个接口可以使用 implements 关键字，代码如下：

```
01  public class Parallelogram implements drawTest{
02      ……
03  }
```

说明

在接口中定义的任何变量都自动是 static 和 final 的，因此，在接口中定义变量时，必须进行初始化，而且，实现接口的子类不能对接口中的变量重新赋值。

实例 12　绘制特殊的平行四边形

实例位置：资源包\Code\SL\07\12

视频位置：资源包\Video\07\

特殊的平行四边形有矩形、正方形和菱形。现使用接口的相关知识绘制特殊的平行四边形。代码如下：

```java
01  interface DrawImage {                              // 定义 "画图形" 接口
02      public void draw();                            // 定义抽象方法 "画"
03  }
04  class Rectangle implements DrawImage {             // 矩形类实现了drawTest接口
05      public void draw() {                           // 矩形类中实现draw()方法
06              System.out.println("画矩形");
07      }
08  }
09  class Square implements DrawImage {                // 正方形类实现了drawTest接口
10      public void draw() {                           // 正方形类中实现draw()方法
11              System.out.println("画正方形");
12      }
13  }
14  class Diamond implements DrawImage {               // 菱形类实现了drawTest接口
15      public void draw() {                           // 菱形类中实现draw()方法
16              System.out.println("画菱形");
17      }
18  }
19  public class SpecialParallelogram {                // 定义特殊的平行四边形类
20      public static void main(String[] args) {
21              // 接口也可以进行向上转型操作
22              DrawImage[] images = {new Rectangle(), new Square(), new Diamond()};
23              // 遍历 "画图形" 接口类型的数组
24              for (int i = 0; i < images.length; i++) {
25                      images[i].draw();              // 调用draw()方法
26              }
27      }
28  }
```

在 Eclipse 中运行 SpecialParallelogram 类，运行结果如图 7.23 所示。

说明

由于接口中的方法都是抽象方法，所以当子类实现接口时，必须实现接口中的所有抽象方法。

拓展训练

一、创建直升机类，继承自飞机类，并且实现可悬停（hover）接口。让直升机起飞后，悬停在半空中。（资源包 \Code\Try\07\23）

二、创建老师类和学生类，两个类都实现了问候接口和工作接口，模拟上课的场景，运行结果如图 7.24 所示。（资源包 \Code\Try\07\24）

图 7.23　多态与接口结合的运行结果　　图 7.24　模拟上课场景的的运行结果

7.4.3　多重继承

▶ 视频讲解：资源包\Video\07\7.4.3 多重继承.mp4

在 Java 中，类不允许多重继承，但使用接口可以实现多重继承。因为一个类可以同时实现多个接口，这样可以将所有需要实现的接口都放在 implements 关键字后，并使用英文逗号 "," 隔开。但这可能会在一个类中产生庞大的代码量，因为实现一个接口时需要实现接口中的所有方法。

通过接口实现多重继承的语法如下：

```
ass 类名 implements 接口1,接口2,…,接口n
```

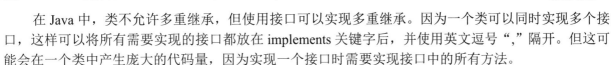

实例 13　使用多重继承输出儿子喜欢做的事　　实例位置：资源包\Code\SL\07\13
　　视频位置：资源包\Video\07\

爸爸喜欢做的事有抽烟和钓鱼，妈妈喜欢做的事有看电视和做饭，儿子完全继承了爸爸和妈妈的爱好，使用多重继承输出儿子喜欢做的事。首先定义一个 DadLikeDo 接口，并在接口中定义两个方法 smoke() 和 fish()，代码如下：

```
01  public interface DadLikeDo {          // 定义"爸爸喜欢做的事"接口
02      void smoke();                      // 抽烟的方法
03      void fish();                       // 钓鱼的方法
04  }
```

然后定义一个 MomLikeDo 接口，并在接口中定义两个方法 watchTV() 和 cook()，代码如下：

```
01  public interface MomLikeDo {          // 定义"妈妈喜欢做的事"接口
02      void watchTV();                    // 看电视的方法
03      void cook();                       // 做饭的方法
04  }
```

最后创建一个 SonLikeDo 类，SonLikeDo 类不仅实现了 DadLikeDo 和 MomLikeDo 两个接口，还在 main() 方法中调用了 DadLikeDo 和 MomLikeDo 两个接口实现的所有方法，代码如下：

```
01  // 继承DadLikeDo接口和MomLikeDo接口
02  public class SonLikeDo implements DadLikeDo, MomLikeDo {
03      public void watchTV() {                    // 实现watchTV()方法
04          System.out.println("看电视");
05      }
06      public void cook() {                       // 实现cook()方法
07          System.out.println("做饭");
```

```
08        }
09        public void smoke() {                              // 实现smoke()方法
10              System.out.println("抽烟");
11        }
12        public void fish() {                               // 实现fish()方法
13              System.out.println("钓鱼");
14        }
15        public static void main(String[] args) {
16              SonLikeDo son = new SonLikeDo();              // 通过子类创建IFather接口对象
17              System.out.println("儿子喜欢做的事有：");
18              // 子类对象调用DadLikeDo和MomLikeDo两个接口实现的所有方法
19              son.watchTV();
20              son.cook();
21              son.smoke();
22              son.fish();
23        }
24  }
```

在 Eclipse 中运行 SonLikeDo 类，运行结果如图 7.25 所示。

图 7.25　使用多重继承输出儿子喜欢做的事的运行结果

 在使用多重继承时，可能出现变量或方法名冲突的情况，如果变量冲突，则需要明确指定变量的接口，即通过"接口名.变量"实现；而如果出现方法冲突，则只要实现一个方法即可。

 一、定义"可移动"接口和"可唱歌"接口，定义"精灵"类，实现两个接口。（资源包\Code\Try\07\25）
二、使用接口的多重继承，描述水陆两栖车的用途。（资源包\Code\Try\07\26）

7.4.4 区分抽象类与接口

视频讲解：资源包\Video\07\7.4.4　区分抽象类与接口.mp4

抽象类和接口都包含可以由子类继承实现的成员，但抽象类是对根源的抽象，而接口是对动作的抽象，抽象类和接口的区别主要有以下几点。

☑ 子类只能继承一个抽象类，但可以实现任意多个接口。
☑ 接口中的方法都是抽象方法，抽象类可以有非抽象方法。
☑ 抽象类中的成员变量可以是各种类型，接口中的成员变量只能是静态常量。
☑ 抽象类中可以有静态方法和静态代码块等，但接口中不可以。
☑ 接口没有构造方法，抽象类可以有构造方法。

综上所述，抽象类和接口在主要成员及继承关系上的不同如表 7.1 所示。

表 7.1　抽象类与接口的不同

比 较 项	抽 象 类	接 口
方法	可以有非抽象方法	所有方法都是抽象方法
属性	属性中可以有非静态常量	所有的属性都是静态常量
构造方法	有构造方法	没有构造方法
继承	一个子类只能继承一个父类	一个子类可以同时实现多个接口
被继承	一个子类只能继承一个父类	一个接口可以同时继承多个接口

7.5　访问控制

Java 主要通过访问控制符、类包和 final 关键字对类、方法或者变量的访问范围进行控制，本节将介绍 Java 访问控制的相关知识。

7.5.1　访问控制符

▶ 视频讲解：资源包\Video\07\7.5.1 访问控制符.mp4

本章最开始介绍的封装有两方面的含义：把该隐藏的隐藏起来，把该暴露的暴露出来。这两方面都需要通过访问控制符来实现，Java 中的访问控制符包括 public、protected、private 和 default，这些访问控制符控制着类、成员变量及成员方法的访问权限。

表 7.2 中描述了 public、protected、default 和 private 这 4 种访问控制符的访问权限。

表 7.2　4 种访问控制符的访问权限

	public	protected	default	private
本类	可见	可见	可见	可见
本类所在包	可见	可见	可见	不可见
其他包中的子类	可见	可见	不可见	不可见
其他包中的非子类	可见	不可见	不可见	不可见

注意

在声明类时，如果不使用 public 设置类的权限，则这个类默认由 default 修饰。

多学两招

在 Java 中，类的权限设定会约束类成员的权限设定。例如，首先定义一个 default 的 AnyClass 类，然后在该类中定义一个 public 的 doString() 方法，那么，不论 doString() 方法加不加 public，它的访问权限都是 default。

使用访问控制符时，需要遵循以下原则。

☑ 大部分顶级类都使用 public 修饰。

☑ 如果某个类主要用作其他类的父类，该类中包含的大部分方法只是希望被其子类重写，而不想被外界直接调用，则应该使用 protected 修饰。

☑ 类中的绝大部分属性都应该使用 private 修饰，除非一些 static 或者类似全局变量的属性，才考虑使用 public 修饰。

☑ 当定义的方法只是用于辅助实现该类的其他方法（即工具方法）时，应该使用 private 修饰。

☑ 希望允许其他类自由调用的方法应该使用 public 修饰。

7.5.2 Java 类包

▶ 视频讲解：资源包\Video\07\7.5.2 Java类包.mp4

在 Java 中，每定义好一个类，通过 Java 编译器进行编译之后，都会生成一个扩展名为 .class 的文件，当这个程序的规模逐渐变大时，就很容易发生类名称冲突的现象。那么 JDK API 中提供了成千上万个具有各种功能的类，又是如何管理的呢？

Java 提供了一种管理类文件的机制——类包。在 Java 中采用类包机制非常重要，类包不仅可以解决类名冲突问题，还可以在开发大型应用程序时，帮助开发人员管理很多应用程序组件，方便软件复用。

说明

同一个包中的类相互访问时，可以不指定包名。

在 Eclipse 中创建包，并在创建好的包中创建类的步骤如下。

（1）在项目中的 src 节点上单击鼠标右键，依次选择 New → Package 菜单项。

（2）弹出 New Java Package 对话框，在 Name 文本框中输入包名，如 com.mingrisoft，然后单击 Finish 按钮，如图 7.26 所示。

图 7.26　New Java Package 对话框

（3）在 com.mingrisoft 包上单击鼠标右键，选择 New → Class 菜单项，级联菜单的效果如图 7.27 所示。

图 7.27　级联菜单

（4）弹出 New Java Class 对话框后，在 Name 文本框中输入类名，如 Test01，单击 Finish 按钮。New Java Class 对话框如图 7.28 所示。

通过以上 4 个步骤，就可以把 Test01 类保存在 com.mingrisoft 包中，其结构如图 7.29 所示。

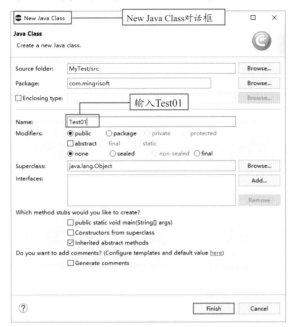

图 7.28　New Java Class 对话框　　　　　图 7.29　把 Test01 类保存在 com.mingrisoft 包中

在 Java 中，包名设计应与文件系统结构相对应，如一个包名为 com.mingrisoft，那么 com.mingrisoft 包中的类就会被保存至 com 文件夹下的 mingrisoft 子文件夹下。没有定义包的类会被归纳在预设包（默认包）中。在实际开发中，应该为所有类设置包名，这是良好的编程习惯。

在类中定义包名的语法如下：

```
package 包名1[.包名2[.包名3...]];
```

在上面的语法中，包名可以设置多个，包名和包名之间使用 . 分割，包名的数量没有限制，其中前面的包名包含后面的包名。

在类中指定包名时，需要将 package 放置在程序的第一行，它必须是文件中的第一行非注释代码，当使用 package 关键字为类指定包名后，包名将会成为类名中的一部分，预示着这个类必须指定全名。例如，在使用位于 com.mingrisoft 包下的 Dog 类时，需要使用形如 com.mingrisoft.Dog 的格式。

Java 包的命名规则是全部使用小写字母，另外，由于包名将转换为文件的名称，所以包名中不能包含特殊字符。

定义完包之后，如果要使用包中的类，可以使用 Java 中的 import 关键字指定，其语法如下：

```
import 包名1[.包名2[.包名3...]].类名;
```

在使用 import 关键字时，可以指定类的完整描述，但如果为了使用包中更多的类，则可以在包名后面加 .*，这表示可以在程序中使用包中的所有类。例如：

```
import com.mr.*;              // 指定com.mr包中的所有类在程序中都可以使用
import com.mr.Math            // 指定com.mr包中的Math类在程序中可以使用
```

（1）如果类定义中已经导入了 com.mr.Math 类，在类体中还想使用其他包中的 Math 类，则必须使用完整的带有包格式的类名。比如，在使用 java.lang 包的 Math 类时，就要使用全名格式 java.lang.Math。

（2）在程序中添加 import 关键字时，当使用 import 指定了一个包中的所有类时，并不会指定这个包的子包中的类。如果用到这个包中的子类，则需要再次对子包做单独引用。

7.5.3 final 关键字

▶ 视频讲解：资源包\Video\07\7.5.3　final关键字.mp4

final 的含义是"最后的、最终的"，换言之，被 final 修饰的类、方法和变量不能被改变。

1. final 类

被 final 修饰的类不能被继承。

如果希望一个类不允许被任何类继承，并且不允许其他人对这个类进行任何改动，可以将这个类设置为 final 类。

final 类的语法如下：

```
final class 类名{}
```

当把某个类设置为 final 类时，类中的所有方法都被隐式地设置为 final 形式，但是 final 类中的成员变量既可以被定义为 final 形式，也可以被定义为非 final 形式。

实例 14　使用 final 修饰五星红旗类　　实例位置：资源包\Code\SL\07\14　视频位置：资源包\Video\07\

创建 FiveStarRedFlag 类，在类中定义变量 starNum、starColor 和 backgroundColor，实现在控制台上输出"五星红旗是由红色的旗面和 5 颗黄色的五角星组成的"。代码如下：

```
01  public final class FiveStarRedFlag {              // 创建由final修饰的五星红旗类
02      int starNum;                                  // 五角星的数量
03      String starColor;                             // 五角星的颜色
04      String backgroundColor;                       // 五星红旗的旗面颜色
05      // 参数为五角星的数量、五角星的颜色以及五星红旗的旗面颜色的构造方法
06      public FiveStarRedFlag (int starNum, String starColor, String backgroundColor) {
07          this.starNum = starNum;                   // 为五角星的数量赋值
08          this.starColor = starColor;               // 为五角星的颜色赋值
09          this.backgroundColor = backgroundColor;   // 为五星红旗的旗面颜色赋值
10      }
11      public static void main(String[] args) {
12          // 使用有参构造方法，创建五星红旗对象
13          FiveStarRedFlag flag = new FiveStarRedFlag (5, "黄色", "红色");
14          // 控制台输出"五星红旗是由红色的旗面和5颗黄色的五角星组成的"
15          System.out.println("五星红旗是由" + flag.backgroundColor + "的旗面和"
16                  + flag.starNum + "颗" + flag.starColor + "的五角星组成的");
17      }
18  }
```

运行结果如图 7.30 所示。

图 7.30　使用 final 修饰五星红旗类的运行结果

一、创建一个 X 光机类，因为知识产权的保护，不允许其他公司随意更改此机器的结构，因此不允许出现 X 光机的子类。这种限制该如何实现？（资源包 \Code\Try\07\27）

拓展训练　二、创建月球类，地球周围没有其他类似月球的卫星，所以月球不能有子类。（资源包 \Code\Try\07\28）

2. final 方法

被 final 修饰的方法不能被重写。

将方法定义为 final 类型可以防止子类修改该方法的定义和实现方式，同时 final 方法的执行效率要高于非 final 方法。在修饰权限中曾经提到过 private，如果一个父类的某个方法被设置为 private，则子类将无法访问该方法，自然无法覆盖该方法，所以一个定义为 private 的方法隐式被指定为 final 类型，这样无须将一个定义为 private 的方法再定义为型。例如下面的语句：

```
private final void test(){
    …// 省略一些程序代码
}
```

那么，在父类中被定义为 private final 的方法是否可以被子类覆盖？来看下面的实例。

实例 15　父类中的 final 方法能否被子类覆盖

实例位置：资源包\Code\SL\07\15
视频位置：资源包\Video\07\

在项目中创建 FinalMethod 类，在该类中创建 Parents 类和继承自该类的 Sub 类，在主方法中分别调用这两个类中的方法，并查看 final 方法能否被覆盖。代码如下：

```
01  class Parents {
02      private final void doit() {
03          System.out.println("父类.doit()");
04      }
05      final void doit2() {
06          System.out.println("父类.doit2()");
07      }
08      public void doit3() {
09          System.out.println("父类.doit3()");
10      }
11  }
12  class Sub extends Parents {
13      public final void doit() {                // 在子类中定义一个doit()方法
14          System.out.println("子类.doit()");
15      }
16  // final void doit2(){                        // final方法不能覆盖
17  //      System.out.println("子类.doit2()");
18  // }
19      public void doit3() {
20          System.out.println("子类.doit3()");
```

```
21        }
22    }
23    public class FinalMethod {
24        public static void main(String[] args) {
25            Sub s = new Sub();                    // 实例化Sub类
26            s.doit();                             // 调用doit()方法
27            Parents p = s;                        // 执行向上转型操作
28            //p.doit();                           // 不能调用private方法
29            p.doit2();
30            p.doit3();
31        }
32    }
```

在 Eclipse 中运行本实例，结果如图 7.31 所示。

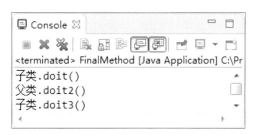

图 7.31　父类中的 final 方法能否被子类覆盖的运行结果

从本实例可以看出，final 方法不能被覆盖。例如，doit2() 方法不能在子类中被重写，但是父类中定义了一个 private final 的 doit() 方法，同时子类中也定义了一个 doit() 方法，从表面上来看，子类中的 doit() 方法覆盖了父类的 doit() 方法，但覆盖必须满足一个对象向上转型为它的基本类型并调用相同方法这样一个条件。又如，在主方法中使用 Parents p=s; 语句执行向上转型操作，对象 p 只能调用正常覆盖的 doit3() 方法，却不能调用 doit() 方法，可见子类中的 doit() 方法并不是正常覆盖，而是生成一个新的方法。

一、编写交通类，将遵守交通规则的方法设为 final 方法，不管是行人、非机动车辆，还是机动车辆，遵守的交通规则都是一样的，例如红灯停、绿灯行等。（资源包 \Code\Try\07\29）
二、使用 final 方法声明汽车类的前进动作，不管是自动挡汽车还是手动挡汽车，都可以前进。（资源包 \Code\Try\07\30）

3. final 变量

final 关键字可用于修饰变量，一旦变量被 final 修饰，就不可以再改变变量的值。通常，把被 final 修饰的变量称作常量。例如，在类中定义值为 3.14 的 PI 常量，可以使用如下语句：

```
final double PI=3.14;
```

如果在程序中再次对 PI 常量赋值，编译器将会报错。

在 final 修饰变量时，必须在声明时对其进行赋值操作。final 除了可以修饰基本数据类型的常量，还可以修饰对象引用，例如被 final 修饰的数组。一旦一个对象引用被 final 修饰，它就只能恒定指向一个对象，无法指向另一个对象。一个既是 static 又是 final 的字段占据了一段不能改变的存储空间。为了深入了解 final 关键字，来看下面的实例。

实例 16　使用 final 变量过程中的错误集锦　　　　实例位置：资源包\Code\SL\07\16
　　　　　　　　　　　　　　　　　　　　　　　　　　视频位置：资源包\Video\07\

创建 FinalData 类，在该类中创建 Test 内部类，并定义各种类型的 final 变量。代码如下：

```
01  class Test {                                      // 定义普通类
02      public int i;
03  }
04  public class FinalData {                          // 常量测试类
05      final int value1 = 9;                         // 声明一个常量
06      static final int VALUE2 = 10;                 // 声明一个静态常量
07      final Test obj = new Test();                  // 声明一个常量对象
08      public static void main(String[] args) {
09          FinalData f = new FinalData();            // 创建常量测试类对象
10          f.value1 = 1;            // 编译器报错，因为常量不可以重新赋值
11          FinalData.VALUE2 = 1;    // 编译器报错，因为静态常量可以直接用类名调用，且不可重新赋值
12          f.obj = new Test();      // 编译器报错，因为常量对象不可以重新赋值
13          f.obj.i = 1;             // 常量对象的属性可以重新赋值
14      }
15  }
```

视 频 讲 解

在本实例中，声明 static final 的常量时须使用大写字母命名，且多个单词间须用下画线进行连接，这是 Java 的编码规则。同时，无论是常量还是被 final 修饰的对象引用，都不可以重新赋值。

拓展训练

一、动车组每节车厢只有 108 个座位，共有 10 节车厢，现有旅客 1189 人，在控制台上输出滞留旅客的人数。（资源包 \Code\Try\07\31）

二、将 π 的值设为常量，在控制台输入水泥柱的底面周长后，输出该水泥柱的直径。（资源包 \Code\Try\07\32）

7.6　内部类

前文中的实例曾出现过一个文件中具有两个或两个以上的类，但其中任何一个类都不在另一个类的内部，如果在类中定义一个类，那么就把在类中定义的类称作内部类。例如，发动机被安装在汽车内部，如果把汽车定义成汽车类，发动机定义成发动机类，那么发动机类就是一个内部类。

本节将以成员内部类和匿名内部类为例，讲解如何使用内部类。

7.6.1　成员内部类

视 频 讲 解

▶ 视频讲解：资源包\Video\07\7.6.1　成员内部类.mp4

除成员变量、方法和构造器可作为类的成员外，成员内部类也可作为类的成员，成员内部类的语法如下：

```
public class OuterClass {            // 外部类
    private class InnerClass {       // 内部类
        //…
    }
}
```

如图 7.32 所示，外部类的成员方法和成员变量尽管都被 private 修饰，但仍可以在内部类中使用。

创建内部类对象与创建普通类对象的方式相同，都用到了关键字 new，如果在外部类中初始化一个内部类对象，那么内部类对象就会绑定在外部类对象上，下面来看一个实例。

实例 17　模拟发动机点火

实例位置：资源包\Code\SL\07\17
视频位置：资源包\Video\07\

首先创建 Car 类，Car 类中有私有属性 brand 和 start() 方法；然后在 Car 类的内部创建 Engine 类，Engine 类中有私有属性 model 和 ignite() 方法；最后打印"启动大众朗行，发动机 EA211 点火"。代码如下：

```java
01  public class Car {                                      // 创建汽车类
02      private String brand;                               // 汽车品牌
03      public Car(String brand) {                          // 汽车类的构造方法，参数为汽车品牌
04          this.brand = brand;                             // 为汽车品牌赋值
05      }
06      class Engine {                                      // 发动机类（内部类）
07          String model;                                   // 发动机型号
08          public Engine(String model) {                   // 发动机类的构造方法，参数为发动机型号
09              this.model = model;                         // 为发动机型号赋值
10          }
11          public void ignite() {                          // （发动机）点火方法
12              System.out.println("发动机" + this.model + "点火");
13          }
14      }
15      public void start() {                               // 启动（汽车）方法
16          System.out.println("启动" + this.brand);
17      }
18      public static void main(String[] args) {
19          Car car = new Car("大众朗行");                   // 创建汽车类对象，并为汽车品牌赋值
20          car.start();                                    // 汽车类对象调用启动（汽车）方法
21          // 创建发动机类（内部类）对象，并为发动机型号赋值
22          Car.Engine engine = car.new Engine("EA211");
23          engine.ignite();                                // 发动机类对象调用（发动机）点火方法
24      }
25  }
```

运行结果如图 7.33 所示。

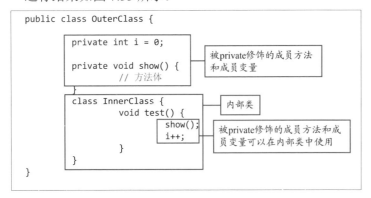

图 7.32　内部类可以使用外部类的私有成员

视频讲解

图 7.33　使用成员内部类模拟发动机
点火的运行结果

内部类对象会依赖于外部类对象（例如实例 17 中的 car.new Engine("EA211")），除非已经存在一个外部类对象，否则类中不会出现内部类对象。

一、有一个班级，老师的数量为最多 10 人，学生的数量为最多 60 人，使用成员内部类来表示这个班级。（资源包 \Code\Try\07\33）

二、使用成员内部类来表示一辆汽车的品牌和发动机的最大功率以及最大扭矩。（资源包 \Code\Try\07\34）

7.6.2 匿名内部类

视频讲解：资源包\Video\07\7.6.2　匿名内部类.mp4

匿名内部类的特点是只需要使用一次，也就是说，匿名内部类不能被重复使用，即创建匿名内部类的实例后，这个匿名内部类立即消失。匿名内部类的所有实现代码都需要在大括号之间进行编写，最常用的创建匿名内部类的方式是创建某个接口类型或抽象类的对象，语法如下：

```
new A(){
        …// 匿名内部类的类体
};
```

其中，A 指代的是接口名或抽象类的类名。

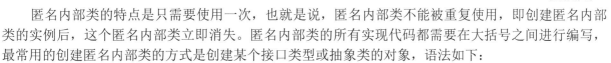

实例 18　为香肠缠上保鲜膜

实例位置：资源包\Code\SL\07\18
视频位置：资源包\Video\07\

创建"保鲜膜"抽象类 FreshKeepingFilm，FreshKeepingFilm 类有一个抽象的包装方法 pack()，现要为香肠缠上保鲜膜来保证香肠的新鲜程度。代码如下：

```
01  abstract class FreshKeepingFilm {        // 创建"保鲜膜"抽象类
02     abstract void pack();                 // 定义抽象的包装方法
03  }
04  public class Sausage {                    // 创建香肠类
05     public static void main(String[] args) {
06         new FreshKeepingFilm() {          // 创建匿名内部类FreshKeepingFilm的对象
07             @Override
08             void pack() {                 // 重写抽象的包装方法
09                 System.out.println("为香肠缠上保鲜膜保鲜");
10             }
11         }.pack();                         // 匿名内部类FreshKeepingFilm的对象调用重写抽象的包装方法
12     }
13  }
```

运行结果如图 7.34 所示。

图 7.34　为香肠缠上保鲜膜的运行结果

使用匿名内部类时应该遵循以下原则。

☑ 匿名内部类没有构造方法。

☑ 匿名内部类不能定义静态的成员。

☑ 匿名内部类不能用 private、public、protected、static、final、abstract 等修饰。

☑ 只可以创建一个匿名内部类实例。

拓展训练

一、创建抽象类烟花（Fireworks）类，该类中有一个抽象的爆炸方法 boom()，使用匿名内部类实现点燃烟花并爆炸的效果。这样的需求该如何实现？注意：每个烟花只能调用一次 boom() 方法。（资源包 \Code\Try\07\35）

二、定义一个点燃接口，接口中有一个燃烧方法。如何创建实现了点燃接口但只能执行一次燃烧方法的对象？（资源包 \Code\Try\07\36）

7.7 小结

通过对本章的学习，读者可以了解继承与多态机制，掌握重载，向上、向下转型等技术，学会使用接口与抽象类，从而对继承和多态有比较深入的了解。另外，本章还介绍了 Java 中的包、final 关键字的用法及内部类，尽管读者已经了解过本章所讲的部分知识点，但还是建议读者仔细揣摩继承与多态机制，因为继承和多态本身是比较抽象的概念，深入理解需要一段时间，使用多态机制必须拓展自己的编程视野，将编程的着眼点放在类与类之间的共同特性及关系上，使软件开发具有更快的速度、更完善的代码组织架构，以及更好的扩展性和维护性。

本章 e 学码：关键知识点拓展阅读

abstract	for	notifyall	方法体
Class 实例	implements	private	工具方法
clone	import	public	接口
finalize	interface	wait	修饰权限
final 类型	notify	对象引用	重写

e 学码

第 **8** 章
异常处理

（ ▶ 视频讲解：58 分钟）

本章概览

　　在程序设计和运行的过程中，尽管 Java 提供了便于写出简捷、安全代码的方法，并且程序员也尽可能规避错误，但使程序被迫停止的错误仍然不可避免。为此，Java 提供了异常处理机制来帮助程序员检查可能出现的错误，提高了程序的可读性和可维护性。Java 中将异常封装到一个类中，出现错误时，就会抛出异常。本章将介绍异常处理的概念以及如何创建、激活自定义异常等知识。

　　本章内容也是 Java Web 技术和 Android 技术的基础知识。

知识框架

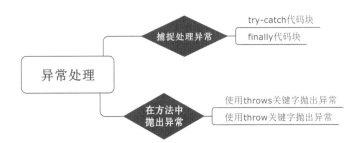

8.1 异常概述

📹 视频讲解：资源包\Video\08\8.1 异常概述.mp4

在 Java 中，异常就是在程序运行时产生的错误。例如，向一个不存在的文本文件写入数据时，就会产生 FileNotFoundException 异常（系统找不到指定的文件）。接下来通过一个简单的实例认识一下另一个异常——ArithmeticException（算术）异常。

实例 01 3 除以 0 等于 0 吗　　　　　　　　　　实例位置：资源包\Code\SL\08\01
　　　　　　　　　　　　　　　　　　　　　　　　视频位置：资源包\Video\08\

在项目中创建类 Baulk，在主方法中定义 int 型变量，将 0 作为除数赋值给该变量。代码如下：

```
01  public class Baulk {                              // 创建类Baulk
02      public static void main(String[] args) {     // 主方法
03              int result = 3 / 0;                   // 定义int型变量result并赋值
04              System.out.println(result);          // 将变量result输出
05      }
06  }
```

运行结果如图 8.1 所示。

```
📟 Console ☒        ■ ✖ ✖ | ▤ ▤ ▧ | ▣ ▣ | ▫ ▫ | ▫ ▫ ▾ | ▫ ▾ □ □
<terminated> Baulk [Java Application] C:\Program Files\Java\jdk\bin\javaw.exe
Exception in thread "main" java.lang.ArithmeticException: / by zero ▲
        at Baulk.main(Baulk.java:4)                                  ▾
◄                                                                    ►
```

图 8.1　算术异常的运行结果

运行实例 01 时，产生了算术异常，导致算术异常的根源在于算术表达式 "3/0" 中，0 作为除数出现，所以正在执行的程序被中断（第 04 行以后，包括第 04 行的代码，都不会被执行）。

除 FileNotFoundException 异常和 ArithmeticException 异常外，Java 中还有许许多多的异常，如空指针异常、数组元素下标越界异常等。由于 Java 是一门面向对象的编程语言，所以在 Java 中，把上述异常都称作异常对象。当程序执行到某一方法处产生异常时，JVM 就会产生与已产生的异常相匹配的异常对象，如果没有对异常对象做异常处理，那么就会显示如图 8.1 所示的异常信息。

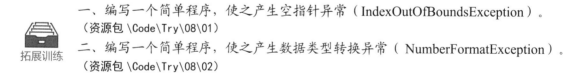

一、编写一个简单程序，使之产生空指针异常（IndexOutOfBoundsException）。
（资源包 \Code\Try\08\01）

二、编写一个简单程序，使之产生数据类型转换异常（NumberFormatException）。
（资源包 \Code\Try\08\02）

拓展训练

8.2 捕捉处理异常

try-catch 代码块主要用于捕捉并处理异常。在实际应用时，该代码块还有一个可选的 finally 代码块，try-catch-finally 的语法如下：

```
try {
        // 代码块
} catch (Exceptiontype e){
        // 对Exceptiontype的处理
} finally {
        // 代码块
}
```

其中，try 中的"代码块"指的是可能产生异常的代码；catch 中的"对 Exceptiontype 的处理"的作用是捕捉并处理与已产生的异常类型相匹配的异常对象 e；finally 中的代码块是异常处理过程中最后被执行的部分，无论程序是否产生异常，finally 中的代码块都将被执行。在实际应用时，finally 中通常放置一些释放资源、关闭对象的代码。

通过 try-catch-finally 的语法可知，捕捉处理异常分为 try-catch 代码块和 finally 代码块两部分，下面分别予以介绍。

8.2.1 try-catch 代码块

▶ 视频讲解：资源包\Video\08\8.2.1 try-catch代码块.mp4

把可能产生异常的代码放在 try 中，把处理异常对象 e 的代码放在 catch 中。接下来通过实例演示一下 try-catch 代码块。

实例 02　顾客购买 650 克西红柿需支付的金额	实例位置：资源包\Code\SL\08\02
	视频位置：资源包\Video\08\

在项目中创建类 Tomato，在主方法中使用 try-catch 代码块对可能出现的异常语句进行处理。代码如下：

```
01  public class Tomato {                             // 创建Tomato类
02      public static void main(String[] args) {
03          try {                                     // 把可能产生异常的Java代码放在try中
04              String message = "西红柿: 2.99元/500克";        // 西红柿的售价信息
05              String[] strArr = message.split(": ");          // 使用": "拆分字符串
06              String unitPriceStr = strArr[2].substring(0, 4);// 截取西红柿单价: 2.99
07              double weight = 650;                  // 顾客购买西红柿的重量
08              // 将String类型的西红柿单价转换为double类型
09              double unitPriceDou = Double.parseDouble(unitPriceStr);
10              // 输出顾客购买650克西红柿需支付的金额
11              System.out.println(message + ", 顾客买了" + weight + "克西红柿，需支付"
12                              + (float) (weight / 500 * unitPriceDou) + "元");
13          } catch (Exception e) {                   // 捕捉与已产生的异常类型相匹配的异常对象
14              e.printStackTrace();                  // 打印异常信息
15          }
16          System.out.println("程序执行完毕！"); // 输出提示信息
17      }
18  }
```

注意

Exception 是 try 代码块传递给 catch 代码块的异常类型，e 是与已产生的异常类型相匹配的异常对象。

运行结果如图 8.2 所示。

视频讲解

图 8.2　应用 try-catch 代码块对可能出现的异常语句进行处理的运行结果

从图 8.2 可以看出，程序仍然输出最后的提示信息"程序执行完毕！"，这说明程序的执行没有因为产生异常被中断。由此可知，使用 try-catch 代码块捕捉并处理异常时，不会因为产生异常影响程序的执行。

在实例 02 中，catch 代码块使用 Exception 对象的 printStackTrace() 方法输出了异常信息，除此之外，Exception 对象还提供了其他方法用于获取异常的相关信息。

☑ getMessage() 方法：获取有关异常事件的信息。

☑ toString() 方法：获取异常的类型与性质。

注意

有时为了编程简单会忽略 catch 代码块中的代码，这样 try-catch 语句就成了一种摆设，一旦程序在运行过程中出现了异常，这个异常将很难查找。因此要养成良好的编程习惯：在 catch 代码块中写入处理异常的代码。

在实例 02 中，try 代码块后面用了一个 catch 代码块来捕捉异常，但是如果遇到需要处理多种异常信息的情况时，可以在一个 try 代码块后面跟多个 catch 代码块。需要注意的是，如果使用了多个 catch 代码块，则 catch 代码块中的异常类顺序是先子类后父类。

修改实例 02，使其能够分别捕捉 ArrayIndexOutOfBoundsException 异常（数组元素下标越界异常）和除 ArrayIndexOutOfBoundsException 异常外的所有异常，即可将代码修改如下：

```java
01  public class Tomato {                                // 创建Tomato类
02      public static void main(String[] args) {
03          try {                                        // 把可能产生异常的Java代码放在try中
04              String message = "西红柿: 2.99元/500克"; // 西红柿的售价信息
05              String[] strArr = message.split(": ");   // 使用": "拆分字符串
06              String unitPriceStr = strArr[2].substring(0, 4);// 截取西红柿单价: 2.99
07              double weight = 650;                     // 顾客购买西红柿的重量
08              // 将String类型的西红柿单价转换为double类型
09              double unitPriceDou = Double.parseDouble(unitPriceStr);
10              // 输出顾客购买650克西红柿需支付的金额
11              System.out.println(message + ", 顾客买了" + weight + "克西红柿，需支付"
12                      + (float) (weight / 500 * unitPriceDou) + "元");
13          } catch (ArrayIndexOutOfBoundsException aiobe) {// 捕捉数组元素下标越界异常对象
14              aiobe.printStackTrace();
15          } catch (Exception e) {                      // 捕捉与已产生的异常类型相匹配的异常对象
16              e.printStackTrace();
17          }
18          System.out.println("程序执行完毕！");
19      }
20  }
```

如果将捕捉 Exception 异常的 catch 代码块放到捕捉 ArrayIndexOutOfBoundsException 异常的 catch 代码块前面，代码如下：

```
01  public class Tomato {                              // 创建Tomato类
02      public static void main(String[] args) {
03          try {                                      // 把可能产生异常的Java代码放在try中
04              String message = "西红柿: 2.99元/500克";  // 西红柿的售价信息
05              String[] strArr = message.split(": ");    // 使用 "：" 拆分字符串
06              String unitPriceStr = strArr[2].substring(0, 4);// 截取西红柿单价: 2.99
07              double weight = 650;                      // 顾客购买西红柿的重量
08              // 将String类型的西红柿单价转换为double类型
09              double unitPriceDou = Double.parseDouble(unitPriceStr);
10              // 输出顾客购买500克西红柿需支付的金额
11              System.out.println("顾客买了" + weight + "克西红柿, 需支付"
12                      + (float) (weight / 500 * unitPriceDou) + "元");
13          } catch (Exception e) {                    // 捕捉与已产生的异常类型相匹配的异常对象
14              e.printStackTrace();
15          } catch (ArrayIndexOutOfBoundsException aiobe) { // 捕捉数组元素下标越界异常对象
16              aiobe.printStackTrace();
17          }
18          System.out.println("程序执行完毕! ");
19      }
20  }
```

那么 Eclipse 编辑器就会出现如图 8.3 所示的错误提示，该错误提示是由于使用多个 catch 代码块时，父异常类（Exception）被放在了子异常类（ArrayIndexOutOfBoundsException）前面所引起的。上述 catch 代码块中的异常类顺序不可调换：先子类后父类。

```
} catch (Exception e) {                           // 捕捉与已发生的异常类型相匹配的异常对象
    e.printStackTrace();
} catch (ArrayIndexOutOfBoundsException aiobe) {// 捕捉数组元素下标越界异常对象
    aiobe
    Unreachable catch block for ArrayIndexOutOfBoundsException. It is already handled by the catch
}               block for Exception
System.ou
    2 quick fixes available:
    Remove catch clause
    Replace catch clause with throws
                                                          Press 'F2' for focus
```

图 8.3　多个 catch 代码块放置顺序不正确的错误提示

一、在控制台上简述一个整型数组（如 "int a[] = { 1,2,3,4 };"）遍历的过程，并体现出当 i 的值为多少时，会产生异常，异常的种类是什么？（资源包 \Code\Try\08\03）

二、模拟一个简单的整数计算器（只能计算两个整数之间的加、减、乘、除的运算），并用 try‑catch 代码块捕捉 InputMismatchException（控制台输入的不是整数）异常。（资源包 \Code\Try\08\04）

8.2.2　finally 代码块

视频讲解：资源包\Video\08\8.2.2 finally代码块.mp4

完整的异常处理语句应该包含 finally 代码块，在通常情况下，无论程序中有无异常产生，finally 代码块中的代码都会被执行。

实例 03 捕捉控制台输入西红柿单价后的异常

实例位置：资源包\Code\SL\08\03
视频位置：资源包\Video\08\

西红柿的单价不是一成不变的，修改实例 02，首先实现在控制台上输入单价的功能，然后在 finally 代码块中关闭控制台输入对象。代码如下：

```java
01  public class Tomato {                                      // 创建Tomato类
02      public static void main(String[] args) {
03          Scanner sc = new Scanner(System.in);             // 创建控制台输入对象
04          System.out.println("今天的西红柿单价(单价格式为"3.00"): ");// 控制台输出提示信息
05          String dayPrice = sc.next(); // 把控制台输入的西红柿单价赋值给变量dayPrice
06          if (dayPrice.length() == 4) {// 控制台输入的字符串长度为4时
07              try {                        // 把可能产生异常的Java代码放在try中
08                  String message = "西红柿: " + dayPrice + "元/500克";// 西红柿的售价信息
09                  String[] strArr = message.split(": ");  // 使用 ": " 拆分字符串
10                  String unitPriceStr = strArr[2].substring(0, 4);// 截取西红柿单价: 2.99
11                  double weight = 650;                      // 顾客购买西红柿的重量
12                  // 将String类型的西红柿单价转换为double类型
13                  double unitPriceDou = Double.parseDouble(unitPriceStr);
14                  // 输出顾客购买650克西红柿需支付的金额
15                  System.out.println(message + ", 顾客买了" + weight + "克西红柿, 需支付"
16                          + (float) (weight / 500 * unitPriceDou) + "元");
17              } catch (ArrayIndexOutOfBoundsException aiobe) {// 捕捉数组元素下标越界异常对象
18                  aiobe.printStackTrace();
19              } catch (Exception e) {        // 捕捉与已产生的异常类型相匹配的异常对象
20                  e.printStackTrace();
21              } finally {
22                  sc.close();                // 关闭控制台输入对象
23                  System.out.println("控制台输入对象被关闭。"); // 输出提示信息
24              }
25          } else {                                // 控制台输入的字符串长度不为4时
26              // 输出提示信息
27              System.out.println("违规操作: "
28                      + "输入西红柿单价时小数点后需保留两位有效数字（如3.00）!");
29          }
30      }
31  }
```

运行结果如图 8.4 所示。

视 频 讲 解

图 8.4 finally 代码块中的代码被执行的运行结果

从图 8.4 可以看出，程序在捕捉完异常信息之后，会执行 finally 代码块中的代码。另外，在以下 3 种特殊情况下，finally 代码块不会被执行。

☑ 在 finally 代码块中产生了异常。

☑ 在前面的代码中使用了 System.exit() 来退出程序。

☑ 程序所在的线程死亡。

拓展训练

一、银行账号中现有余额 1023.79 元。模拟取款，当在控制台上输入的取款金额不是整数时，会引起数字格式转换异常。（资源包 \Code\Try\08\05）

二、用户新买了一台电脑，这台电脑与其他电脑不一样，无法正常启动开机（电脑品牌未声明）。使用继承来体现这个事件，并尝试利用电脑品牌引出空指针异常。（资源包 \Code\Try\08\06）

8.3　在方法中抛出异常

如果某个方法可能会产生异常，但不想在当前方法中处理这个异常，则可以使用 throws 和 throw 关键字在方法中抛出异常。本节将讲解如何在方法中抛出异常。

8.3.1　使用 throws 关键字抛出异常

▶ 视频讲解：资源包\Video\08\8.3.1 使用throws关键字抛出异常.mp4

throws 关键字常被应用于方法上，表示方法可能抛出的异常。当方法抛出多个异常时，可用逗号分隔异常类型名。使用 throws 关键字抛出异常的语法如下：

```
返回值类型名　方法名（参数表）　throws　异常类型名 {
    方法体
}
```

实例 04　抛出控制台输入西红柿单价后的异常

实例位置：资源包\Code\SL\08\04
视频位置：资源包\Video\08\

修改实例 03，在西红柿类 Tomato 中，创建支付方法 pay(String dayPrice, double weight)，在支付方法中抛出 ArrayIndexOutOfBoundsException 异常。代码如下：

```
01  public class Tomato {                                        // 创建Tomato类
02      // 参数为西红柿单价和西红柿重量的支付方法，且支付方法抛出了数组元素下标越界异常
03      public void pay(String dayPrice, double weight) throws ArrayIndexOutOfBoundsException {
04          String message = "西红柿: " + dayPrice + "元/500克"; // 西红柿的售价信息
05          String[] strArr = message.split(": ");              // 使用 "：" 拆分字符串
06          String unitPriceStr = strArr[2].substring(0, 4);    // 截取西红柿单价: 2.99
07          // 将String类型的西红柿单价转换为double类型
08          double unitPriceDou = Double.parseDouble(unitPriceStr);
09          // 输出顾客购买650克西红柿需支付的金额
10          System.out.println(message + ", 顾客买了" + weight + "克西红柿, 需支付"
11                          + (float) (weight / 500 * unitPriceDou) + "元");
12      }
13      public static void main(String[] args) {
14          Scanner sc = new Scanner(System.in);                // 创建控制台输入对象
```

```
15            System.out.println("今天的西红柿单价(单价格式为"3.00"): ");// 控制台输出提示信息
16            String dayPrice = sc.next();        // 把控制台输入的西红柿单价赋值给变量dayPrice
17            if (dayPrice.length() == 4) {        // 控制台输入的字符串长度为4时
18                double weight = 650;             // 顾客购买西红柿的重量
19                try {                            // 把可能产生异常的Java代码放在try中
20                    Tomato tomato = new Tomato();
21                    tomato.pay(dayPrice, weight);
22                } catch (ArrayIndexOutOfBoundsException aiobe) {// 捕捉数组元素下标越界异常对象
23                    System.out.println("pay方法抛出数组元素下标越界异常！");// 输出提示信息
24                } finally {
25                    sc.close();                  // 关闭控制台输入对象
26                    System.out.println("控制台输入对象被关闭。");// 输出提示信息
27                }
28            } else {                             // 控制台输入的字符串长度不为4时
29                // 输出提示信息
30                System.out.println("违规操作: "
31                    + "输入西红柿单价时小数点后需保留两位有效数字（如3.00）！");
32            }
33        }
34    }
```

运行结果如图 8.5 所示。

说明

使用 throws 关键字将方法产生的异常抛给上一级后，如果上一级不想处理该异常，那么可以继续向上抛出，但最终要有能够捕捉并处理这个异常的代码。

拓展训练

一、使用静态变量、静态方法及 throws 关键字，实现当两个数相除且除数为 0 时，程序会捕获并处理抛出的 ArithmeticException 异常，运行结果如图 8.6 所示。（资源包 \Code\Try\08\07）

图 8.5　使用 throws 关键字抛出异常的运行结果　　图 8.6　捕获并处理抛出的 ArithmeticException 异常的运行结果

二、有位车主想打开车门，不巧的是，他发现自己没带车钥匙，引发了空指针异常（NullPointerException）。（资源包 \Code\Try\08\08）

8.3.2 使用 throw 关键字抛出异常

📹 视频讲解：资源包\Video\08\8.3.2 使用throw关键字抛出异常.mp4

throw 关键字虽然可以用于抛出 Exception 类中的子类异常，但更重要的用途是抛出自定义异常。使用 throw 关键字抛出异常的语法如下：

```
throw new 异常类型名(异常信息)
```

　　创建自定义异常时，须继承 RuntimeException 类或者 Exception 类。如果在上一级代码中使用 try-catch 代码块捕捉并处理产生的自定义异常，那么需要在当前方法中使用 throw 关键字抛出已经创建的自定义异常。

实例 05　规定西红柿单价不得超过 7 元

实例位置：资源包\Code\SL\08\05
视频位置：资源包\Video\08\

　　当某种商品的价格过高时，国家会对这种商品采取宏观调控，进而使得这种商品的价格趋于稳定。编写一个程序，规定西红柿单价不得超过 7 元，超过 7 元的情况作为异常抛出。代码如下：

```
01  class PriceException extends Exception {        // 自定义价格异常类，并继承异常类
02      public PriceException(String message) {     // 创建价格异常类有参构造方法
03            super(message);                        // 调用异常类的有参构造方法
04      }
05  }
06  public class Tomato {                            // 创建Tomato类
07      private double price;                        // 西红柿单价
08      public double getPrice() {                   // 获取西红柿单价
09            return price;
10      }
11      // 设置西红柿单价，如果产生价格异常，那么抛出价格异常
12      public void setPrice(double price) throws PriceException {
13            if (price > 7.0) {                     // 如果西红柿单价大于7元
14                  throw new PriceException("国家规定西红柿单价不得超过7元！！！");// 抛出价格异常
15            } else {                               // 如果西红柿单价不大于7元
16                  this.price = price;              // 为Tomato类的price属性赋值
17            }
18      }
19      public static void main(String[] args) {
20            Scanner sc = new Scanner(System.in); // 创建控制台输入对象
21            System.out.println("今天的西红柿单价(单价格式为"3.00"): ");// 控制台输出提示信息
22            String dayPrice = sc.next(); // 把控制台输入的西红柿单价赋值给变量dayPrice
23            if (dayPrice.length() == 4) {          // 控制台输入的字符串长度为4时
24                  // 将String类型的西红柿单价转换为double类型
25                  double unitPriceDou = Double.parseDouble(dayPrice);
26                  Tomato tomato = new Tomato();// 创建tomato对象
27                  try {                            // 把可能产生异常的Java代码放在try中
28                        tomato.setPrice(unitPriceDou);// 西红柿对象调用设置西红柿单价的方法
29                  } catch (Exception e) {          // 捕捉数组元素下标越界异常对象
30                        System.out.println(e.getMessage()); // 输出异常信息
31                  } finally {
32                        sc.close();                // 关闭控制台输入对象
33                  }
34            } else {                               // 控制台输入的字符串长度不为4时
35                  // 输出提示信息
36                  System.out.println("违规操作: "
37                        + "输入西红柿单价时小数点后需保留两位有效数字（如3.00）！");
38            }
39      }
40  }
```

运行结果如图 8.7 所示。

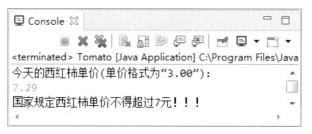

视 频 讲 解

图 8.7　使用 throw 关键字抛出自定义异常的运行结果

拓展训练

一、模拟老师上课前的点名过程，并将旷课的学生作为异常抛出：张三、李四、王五（老师在点名册上记下了"王五旷课"）。（资源包 \Code\Try\08\09）

二、超市经常会对定价较市场价低的产品实施限购：超市里的鲜鸡蛋每 500 克 3.98 元，每人限购 1500 克。现将超过 1500 克的作为异常抛出，而对于满足条件的，计算出应付款。（资源包 \Code\Try\08\10）

8.4　小结

通过本章的学习，读者应了解异常的概念，掌握异常处理的方式方法，以及如何创建、捕捉并处理自定义异常。Java 中的异常处理既可以使用 try-catch 代码块，也可以使用 throws 关键字。建议读者不要随意将异常抛出，凡是程序中产生的异常，都要被积极地处理。

本章 e 学码：关键知识点拓展阅读

else	split	throws
exit	substring	数据类型转换异常
sc.next	super	
Scanner	throw	

e 学码

第9章

Java 常用类和枚举类型

（ ▶ 视频讲解：1 小时 51 分钟）

本章概览

　　为了方便开发 Java 程序，Java 的类包提供了一些常用类供开发人员使用，例如将基本数据类型封装起来的包装类、解决常见数学问题的 Math 类、生成随机数的 Random 类，以及处理日期、时间的相关类。

　　除类包外，Java 还提供了枚举类型。枚举类型是一种数据类型，是一系列具有名称的常量的集合。例如，程序中定义了一个性别枚举，它只有两个值："男"和"女"，那么在使用该枚举时，只能使用"男"和"女"这两个值，其他任何值都无法使用。本章将对 Java 中的常用类和枚举类型进行讲解。

　　本章内容也是 Java Web 技术和 Android 技术的基础知识。

知识框架

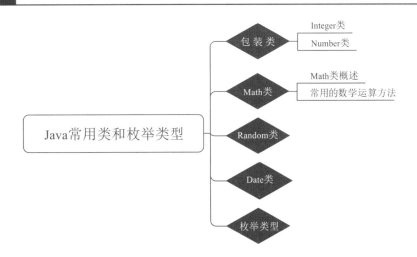

9.1 包装类

Java 是一种面向对象的编程语言。为了能把基本数据类型当作对象处理，Java 提出了包装类的概念。包装类分别把 Java 中 8 个基本数据类型包装成相应的类，这样就可以通过对象调用各自包装类中许多实用的方法。Java 中 8 个基本数据类型各自对应的包装类如表 9.1 所示。

表 9.1　Java 中 8 个基本数据类型各自对应的包装类

基本数据类型	对应的包装类	基本数据类型	对应的包装类
byte	Byte	short	Short
int	Integer	long	Long
float	Float	double	Double
char	Character	boolean	Boolean

下面对较常用的包装类进行讲解。

9.1.1 Integer 类

视频讲解

视频讲解：资源包\Video\09\9.1.1 Integer类.mp4

java.lang 包中的 Byte 类、Integer 类、Short 类和 Long 类，分别是基本数据类型 byte、int、short 和 long 的包装类，由于上述 4 个包装类都是 Number 类的子类，且都是对整数进行操作的，所以上述 4 个包装类包含的方法也基本相同。下面将以 Integer 类为例，讲解 Integer 类中的构造方法、常用方法和常量。

1. 构造方法

Integer 类有以下两种构造方法。

☑ Integer（int number）

该方法以一个 int 型变量作为参数创建 Integer 对象。例如：

```
Integer number = new Integer(7);
```

☑ Integer（String str）

该方法以一个 String 型变量作为参数创建 Integer 对象。例如：

```
Integer number = new Integer("45");
```

注意

如果要使用字符串变量创建 Integer 对象，字符串变量的值必须是数值型的（如"123"），否则将会抛出 NumberFormatException 异常。

2. 常用方法

Integer 类的常用方法如表 9.2 所示。

表 9.2　Integer 类的常用方法

方　　法	返 回 值	功 能 描 述
valueOf(String str)	Integer	返回 String 型参数值的 Integer 对象

续表

方　　　法	返　回　值	功　能　描　述
parseInt(String str)	int	返回与 String 型参数值等价的 int 型值
toString()	String	返回一个表示 Integer 值的 String 对象（可以指定进制基数）
toBinaryString(int i)	String	以二进制无符号整数形式返回一个整数参数的字符串表示形式
toHexString(int i)	String	以十六进制无符号整数形式返回一个整数参数的字符串表示形式
toOctalString(int i)	String	以八进制无符号整数形式返回一个整数参数的字符串表示形式
equals(Object IntegerObj)	boolean	比较此对象与指定的对象是否相等
intValue()	int	以 int 型返回此 Integer 的值
shortValue()	short	以 short 型返回此 Integer 的值
byteValue()	byte	以 byte 型返回此 Integer 的值
compareTo(Integer anotherInteger)	int	对两个 Integer 对象进行数值比较。如果这两个值相等，则返回 0；如果调用对象的数值小于 anotherInteger 的数值，则返回负值；如果调用对象的数值大于 anotherInteger 的数值，则返回正值

下面通过一个实例演示 Integer 类常用方法的使用。

实例 01　比较数值的大小与进制转换

实例位置：资源包\Code\SL\09\01
视频位置：资源包\Video\09\

创建一个 Demo 类，首先使用 Integer 类的 parseInt() 方法将一个字符串转换为 int 型值，然后创建一个 Integer 对象，并调用其 equals() 方法与转换的 int 型值进行数值比较，最后使用 Integer 类的 toBinaryString() 方法、toHexString() 方法、toOctalString() 方法和 toString() 方法分别将 int 型值转换为二进制、十六进制、八进制和不常使用的十五进制数的表示形式。代码如下：

```
01  public class Demo {
02      public static void main(String[] args) {
03              int num = Integer.parseInt("456");            // 将字符串转换为int类型
04              Integer iNum = Integer.valueOf("456");          // 通过构造函数创建一个Integer对象
05              System.out.println("int数据与Integer对象的比较: " + iNum.equals(num));
06              String str2 = Integer.toBinaryString(num);   // 获取数字的二进制表示
07              String str3 = Integer.toHexString(num);      // 获取数字的十六进制表示
08              String str4 = Integer.toOctalString(num);    // 获取数字的八进制表示
09              String str5 = Integer.toString(num, 15);     // 获取数字的十五进制表示
10              System.out.println("456的二进制表示为: " + str2);
11              System.out.println("456的十六进制表示为: " + str3);
12              System.out.println("456的八进制表示为: " + str4);
13              System.out.println("456的十五进制表示为: " + str5);
14      }
15  }
```

运行结果如图 9.1 所示。

拓展训练

一、张三和李四去饭店吃饭，饭后结账时，张三、李四各拿出一张 100 元人民币，几经推搡，最后收款员接过了李四的 100 元人民币。判断张三和李四的 100 元人民币是不是同一张钞

票？李四和收款员手中的 100 元人民币是不是同一张钞票？张三和收款员手中的 100 元人民币是不是同一张钞票？（资源包 \Code\Try\09\01）

二、使用 Integer 类的常用方法，指出条形码"6936983800013"中的"商品的国家代码""商品的生产厂商代码""商品的厂内商品代码""校验码"，运行结果如图 9.2 所示。（资源包 \Code\Try\09\02）

图 9.1　比较数值的大小与进制转换的运行结果　　　图 9.2　解析条形码的运行结果

3. 常量

Integer 类提供了以下 4 个常量：

- ☑ MAX_VALUE：表示 int 型可取的最大值，即 $2^{31}-1$。
- ☑ MIN_VALUE：表示 int 型可取的最小值，即 -2^{31}。
- ☑ SIZE：用来以二进制补码形式表示 int 型值的位数。
- ☑ TYPE：表示 int 型的 Class 实例。

实例 02　输出 Integer 类的最大值、最小值和二进制位数　实例位置：资源包\Code\SL\09\02　视频位置：资源包\Video\09\

在项目中创建 GetCon 类，在控制台输出 Integer 类的最大值、最小值和二进制位数。代码如下：

```
01  public class GetCon {                                      // 创建类GetCon
02      public static void main(String args[]) {
03          int maxint = Integer.MAX_VALUE;                    // 获取Integer类的最大值
04          int minint = Integer.MIN_VALUE;                    // 获取Integer类的最小值
05          int intsize = Integer.SIZE;                        // 获取Integer类的二进制位数
06          System.out.println("int型可取的最大值是: " + maxint); // 将常量值输出
07          System.out.println("int型可取的最小值是: " + minint);
08          System.out.println("int型的二进制位数是: " + intsize);
09      }
10  }
```

运行结果如图 9.3 所示。

图 9.3　输出 Integer 类的最大值、最小值和二进制位数的运行结果

拓展训练　一、在不计算出结果的前提下，使用 Integer 类的 compareTo() 方法判断"Integer.MAX_VALUE＋1"与"Integer.MIN_VALUE"是否相等。（资源包 \Code\Try\09\03）

二、在控制台上输入某个数字后，在控制台上输出 "Integer.MIN_VALUE" 中含有该数字的数量。
（资源包 \Code\Try\09\04）

9.1.2 Number 类

▶ 视频讲解：资源包\Video\09\9.1.2 Number类.mp4

Number 类是一个抽象类，它是 Byte 类、Integer 类、Short 类、Long 类、Float 类和 Double 类的父类，如图 9.4 所示。

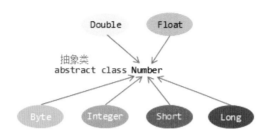

图 9.4 Number 类的示意图

要把 Number 类的子类对象转换为对应的基本数据类型，需要使用 Number 类对应子类中的方法，这些方法如表 9.3 所示。

表 9.3 Number 类对应子类中的方法

方　　法	返 回 值	功 能 描 述
byteValue()	byte	以 byte 形式返回指定的数值
intValue()	int	以 int 形式返回指定的数值
floatValue()	float	以 float 形式返回指定的数值
shortValue()	short	以 short 形式返回指定的数值
longValue()	long	以 long 形式返回指定的数值
doubleValue()	double	以 double 形式返回指定的数值

9.2 Math 类

开发者可以使用 "+" "−" "*" "/" "%" 等算术运算符完成一些简单的数学运算，但是如果碰到一些复杂的数学运算，该怎么办呢？为了解决这个难题，Java 提供了 Math 类，Math 类中包含许多数学方法，如取最大值、取最小值、取绝对值、三角函数、指数函数和取整函数等。

9.2.1 Math 类概述

▶ 视频讲解：资源包\Video\09\9.2.1 Math类概述.mp4

位于 java.lang 包中的 Math 类表示数学类，因为 Math 类中的数学方法都被定义为 static 形式，所以在程序中可以直接通过 Math 类的类名调用某个数学方法，语法格式如下：

```
Math.数学方法
```

Math 类中除数学方法外，还存在一些数学常量，如 PI、E 等，这些数学常量作为 Math 类的成员变量出现，调用起来也很简单，语法格式如下：

```
Math.PI                          // 表示圆周率π的值
Math.E                           // 表示自然对数底数e的值
```

例如，分别输出 PI 和 E 的值，代码如下：

```
System.out.println("圆周率π的值为：" + Math.PI);
System.out.println("自然对数底数e的值为：" + Math.E);
```

上面代码的输出结果为：

```
圆周率π的值为：3.141592653589793
自然对数底数e的值为：2.718281828459045
```

9.2.2 常用的数学运算方法

视频讲解：资源包\Video\09\9.2.2 常用的数学运算方法.mp4

Math 类中的数学方法较多，如取最大值、取最小值、取绝对值、三角函数、指数函数和取整函数等，Math 类的部分数学方法如图 9.5 所示。

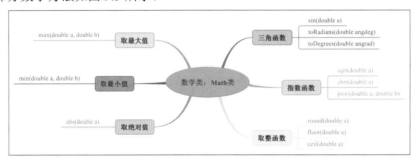

图 9.5　Math 类的部分数学方法

1. 指数函数方法

Math 类中与指数函数相关的方法如表 9.4 所示。

表 9.4　Math 类中与指数函数相关的方法

方　　法	返　回　值	功　能　描　述
exp(double a)	double	用于获取 e 的 a 次方，即取 e^a
double log(double a)	double	用于取自然对数，即取 lna 的值
double log10(double a)	double	用于取底数为 10 的对数
sqrt(double a)	double	用于取 a 的平方根，其中 a 的值不能为负值
cbrt(double a)	double	用于取 a 的立方根
pow(double a,double b)	double	用于取 a 的 b 次方

指数运算包括求方根、取对数和求 n 次方。下面举例说明如何使用 Math 类实现指数运算。

实例 03　实现指数运算

实例位置：资源包\Code\SL\09\03
视频位置：资源包\Video\09\

在项目中创建 ExponentFunction 类，在主方法中调用 Math 类中指数运算的相关方法，并输出运算结果。代码如下：

```
01  public class ExponentFunction {
02      public static void main(String[] args) {
03          System.out.println("e的平方: " + Math.exp(2));            // 取e的平方
04          System.out.println("以e为底数, 2的对数: " + Math.log(2)); //取以e为底数, 2的对数
05          System.out.println("以10为底数, 2的对数: " + Math.log10(2));//取以10为底数, 2的对数
06          System.out.println("4的算术平方根: " + Math.sqrt(4));       // 取4的算术平方根
07          System.out.println("8的立方根: " + Math.cbrt(8));    // 取8的立方根
08          System.out.println("2的平方: " + Math.pow(2, 2));           // 取2的平方
09      }
10  }
```

运行结果如图 9.6 所示。

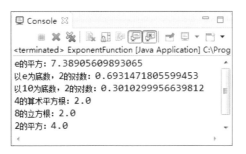

视频讲解

图 9.6　使用 Math 类实现指数运算的运行结果

拓展训练

一、飞机在跑道上加速滑行起飞，滑行时间为 15.5 秒，滑行距离为 1050 米。在起飞的整个过程中，飞机的加速度保持不变，在控制台上输出这个加速度。（因为飞机的初始速度为 0，所以飞机的加速度等于滑行距离的 2 倍除以滑行时间的平方）（资源包 \Code\Try\09\05）

二、以某地区地图的左下角为坐标原点（单位：厘米），三里屯的坐标为（5.5，2），五里屯的坐标为（7.2，8.3），试计算两地在地图上的直线距离。（资源包 \Code\Try\09\06）

2. 取整函数方法

在生活中，尤其在商品买卖的过程中，取整操作很常见。为了更好地解决生活中的问题，Java 在 Math 类中添加了取整函数方法。Math 类中的取整函数方法如表 9.5 所示。

表 9.5　Math 类中的取整函数方法

方　　法	返　回　值	功　能　描　述
ceil(double a)	double	返回大于或等于参数的最小整数
floor(double a)	double	返回小于或等于参数的最大整数
rint(double a)	double	返回与参数最接近的整数，如果两个同为整数且同样接近，则结果取偶数
round(float a)	int	将参数加上 0.5 后返回小于或等于参数的最大 int 型值
round(double a)	long	将参数加上 0.5 后返回小于或等于参数的最大 long 型值

在数轴上显示使用 floor(1.5)、ceil(1.5) 和 rint(1.5) 这 3 个取整函数方法后的返回值，部分取整函数方法的返回值如图 9.7 所示。

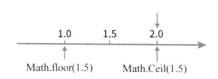

图 9.7　部分取整函数方法的返回值示意图

由于数 1.0 和数 2.0 距离数 1.5 都是 0.5 个单位长度，因此 Math.rint 返回偶数 2.0。

下面举例说明如何使用 Math 类的取整函数方法。

实例 04　比较不同取整函数方法的运算结果　　实例位置：资源包\Code\SL\09\04
　　　　　　　　　　　　　　　　　　　　　　　　视频位置：资源包\Video\09\

在项目中创建 IntFunction 类，在主方法中调用 Math 类中的取整函数方法，并输出运算结果。代码如下：

```
01  public class IntFunction {
02      public static void main(String[] args) {
03              // 返回第一个大于或等于参数的整数
04              System.out.println("使用ceil()方法取整: " + Math.ceil(5.2));
05              // 返回第一个小于或等于参数的整数
06              System.out.println("使用floor()方法取整: " + Math.floor(2.5));
07              // 返回与参数最接近的整数
08              System.out.println("使用rint()方法取整: " + Math.rint(2.7));
09              // 返回与参数最接近的整数
10              System.out.println("使用rint()方法取整: " + Math.rint(2.5));
11              // 将参数加上0.5后返回最接近的整数，并将结果强制转换为整型
12              System.out.println("使用round()方法取整: " + Math.round(3.4f));
13              // 将参数加上0.5后返回最接近的整数，并将结果强制转换为长整型
14              System.out.println("使用round()方法取整: " + Math.round(2.5));
15      }
16  }
```

视频讲解

运行结果如图 9.8 所示。

拓展训练

一、某苹果商卖苹果有个"不找零钱（四舍五入）"的习惯，苹果售价为每 500 克 2.49 元，苹果商输入顾客购买苹果的数量后，输出这些苹果的未经四舍五入的总价格与顾客的应付金额。（资源包 \Code\Try\09\07）

二、银行存款、取款讲究的是整存整取，假如当前银行的定期利率为 2.65%，当用户输入存款金额和存款年限后，待达到存款年限时，输出该用户能取回多少钱？（资源包 \Code\Try\09\08）

3. 取最大值、最小值、绝对值的函数方法

Math 类中还有一些操作数据的方法，如取最大值、最小值、绝对值等。Math 类中取最大值、最小值、

绝对值的函数方法如表 9.6 所示。

表 9.6　Math 类中取最大值、最小值、绝对值的函数方法

方　　法	返 回 值	功 能 描 述
max(double a,double b)	double	取 a 与 b 之间的最大值
min(int a,int b)	int	取 a 与 b 之间的最小值，参数为 int 型
min(long a,long b)	long	取 a 与 b 之间的最小值，参数为 long 型
min(float a,float b)	float	取 a 与 b 之间的最小值，参数为 float 型
min(double a,double b)	double	取 a 与 b 之间的最小值，参数为 double 型
abs(int a)	int	返回 int 型参数的绝对值
abs(long a)	long	返回 long 型参数的绝对值
abs(float a)	float	返回 float 型参数的绝对值
abs(double a)	double	返回 double 型参数的绝对值

下面举例说明如何使用 Math 类中操作数据的方法。

实例 05　使用 Math 类取最大值、最小值和绝对值　　实例位置：资源包\Code\SL\09\05
视频位置：资源包\Video\09\

在项目中创建 AnyFunction 类，在主方法中使用 Math 类取最大值、最小值和绝对值，并输出运算结果。代码如下：

```
01  public class AnyFunction {
02      public static void main(String[] args) {
03          System.out.println("4和8较大者:" + Math.max(4, 8));      // 取两个参数的最大值
04          System.out.println("4.4和4较小者: " + Math.min(4.4, 4)); // 取两个参数的最小值
05          System.out.println("-7的绝对值: " + Math.abs(-7));       // 取参数的绝对值
06      }
07  }
```

在 Eclipse 中运行本实例，运行结果如图 9.9 所示。

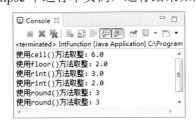

视频讲解

图 9.8　调用 Math 类中取整方法的运行结果　　图 9.9　使用 Math 类取最大值、最小值和绝对值的运行结果

拓展训练

一、分别输入菠菜前一日和当日的价格，使用 Math 类中取绝对值的方法输出菠菜价格的浮动值。（资源包 \Code\Try\09\09）

二、把 A 地设为坐标原点，B 地的坐标为（3.8，4.2），C 地的坐标为（3.2，4.5），在不计算出结果的前提下，使用 Math.min() 方法输出哪一个地点距 A 地更近。（资源包 \Code\Try\09\10）

9.3 Random 类

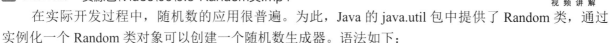

视频讲解：资源包\Video\09\9.3 Random类.mp4

在实际开发过程中，随机数的应用很普遍。为此，Java 的 java.util 包中提供了 Random 类，通过实例化一个 Random 类对象可以创建一个随机数生成器。语法如下：

```
Random r = new Random();
```

其中，r 指 Random 对象。Random 类提供了生成各种数据类型随机数的方法，这些方法及功能描述如表 9.7 所示。

表 9.7　Random 类中生成随机数的方法及功能描述

方　　法	返　回　值	功　能　描　述
nextInt()	int	返回一个随机 int 型值
nextInt(int n)	int	返回大于或等于 0、小于 n 的随机 int 型值
nextLong()	long	返回一个随机 long 型值
nextBoolean()	boolean	返回一个随机 boolean 型值
nextFloat()	float	返回一个随机 float 型值
nextDouble()	double	返回一个随机 double 型值
nextGaussian()	double	返回一个概率密度为高斯分布的 double 型值

实例 06　模拟微信的抢红包功能　　　　实例位置：资源包\Code\SL\09\06
　　　　　　　　　　　　　　　　　　　　　　视频位置：资源包\Video\09\

使用 Random 类模拟微信的抢红包功能，在项目中创建 RedBags 类，然后根据用户输入的红包总金额和红包数量随机生成每个红包的金额。代码如下：

```
01  import java.util.Random;
02  import java.util.Scanner;
03  public class RedBags {                           // 创建一个RedBags类
04      public static void main(String[] args) {
05          System.out.println("————模拟微信抢红包————\n");
06          Scanner sc = new Scanner(System.in);     // 控制台输入
07          System.out.print("请输入要装入红包的总金额（元）: ");
08          double total = sc.nextDouble();          // 输入"红包的总金额"
09          System.out.print("请输入红包的数量（个）: ");
10          int bagsnum = sc.nextInt();              // 输入"红包的数量"
11          double min = 0.01;                       // 初始化"红包的最小金额"
12          Random random = new Random();            // 创建随机数对象random
13          if (total / bagsnum == 0.01) {           // 红包总金额与数量的商为0.01时
14              for (int i = 1; i < bagsnum; i++) {
15                  double money = min;              // 让每个包中的金额均为最小金额0.01
16                  total -= money;                  // 红包中的剩余金额
17                  System.out.println
18                      ("第" + i + "个红包: " + String.format("%.2f", money) + "元");
19              }
```

```
20              } else if (total / bagsnum < 0.01) {        // 红包总金额与数量的商小于0.01时
21                  System.out.println("要保证每个人都能分到1分钱哦！");
22                  return;                                  // 不再执行第22行以下的代码，例如第46行
23              } else {
24                  for (int i = 1; i < bagsnum; i++) {     // 设置"循环"
25                      /*
26                       * 本次红包可用最大金额 =
27                       * 可分配金额 - (红包总数-已发出的红包数) * 红包的最小金额
28                       */
29                      double max = total - (bagsnum - i) * min;
30                      double bound = max - min;            // 设置随机金额的取值范围
31                      /*
32                       * 据随机金额的取值范围，随机生成红包金额。 由于nextInt(int bound)
33                       * 只能用整型作参数，所以先将bound乘100（小数点向右移两位）
34                       * 获取一个整数后，将这个整数除100（小数点向左移两位）
35                       * 并转换成与金额相同的浮点类型
36                       */
37                      double safe = (double) random.nextInt((int) (bound * 100)) / 100;
38                      double money = safe + min;// 最后加上红包的最小金额，以防safe出现零值
39                      total = total - money;               // 替换total的值
40                      System.out.println
41                          ("第" + i + "个红包: " + String.format("%.2f", money) + "元");
42                  }
43              }
44              // 输出剩余金额
45              System.out.println
46                  ("第" + bagsnum + "个红包: " + String.format("%.2f", total) + "元");
47              sc.close();                                  // 关闭控制台输入
48      }
49  }
```

运行结果如图9.10所示。

拓展训练

一、使用 Random 类模拟大乐透号码生成器：前区在 1 ~ 35 的范围内随机产生不重复的 5 个号码，后区在 1 ~ 12 的范围内随机产生不重复的 2 个号码。（资源包 \Code\Try\09\11）

二、七星彩指在 0000000 ~ 9999999 中选择任意 7 个自然号码进行投注，每注 2 元人民币。使用 Random 类模拟根据用户在控制台输入的"购买的彩票数"，随机为用户生成相应数目的七星彩号码，并与当期的七星彩结果比较，最后输出中奖情况，运行结果如图9.11所示。（资源包 \Code\Try\09\12）

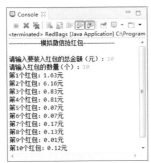

图 9.10　模拟微信抢红包功能的运行结果　　　图 9.11　七星彩中奖情况的运行结果

9.4 Date 类

▶ 视频讲解：资源包\Video\09\9.4 Date类.mp4

视 频 讲 解

Java 的 java.util 包中提供了 Date 类来操作日期和时间。在使用 Date 类时，需要先创建 Date 类对象，Date 类的构造方法及说明如表 9.8 所示。

表 9.8　Date 类的构造方法及说明

构 造 方 法	功 能 描 述
Date()	分配 Date 对象并初始化此对象，以表示分配它的时间（精确到毫秒）
Date(long date)	分配 Date 对象并初始化此对象，以表示自标准基准时间（即 1970 年 1 月 1 日 00:00:00 GMT）以来的指定毫秒数

例如，使用 Date 类的第 2 种构造方法创建一个 Date 类对象，代码如下：

```
long timeMillis = System.currentTimeMillis();
Date date = new Date(timeMillis);
```

上面代码的 "System.currentTimeMillis()" 主要用来获取系统当前时间距基准时间（1970 年 1 月 1 日 00:00:00 GMT）的毫秒数。

Date 类的常用方法及说明如表 9.9 所示。

表 9.9　Date 类的常用方法及说明

方　　　法	返　回　值	功　能　描　述
after(Date when)	boolean	测试当前日期是否在指定的日期之后
before(Date when)	boolean	测试当前日期是否在指定的日期之前
getTime()	long	获得自 1970 年 1 月 1 日 00:00:00 GMT 开始到当前时间的毫秒数
setTime(long time)	void	设置当前 Date 对象所表示的日期时间值，该值用以表示 1970 年 1 月 1 日 00:00:00 GMT 以后 time 毫秒的时间点

实例 07　获取基准时间到本地当前时间的毫秒数

实例位置：资源包\Code\SL\09\07
视频位置：资源包\Video\09\

在项目中创建 DateTest 类，使用 Date 类的 getTime() 方法获得自 1970 年 1 月 1 日 00:00:00 GMT 开始到当前时间的毫秒数。代码如下：

```
01  import java.util.Date;
02  public class DateTest {
03      public static void main(String[] args) {
04          Date date = new Date();                    // 创建现在的日期
05          long value = date.getTime();               // 获得毫秒数
06          System.out.println("当前日期、时间：" + date);
07          System.out.println("从基准时间到当前时间所经过的毫秒数为：" + value);
08      }
09  }
```

运行结果如图 9.12 所示。

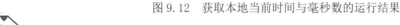

视频讲解

图 9.12　获取本地当前时间与毫秒数的运行结果

说明

由于 Date 类所创建对象的时间是变化的,所以每次运行程序在控制台所输出的结果都不一样。

拓展训练

一、分别输出以下毫秒数对应的时间:1000、100000、1000000 及 10000000。(资源包 \Code\Try\09\13)

二、获取当前时间,通过 Date 类中的适当方法比较毫秒数 1486448690841 在当前时间之前,还是在当前时间之后。(资源包 \Code\Try\09\14)

从实例 07 可以看到,如果在程序中直接输出 Date 对象,显示的是"Fri Mar 31 14:25:43 CST 2017",那么如何将日期或者时间显示为"2017-03-31"或者"14:25:43"这样的格式呢?

为了解决上述问题,Java 的 java.text 包中提供了 DateFormat 类。DateFormat 类的作用是按照指定格式对日期或者时间进行格式化。DateFormat 类提供了 4 种默认的格式化风格,即 SHORT、MEDIUM、LONG 和 FULL。其中:

☑ SHORT:完全为数字,如 12.13.52 或 3:30pm。

☑ MEDIUM:较长,如 Jan 12, 1952。

☑ LONG:更长,如 January 12, 1952 或 3:30:32pm。

☑ FULL:完全指定,如 Tuesday、April 12、1952 AD 或 3:30:42pm PST。

另外,使用 DateFormat 类还可以自定义日期、时间的格式。要自定义日期、时间的格式,首先需要创建 DateFormat 类对象。由于 DateFormat 类是抽象类,因此需要使用 DateFormat 类的静态方法 getDateInstance() 创建 DateFormat 类对象,语法如下:

```
DateFormat df = DateFormat.getDateInstance();
```

DateFormat 类的常用方法及说明如表 9.10 所示。

表 9.10　DateFormat 类的常用方法及说明

方　　法	返　回　值	功　能　描　述
format(Date date)	String	将一个 Date 格式化为日期 / 时间字符串
getCalendar()	Calendar	获取与此日期 / 时间格式器关联的日历
getDateInstance()	static DateFormat	获取日期格式器,该格式器具有默认语言环境的默认格式化风格
getDateTimeInstance()	static DateFormat	获取日期 / 时间格式器,该格式器具有默认语言环境的默认格式化风格
getInstance()	static DateFormat	获取 SHORT 风格的默认日期 / 时间格式器
getTimeInstance()	static DateFormat	获取时间格式器,该格式器具有默认语言环境的默认格式化风格
parse(String source)	Date	将字符串解析成一个日期,并返回这个日期的 Date 对象

实例 08　格式化当前日期、时间

实例位置:资源包\Code\SL\09\08

视频位置:资源包\Video\09\

零基础学 Java（升级版）

创建一个 DateFormatTest 类，首先在类中创建 Date 类的对象，然后使用 DateFormat 类的 getInstance() 方法和 SimpleDateFormat 类的构造方法创建不同的 DateFormat 类对象，并指定不同的日期、时间格式，最后格式化并输出当前时间。代码如下：

```
01  import java.text.DateFormat;
02  import java.text.SimpleDateFormat;
03  import java.util.Date;
04  import java.util.Locale;
05  public class DateFormatTest {
06      public static void main(String[] args) {
07          // 创建日期
08          Date date = new Date();
09          // 创建不同的日期格式
10          DateFormat df1 = DateFormat.getInstance();
11          DateFormat df2 = new SimpleDateFormat("yyyy-MM-dd hh:mm:ss EE");
12          DateFormat df3 = new SimpleDateFormat
13                  ("yyyy年MM月dd日 hh时mm分ss秒 EE", Locale.CHINA);
14          DateFormat df4 = new SimpleDateFormat("yyyy-MM-dd hh:mm:ss EE", Locale.US);
15          DateFormat df5 = new SimpleDateFormat("yyyy-MM-dd");
16          DateFormat df6 = new SimpleDateFormat("yyyy年MM月dd日");
17          // 将日期按照不同格式进行输出
18          System.out.println("-------将日期时间按照不同格式进行输出------");
19          System.out.println("按照Java默认的日期格式: " + df1.format(date));
20          System.out.println("按照Java默认的日期格式: " + df1.format(date));
21          System.out.println("按照指定格式 yyyy-MM-dd hh:mm:ss EE，系统默认区域:"
22                  + df2.format(date));
23          System.out.println("按照指定格式 yyyy年MM月dd日 hh时mm分ss秒 EE，区域为中国 : "
24                  + df3.format(date));
25          System.out.println("按照指定格式 yyyy-MM-dd hh:mm:ss EE，区域为美国: "
26                  + df4.format(date));
27          System.out.println("按照指定格式 yyyy-MM-dd: " + df5.format(date));
28          System.out.println("按照指定格式 yyyy年MM月dd日: " + df6.format(date));
29      }
30  }
```

运行结果如图 9.13 所示。

图 9.13　格式化当前日期、时间的运行结果

一、使用数组和 DateFormat 类将当前时间格式化为指定的日期格式："yyyy-MM-dd" "MM-dd-yyyy" "a h:m:s" "z H:m:s"。（资源包 \Code\Try\09\15）

二、判断控制台输入的日期格式是否与 "yyyy-MM-dd" 格式相符（仅对日期的格式进行判断）。（资源包 \Code\Try\09\16）

174

视频讲解

9.5 枚举类型

视频讲解: 资源包\Video\09\9.5 枚举类型.mp4

枚举类型常被用于设置常量。传统常量在实际开发过程中习惯性地被定义在接口中。例如，创建接口 Constants，在 Constants 中定义两个常量 Constants_A 和 Constants_B。代码如下：

```
01  public interface Constants {
02      public static final int Constants_A = 1;
03      public static final int Constants_B = 12;
04  }
```

由于枚举类型是一种数据类型，而且被视为一系列具有名称的常量的集合，所以被赋予了在程序编译时检查数据类型的功能，使得使用枚举类型定义的常量逐渐取代了传统常量。使用枚举类型定义常量的语法如下：

```
public enum Constants{
    Constants_A,
    Constants_B
}
```

其中，enum 是定义枚举类的关键字。在程序中可以通过 Constants.Constants_A 的方式使用枚举类型的常量。

实例 09 传统常量与枚举类型常量的区别

实例位置: 资源包\Code\SL\09\09
视频位置: 资源包\Video\09\

在项目中，首先创建接口 Constants，在 Constants 中定义两个 int 型常量；然后在 ConstantsTest 类中定义枚举类 Constants2，将 Constants 接口的常量放置在枚举类 Constants2 中；最后在 ConstantsTest 类中声明 doit() 和 doit2() 方法分别调用接口中的传统常量和枚举类型常量。代码如下：

```
01  interface Constants {                              // 将常量放置在接口中
02      public static final int Constants_A = 1;
03      public static final int Constants_B = 12;
04  }
05  public class ConstantsTest {
06      enum Constants2 {                              // 将常量放置在枚举类型中
07          Constants_A, Constants_B
08      }
09      // 使用接口定义常量
10      public static void doit(int c) {               // 定义一个方法，这里的参数为int型
11          switch (c) {                               // 根据常量的值做不同操作
12              case Constants.Constants_A:
13                  System.out.println(Constants.Constants_A);
14                  break;
15              case Constants.Constants_B:
16                  System.out.println(Constants.Constants_B);
17                  break;
18          }
19      }
20      public static void doit2(Constants2 c) {       // 定义一个参数对象是枚举类型的方法
21          switch (c) {                               // 根据枚举类型对象做不同操作
```

```
22              case Constants_A:
23                  System.out.println(Constants2.Constants_A);
24                  break;
25              case Constants_B:
26                  System.out.println(Constants2.Constants_B);
27                  break;
28          }
29      }
30      public static void main(String[] args) {
31          ConstantsTest.doit(Constants.Constants_A);        // 使用接口中定义的常量
32          ConstantsTest.doit(Constants.Constants_B);        // 使用接口中定义的常量
33          ConstantsTest.doit2(Constants2.Constants_A);      // 使用枚举类型中的常量
34          ConstantsTest.doit2(Constants2.Constants_B);      // 使用枚举类型中的常量
35          ConstantsTest.doit(3);
36          //ConstantsTest.doit2(3);
37      }
38  }
```

运行结果如图 9.14 所示。

在上面的代码中，当调用 doit() 方法时，即使 doit() 方法中的参数不是在接口中定义的常量，编译器也不会报错（如第 35 行代码 ConstantsTest.doit(3);）；当调用 doit2() 方法时，如果 doit2() 方法中的参数不是枚举类型的常量，那么编译器就会报错（如第 36 行被注释掉的 ConstantsTest.doit2(3);）。综上所述，枚举类型在程序编译时具有检查数据类型的功能。

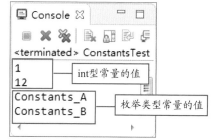

图 9.14 分别调用传统常量与枚举类型常量的运行结果

 拓展训练

一、试着在控制台输入要查询的英文星期小写（例如：mon）后，再输出该星期的中英文对照（例如：MONDAY——星期一）。（资源包 \Code\Try\09\17）

二、模拟明日学院的权限设置模块：0 表示游客，1 表示注册用户，2 表示 VIP 会员，3 表示管理员，控制台输入 0 ~ 3 中的任意数字后，输出每种权限的"特权"：游客，观看部分视频、浏览所有课程、注册、登录；注册用户，免费观看所有视频、部分配套习题、收藏课程、实时提问、个人设置；VIP 会员，免费观看所有视频、所有习题及答案、源码下载、定期在线互动交流；管理员，后台所有管理模块、前台所有功能模块。（资源包 \Code\Try\09\18）

9.6 小结

本章主要讲解了 Java 包装类中的 Integer 类、Integer 类的父类 Number 类、Math 类、Random 类、Date 类和枚举类型。希望读者学习本章后，能够掌握并在实际开发过程中灵活应用上述内容。

本章 e 学码：关键知识点拓展阅读

break 语句	format	二进制补码	数学常量
enum	import 简介	基准时间	
equals()	Locale	十五进制	

第10章

泛型与集合类

（ ▶ 视频讲解：1 小时 26 分钟）

本章概览

JDK 1.5 提出了泛型的概念，泛型允许在定义类、接口、方法时声明类型形参，通过类型形参在创建对象、调用方法时指定参数的数据类型。以集合为例，在没有泛型之前，集合中的元素被当作 Object 类处理。当程序从集合中取出元素时，如果对元素进行强制类型转换，那么就容易引起 ClassCastExeception 异常；而使用泛型的集合可以记住集合中的元素类型，如果试图向集合中添加与已有元素的数据类型不相符的元素，编译器就会报错，从而使程序更加健壮。

集合类包括 List 集合、Set 集合和 Map 集合。集合可以被看作一个没有空间限制、想装多少就装多少的容器。Java 提供了许多操作集合中元素的方法，如使用迭代器遍历集合，对集合中的元素进行添加、删除和查询等操作。

本章内容也是 Java Web 技术和 Android 技术的基础知识。

知识框架

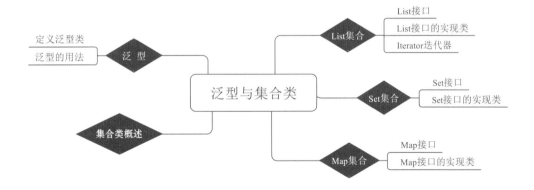

10.1 泛型

Java 中的参数化类型被称为泛型。以集合为例，集合可以使用泛型限制被添加元素的数据类型，如果将不符合指定数据类型的元素添加到集合内，编译器就会报错。例如，Set<String> 表明 Set 集合只能保存 String 类型的对象，如果将非 String 类型的对象添加到 Set 集合内，编译器就会报错，如图10.1 所示。

```
 6      Set<String> set = new HashSet<>();
 7      set.add("123");
 8      set.add("456");
 9      /*
10       * 因为789的数据类型为int型，
11       * 而Set<String>表明Set集合只能保存String类型的对象，
12       * 所以编译器会报错
13       */
14      set.add(789);
```

图 10.1　编译器报错的示意图

除了集合，泛型还允许在定义类、接口、方法时声明类型形参，通过类型形参在创建对象、调用方法时指定参数的数据类型。

10.1.1 定义泛型类

📹 视频讲解：资源包\Video\10\10.1.1 定义泛型类.mp4

定义泛型类的语法如下：

```
class 类名<T>
```

其中，T 代表被传入参数的数据类型。

例如，定义一个带泛型的 Book<T> 类，找到并输出"明日科技编写《零基础学 Java》售价 69.8 元（不附赠光盘）"信息中的书名、作者、价格和是否附赠光盘。代码如下：

```
01  public class Book<T> {                                    // 定义带泛型的Book<T>类
02      private T bookInfo;                                   // 类型形参：图书信息
03      public Book(T bookInfo) {                             // 参数为类型形参的构造方法
04          this.bookInfo = bookInfo;                         // 为图书信息赋值
05      }
06      public T getBookInfo() {                              // 获取图书信息的值
07          return bookInfo;
08      }
09      public static void main(String[] args) {
10          // 创建参数为String类型的书名对象
11          Book<String> bookName = new Book<String>("《零基础学Java》");
12          // 创建参数为String类型的作者对象
13          Book<String> bookAuthor = new Book<String>("明日科技");
14          // 创建参数为Double类型的价格对象
15          Book<Double> bookPrice = new Book<Double>(69.8);
16          // 创建参数为Boolean类型的附赠光盘对象
17          Book<Boolean> hasCD = new Book<Boolean>(false);
18          // 控制台输出书名、作者、价格和是否附赠光盘
19          System.out.println("书名: " + bookName.getBookInfo());
20          System.out.println("作者: " + bookAuthor.getBookInfo());
```

```
21          System.out.println("价格: " + bookPrice.getBookInfo());
22          System.out.println("是否附赠光盘? " + hasCD.getBookInfo());
23      }
24  }
```

运行结果如图 10.2 所示。

图 10.2　在控制台上输出图书信息的运行结果

在定义泛型类时，一般类型名称使用 T 来表达，而容器的元素使用 E 来表达。

10.1.2 泛型的用法

▶ 视频讲解：资源包\Video\10\10.1.2 泛型的用法.mp4

在开发过程中，如果需要动态地指定参数类型，那么就需要使用泛型。本节将通过 3 方面讲解泛型的用法：定义泛型类时声明多个类型、定义泛型类时声明数组类型和集合类声明元素的类型。

1. 定义泛型类时声明多个类型

在定义泛型类时，可以声明多个类型。语法如下：

```
class MutiOverClass<T1,T2>
```

其中，MutiOverClass 为泛型类名称，T1 和 T2 代表被传入参数的类型。

如果 T1 和 T2 分别代表 Boolean 型和 Float 型，而且参数值分别为 true 和 2.89f，那么使用泛型类 MutiOverClass<Boolean, Float> 的有参构造方法，创建对象 mutiOC 的相关代码如下：

```
MutiOverClass<Boolean, Float> mutiOC = new MutiOverClass<Boolean, Float>(true, 2.89f);
```

2. 定义泛型类时声明数组类型

定义泛型类时也可以声明数组类型。

实例 01　打印图书信息	实例位置：资源包\Code\SL\10\01
	视频位置：资源包\Video\10\

首先定义 Book<T> 类，然后声明数组类型形参 bookInfo，并声明用来输出数组 bookInfo 中元素的 showBookInfo() 方法，最后将"明日科技编写的《零基础学 Java》售价为 69.80 元（附赠《小白实战手册》（电子版））"中的书名、作者、价格和是否附赠《小白实战手册》（电子版）赋值给数组类型形参 bookInfo，调用 showBookInfo() 方法输出 bookInfo 中的元素。代码如下：

```
01  public class Book<T> {                                    // 定义带泛型的Book<T>类
02      private T[] bookInfo;                                 // 数组类型形参：图书信息
03      public Book(T[] bookInfo) {                           // 参数为图书信息的Book<T>类构造方法
04              this.bookInfo = bookInfo;                     // 为图书信息赋值
05      }
06      public void showBookInfo() {                          // 显示图书信息的方法
07          // 提示信息
08          System.out.println("书名\t\t作者\t价格\t是否附赠小白实战手册");
09          System.out.println("-------------------------------------------");
10          // 遍历并输出数组类型形参bookInfo中的元素
11          for (int i = 0; i < bookInfo.length; i++) {
12                  System.out.print(bookInfo[i] + "\t");
13          }
14      }
15      public static void main(String[] args) {
16      // 把书名、作者、价格和是否附赠《小白实战手册》（电子版）存放在String类型的数组info中
17          String[] info = {"《零基础学Java》", "明日科技", "69.80", "附赠《小白实战手册》
    （电子版）"};
18          Book<String> book = new Book<String>(info); // 创建String类型的book对象
19          book.showBookInfo();                              // 调用显示图书信息的方法
20      }
21  }
```

运行结果如图 10.3 所示。

一、使用泛型类模拟场景：赵四（通过 Date 类获取当前时间）在中国建设银行向账号为"6666 7777 8888 9996 789"的银行卡存入"8,888.00RMB"，存入后卡上余额为"18,888.88RMB"。现要将"银行名称""存款时间""户名""卡号""币种""存款金额""账户余额"等信息通过泛型类 BankList<T> 输出在控制台上。（资源包 \Code\Try\10\01）

二、先定义泛型类（Miami<T>），再创建两个类（Detroit 和 Philadelphia）继承该泛型类，输出 NBA 中夺冠次数为 3 的球队及年份：迈阿密热队（2006 年、2012 年、2013 年），底特律活塞队（1989 年、1990 年、2004 年），费城 76 人队（1955 年、1967 年、1983 年）。（资源包 \Code\Try\10\02）

3. 集合类声明元素的类型

在集合中，应用泛型可以保证集合中元素类型的唯一性，从而提高代码的安全性和可维护性。例如使用 K 和 V 两个字符代表 Map 集合中的键（key）和值（value）。

实例 02 查询亚足联排名前 10 的球队

实例位置：资源包\Code\SL\10\02
视频位置：资源包\Video\10\

截至 2017 年 3 月，亚足联排名前 10 的男足国家队分别为伊朗、韩国、日本、澳大利亚、沙特阿拉伯、乌兹别克斯坦、阿拉伯联合酋长国、卡塔尔、中国和叙利亚。编写一个程序，使用 Map<K,V >，其中 K 为 Integer 型（表示名次），V 为 String 型（表示国家），实现依据输入的名次查询亚足联排名前 10 的某一支男足国家队。代码如下：

```
01  import java.util.HashMap;
02  import java.util.InputMismatchException;
03  import java.util.Map;
```

```
04  import java.util.Scanner;
05  public class Ranking {                                    // 创建名次类
06      public static void main(String[] args) {
07              // 将亚足联排名前10的男足国家队存储在数组中
08              String[] teams =
09                      {"伊朗", "韩国", "日本", "澳大利亚", "沙特阿拉伯",
10                      "乌兹别克斯坦", "阿拉伯联合酋长国", "卡塔尔", "中国", "叙利亚"};
11              // 创建键、值类型分别为Integer、String的Map集合对象
12              Map<Integer, String> map = new HashMap<Integer, String>();
13              // 循环遍历数组teams中的元素
14              for (int i = 0; i < teams.length; i++) {
15                      map.put(i + 1, teams[i]);                // 向Map集合中添加元素
16              }
17              Scanner sc = new Scanner(System.in);            // 创建控制台输入对象
18              // 提示信息
19              System.out.print("依据输入的名次查询亚足联排名前10的某一支男足国家队：");
20              try {                                           // 可能产生异常的代码块
21                      int number = sc.nextInt();              // 控制台输入名次
22                      if (number > 0 && number <= 10) {       // 输入的名次在0~10中
23                              // 控制台输出与输入名次相匹配的国家
24                              System.out.println("亚足联排名第" + number + "的男足国家队是"
25                                              + map.get(number) + "");
26                              sc.close();                     // 关闭控制台输入
27                      } else {                                // 输入的名次不在0~10中
28                              // 提示信息
29                              System.out.println("输入错误！只能输入1~10中的某一个整数。");
30                      }
31              } catch (InputMismatchException e) {            // 捕捉输入类型不匹配异常
32                      // 提示信息
33                      System.out.println("输入错误！只能输入1~10中的某一个整数。");
34              }
35      }
36  }
```

运行结果如图 10.4 所示。

图 10.3　使用数组类型的泛型类输出
图书信息的运行结果

图 10.4　依据名次查询亚足联排名前 10 的
男足国家队的运行结果

一、编写泛型类 Purchase<T>，在该泛型类中创建了 Set 集合，并定义了两个方法，分别是用来添加货物的 insertGoods() 方法和用来查看货物的 checkGoods() 方法。现有一位顾客把"华为荣耀8"加入了购物车，输出购物车内必要的商品信息（商品名称、商品颜色与商品价格）。
（资源包 \Code\Try\10\03）

二、编写泛型类 Score<T>，在该泛型类中创建了 List 集合，并定义了 4 个方法，分别是用来添加分数的 insertScore() 方法、用来获得最高分的 getMaxValue() 方法、用来获得最低分的 getMinValue() 方法和用来获得分数的 getScore() 方法。现有 5 位裁判为选手打分：9.2、8.8、8.5、9.0 和 8.8，去掉最高分和最低分后，在满分为 10 分的前提下，计算该选手的最后得分。（资源包 \Code\Try\10\04）

10.2　集合类概述

▶ 视频讲解：资源包\Video\10\10.2 集合类概述.mp4

　　java.util 包中的集合类就像一个装有多个对象的容器，提到容器就不难想到数组，数组与集合的不同之处在于：数组的长度是固定的，集合的长度是可变的；数组既可以存放基本类型的数据，又可以存放对象，集合只能存放对象。集合类包括 List 集合、Set 集合和 Map 集合，其中 List 集合与 Set 集合继承了 Collection 接口，且 List 接口、Set 接口和 Map 接口还提供了不同的实现类。List 集合、Set 集合和 Map 集合的继承关系如图 10.5 所示。

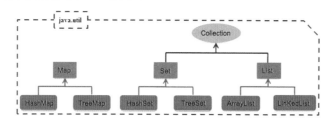

图 10.5　List 集合、Set 集合和 Map 集合的继承关系

说明

　　由图 10.5 可知，Set 接口和 List 接口都继承于 Collection 接口。Collection 接口虽然不能直接被使用，但提供了操作集合及集合中元素的方法，且 Set 接口和 List 接口都可以调用 Collection 接口中的方法。Collection 接口的常用方法及说明如表 10.1 所示。

表 10.1　Collection 接口的常用方法及说明

方　　法	功　能　描　述
add(Object e)	将指定的对象添加到当前集合内
remove(Object o)	将指定的对象从当前集合内移除
isEmpty()	返回 boolean 型值，用于判断当前集合是否为空
iterator()	返回用于遍历集合内元素的迭代器
size()	返回 int 型值，获取当前集合中元素的个数

10.3　List 集合

　　List 集合包括 List 接口及 List 接口的所有实现类。List 集合中的元素允许重复，且各元素的顺序就是添加元素的顺序。类似 Java 数组，用户可以通过索引（元素在集合中的位置）访问集合中的元素。

10.3.1　List 接口

▶ 视频讲解：资源包\Video\10\10.3.1 List接口.mp4

　　List 接口继承了 Collection 接口，因此可以使用 Collection 接口中的所有方法。此外，List 接口还定义了两个非常重要的方法，如表 10.2 所示。

表 10.2　List 接口的两个重要方法

方　　法	功　能　描　述
get(int index)	获得指定索引位置上的元素
set(int index , Object obj)	将集合中指定索引位置的对象修改为指定的对象

10.3.2　List 接口的实现类

▶ 视频讲解：资源包\Video\10\10.3.2 List接口的实现类.mp4

因为 List 接口不能直接被实例化，所以 Java 提供了 List 接口的实现类，其中最常用的实现类是 ArrayList 类与 LinkedList 类。

☑　ArrayList 以数组的形式保存集合中的元素，能够根据索引位置随机且快速地访问集合中的元素。

☑　LinkedList 以链表结构（一种数据结构）保存集合中的元素，随机访问集合中元素的性能较差，但向集合中插入元素和删除集合中元素的性能出色。

分别使用 ArrayList 类和 LinkedList 类实例化 List 集合的关键代码如下：

```
List<E> list = new ArrayList<>();
List<E> list2 = new LinkedList<>();
```

其中，E 代表元素类型。例如，如果集合中的元素均为字符串类型，那么 E 即 String 类型。

实例 03　List 集合的常用方法

实例位置：资源包\Code\SL\10\03
视频位置：资源包\Video\10\

在项目中创建 ListTest 类，首先在主方法中创建元素类型为 String 的 List 集合对象，并使用 add() 方法向集合中添加元素；然后随机生成一个集合长度范围内的索引，并使用 get() 方法获取该索引对应的元素；最后使用 remove() 方法移除集合中索引位置 2 处的值，并使用 for 循环遍历并输出集合中余下的元素。代码如下：

```
01  import java.util.*;
02  public class ListTest {
03    public static void main(String[] args) {            // 主方法
04        List<String> list = new ArrayList<>();          // 创建集合对象
05        list.add("a");                                  // 向集合添加元素
06        list.add("b");
07        list.add("c");
08        int i = (int) (Math.random() * list.size());// 获得0～2中的随机数
09        System.out.println("随机获取集合中的元素：" + list.get(i));
10        list.remove(2);                                 // 将指定索引位置的元素从集合中移除
11        System.out.println("将索引是"2"的元素从集合移除后，集合中的元素是：");
12        for (int j = 0; j < list.size(); j++) {         // 循环遍历集合
13            System.out.println(list.get(j));            // 获取指定索引处的值
14        }
15    }
16  }
```

运行结果如图 10.6 所示。

说明

（1）与数组相同，集合的索引也是从 0 开始的。

（2）在 Java 7 以前，使用 ArrayList 类创建元素类型为 String 的 List 集合对象的正确写法是 "List<String> list = new ArrayList<String>();"，但由于 Java 7 提出了 "菱形语法"，使得 "List<String> list = new ArrayList<>();" 这种写法成为可能，并且不会引起编译器报错。

拓展训练

一、首先将 NBA 历史十大巨星依次以 String 类型的 "乔丹,飞人/神,30.1,6.2,5.3" 形式添加到 List 集合中，然后使用 for 循环输出 List 集合中的 NBA 历史十大巨星，运行结果如图 10.7 所示。（资源包 \Code\Try\10\05）

视频讲解

图 10.6　List 集合的常用方法的运行结果　　　图 10.7　输出 NBA 历史十大巨星的的运行结果

二、书桌上有两本书，分别是《西游记》《水浒传》；书架上有三本书，分别是《三国演义》《莎士比亚诗选》《红楼梦》。使用 List 接口中的 get() 和 set() 方法，将中国的四大名著按照《水浒传》《三国演义》《西游记》《红楼梦》的顺序摆放到一起。（资源包 \Code\Try\10\06）

10.3.3　Iterator 迭代器

▶ 视频讲解：资源包\Video\10\10.3.3 Iterator迭代器.mp4

实例 03 中使用了 for 循环遍历 List 集合中的元素，那么有没有其他遍历集合中元素的方法呢？在 java.util 包中提供了一个 Iterator 接口，Iterator 接口是一个专门对集合进行迭代的迭代器，其常用方法如表 10.3 所示。

表 10.3　Iterator 迭代器的常用方法

方　　法	功　能　描　述
hasNext()	如果仍有元素可以迭代，则返回 true
next()	返回迭代的下一个元素
remove()	从迭代器指向的 Collection 中移除迭代器返回的最后一个元素（可选操作）

注意

Iterator 的 next() 方法返回值类型是 Object。

在使用 Iterator 迭代器时，需使用 Collection 接口中的 iterator() 方法创建一个 Iterator 对象。

下面将实例 03 中遍历 List 集合中元素的方法由 for 循环修改为 Iterator 迭代器。

实例 04　遍历 List 集合　　　　实例位置：资源包\Code\SL\10\04

视频位置：资源包\Video\10\

在项目中创建 IteratorTest 类，首先在主方法中创建元素类型为 String 的 List 集合对象，然后使用

add() 方法向集合中添加元素,最后使用 Iterator 迭代器遍历并输出集合中的元素。代码如下:

```
01  import java.util.*;                              // 导入java.util包,其他实例都要添加该语句
02  public class IteratorTest{                       // 创建类IteratorTest
03     public static void main(String args[]) {
04         Collection<String> list = new ArrayList<>(); // 实例化集合类对象
05         list.add("a");                             // 向集合添加数据
06         list.add("b");
07         list.add("c");
08         Iterator<String> it = list.iterator();     // 创建迭代器
09         while (it.hasNext()) {                      // 判断是否有下一个元素
10             String str = (String) it.next();        // 获取集合中元素
11             System.out.println(str);
12         }
13     }
14  }
```

运行结果如图 10.8 所示。

拓展训练

一、26 个英文字母的正序和反序输出——使用数组和 ArrayList,先输出 A → Z,再输出 z → a。(资源包 \Code\Try\10\07)

二、模拟银行账户存取款——使用 ArrayList 类模拟银行账户存取款,运行结果如图 10.9 所示。(资源包 \Code\Try\10\08)

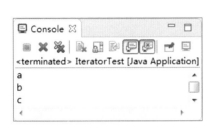

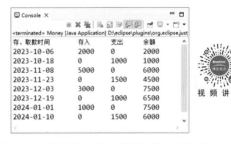

图 10.8 使用 Iterator 迭代器遍历并输出集合中的元素的运行结果

图 10.9 模拟银行账户存取款的运行结果

10.4 Set 集合

Set 集合由 Set 接口和 Set 接口的实现类组成。Set 集合中的元素不按特定的方式排序,只是简单地被存放在集合中,但 Set 集合中的元素不能重复。

10.4.1 Set 接口

📹 视频讲解:资源包\Video\10\10.4.1 Set接口.mp4

Set 接口继承了 Collection 接口,因此可以使用 Collection 接口中的所有方法。

由于 Set 集合中的元素不能重复,因此在向 Set 集合添加元素时,需要先判断新增元素是否已经存在于集合中,再确定是否执行添加操作。例如,向使用 HashSet 实现类创建的 Set 集合中添加元素的流程如图 10.10 所示。

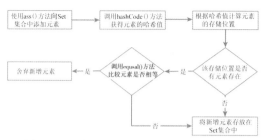

图 10.10　向 Set 集合添加元素的流程图

10.4.2　Set 接口的实现类

视频讲解：资源包\Video\10\10.4.2 Set接口的实现类.mp4

Set 接口常用的实现类有 HashSet 类与 TreeSet 类，分别如下。

☑　HashSet 类是 Set 接口的一个实现类，不允许有重复元素。

☑　TreeSet 类不仅实现了 Set 接口，还实现了 java.util.SortedSet 接口，因此在遍历使用 TreeSet 类实现的 Set 集合中的元素时，会默认将元素按升序排列。在创建 TreeSet 类对象时，通过使用 Comparator 接口，还可以实现定制排序，例如降序排列。

说明　Comparator 接口，即比较器，它提供了一个抽象方法 compare(T o1, T o2)，这个方法指定了两个对象的比较规则：如果 o1 大于 o2，则方法返回正数（通常为 +1）；如果 o1 等于 o2，则方法返回 0；如果 o1 小于 o2，则方法返回负数（通常为 –1）。

如果想制定 TreeSet 类的排序规则，可以在实例化 TreeSet 对象时，将一个已经写好的比较器作为构造参数传入，或者让 TreeSet 类中的所有元素都实现 Comparator 接口。

TreeSet 类除了可以使用 Collection 接口中的方法，还提供了一些其他操作集合中元素的方法，TreeSet 类增加的方法如表 10.4 所示。

表 10.4　TreeSet 类增加的方法

方　法	功　能　描　述
first()	返回此 Set 集合中当前第一个（最低）元素
last()	返回此 Set 集合中当前最后一个（最高）元素
comparator()	返回对此 Set 集合中的元素进行排序的比较器。如果此 Set 集合使用自然顺序，则返回 null
headSet(E toElement)	返回一个新的 Set 集合，新集合是 toElement（不包含）之前的所有对象
subSet(E fromElement, E fromElement)	返回一个新的 Set 集合，是 fromElement（包含）对象与 fromElement（不包含）对象之间的所有对象
tailSet(E fromElement)	返回一个新的 Set 集合，新集合包含对象 fromElement（包含）之后的所有对象

多学两招　HashSet 类和 TreeSet 类都是 Set 接口的实现类，它们都不允许有重复元素，但 HashSet 类在遍历集合中的元素时不关心元素的顺序，而 TreeSet 类则会按自然顺序（升序排列）遍历集合中的元素。

实例 05　实现集合元素自然（升序）排列　实例位置：资源包\Code\SL\10\05　视频位置：资源包\Video\10\

在项目中创建 TreeSetTest 类，首先使用 TreeSet 类创建一个 Set 集合对象，然后使用 add() 方法向

Set 集合中添加 5 个元素：–5、–7、10、6 和 3，最后使用 Iterator 迭代器遍历并输出 Set 集合中的元素。
代码如下：

```
01  import java.util.Iterator;
02  import java.util.Set;
03  import java.util.TreeSet;
04  public class TreeSetTest{                              // 创建TreeSetTest类
05      public static void main(String[] args) {
06          Set<Integer> set = new TreeSet<>();            // 使用TreeSet创建Set集合对象
07          // 向Set集合中添加元素
08          set.add(-5);
09          set.add(-7);
10          set.add(10);
11          set.add(6);
12          set.add(3);
13          // 创建Iterator迭代器对象
14          Iterator<Integer> it = set.iterator();
15          System.out.print("Set集合中的元素: ");          // 提示信息
16          // 遍历并输出Set集合中的元素
17          while (it.hasNext()) {
18              System.out.print(it.next() + "  ");
19          }
20      }
21  }
```

运行结果如图 10.11 所示。

 拓展训练
一、模拟当当网购物车——有位买家看中了 3 本书：《Java 从入门到精通（第 3 版）》→ 明日科技编著 → 59.8 元，《Java 从入门到精通（实例版）》→ 明日科技编著 → 69.8 元，《Java Web 从入门到精通》→ 明日科技编著 → 69.8 元。他把这 3 本书放进了购物车里打算结账：使用封装和 HashSet 类，输出这 3 本书的信息，并求 3 本书的价格总和，运行结果如图 10.12 所示。（资源包 \Code\Try\10\09）

 视频讲解

图 10.11　使用 TreeSet 类实现自然排序（升序）的运行结果　　图 10.12　模拟当当网购物车的运行结果

二、使用 TreeSet 类实现定制排序（降序）（例如：–5，–7，3，6，10）。（资源包 \Code\Try\10\10）

10.5 Map 集合

在程序中，如果想存储具有映射关系的数据，那么需要使用 Map 集合。Map 集合由 Map 接口和 Map 接口的实现类组成。

10.5.1 Map 接口

视频讲解：资源包\Video\10\10.5.1 Map接口.mp4

Map 接口虽然没有继承 Collection 接口，但提供了 key 到 value 的映射关系。Map 接口中不能包含相同的 key，并且每个 key 只能映射一个 value。Map 接口的常用方法如表 10.5 所示。

表 10.5　Map 接口的常用方法

方　　法	功　能　描　述
put(Object key, Object value)	向集合中添加指定的 key 与 value 的映射关系
containsKey(Object key)	如果此映射包含指定的 key 的映射关系，则返回 true
containsValue(Object value)	如果此映射将一个或多个 key 映射到指定值，则返回 true
get(Object key)	如果存在指定的 key 对象，则返回该对象对应的值，否则返回 null
keySet()	返回该集合中的所有 key 对象形成的 Set 集合
values()	返回该集合中所有值对象形成的 Collection 集合

10.5.2 Map 接口的实现类

视频讲解

▶ 视频讲解：资源包\Video\10\10.5.2 Map接口的实现类.mp4

Map 接口常用的实现类有 HashMap 类和 TreeMap 类两种，分别如下。

☑　HashMap 类是 Map 接口的实现类。HashMap 类虽然能够通过哈希表快速查找其内部的映射关系，但不保证映射的顺序。在 key-value 对（键值对）中，由于 key 不能重复，所以最多只有一个 key 为 null，但可以有无数个 value 为 null。

☑　TreeMap 类不仅实现了 Map 接口，还实现了 java.util.SortedMap 接口。由于使用 TreeMap 类实现的 Map 集合存储 key-value 对时，需要根据 key 进行排序，所以 key 不能为 null。

多学两招
　　建议使用 HashMap 类实现 Map 集合，因为由 HashMap 类实现的 Map 集合添加和删除映射关系的效率更高；而如果希望 Map 集合中的元素存在一定的顺序，则应该使用 TreeMap 类实现 Map 集合。

实例 06　输出 Map 集合中书号（键）和书名（值）　　　实例位置：资源包\Code\SL\10\06
视频位置：资源包\Video\10\

在项目中创建 HashMapTest 类，首先在主方法中创建 Map 集合，并向 Map 集合中添加键值对；然后分别获取 Map 集合中所有 key 的集合对象和所有 value 的集合对象；最后遍历并输出 Map 集合中的 key 和 value。代码如下：

```
01  import java.util.*;
02  public class HashMapTest {
03      public static void main(String[] args) {
04          Map<String, String> map = new HashMap<>();  // 创建Map集合对象
05          // 向Map集合中添加元素
06          map.put("ISBN 978-7-5677-8742-1", "Android项目开发实战入门");
07          map.put("ISBN 978-7-5677-8741-4", "C语言项目开发实战入门");
08          map.put("ISBN 978-7-5677-9097-1", "PHP项目开发实战入门");
09          map.put("ISBN 978-7-5677-8740-7", "Java项目开发实战入门");
10          Set<String> set = map.keySet();            // 构建Map集合中所有key的Set集合
11          Iterator<String> it = set.iterator();      // 创建Iterator迭代器
12          System.out.println("key值: ");
13          while (it.hasNext()) {                     // 遍历并输出Map集合中的key值
14              System.out.print(it.next() + "  ");
```

```
15              }
16              Collection<String> coll = map.values();      // 构建Map集合中所有value值的集合
17              it = coll.iterator();
18              System.out.println("\nvalue值: ");
19              while (it.hasNext()) {                        // 遍历并输出Map集合中的value值
20                  System.out.print(it.next() + "  ");
21              }
22      }
23  }
```

运行结果如图 10.13 所示。

视 频 讲 解

图 10.13　输出 Map 集合中书号和书名的运行结果

多学两招

从图 10.13 可以看出，使用 HashMap 类输出的 Map 集合元素是无序的（与原始填充顺序也不一致），如果想要按照指定顺序输出 Map 集合中的元素，可以通过创建一个 TreeMap 集合实现。关键代码如下：

```
01  TreeMap<String,String> treemap = new TreeMap<>();    // 创建TreeMap集合对象
02  treemap.putAll(map);                                 // 向集合添加对象
03  Iterator<String> iter = treemap.keySet().iterator();
04  while (iter.hasNext()) {                             // 遍历TreeMap集合对象
05      String str = (String) iter.next();              // 获取集合中的所有key对象
06      String name = (String) treemap.get(str);        // 获取集合中的所有value值
07      System.out.println(str + " " + name);
08  }
```

拓展训练

一、使用 Map 接口实现类，输出东北三省每个省份中的主要城市。（资源包 \Code\Try\10\11）

二、模拟 2016 年 NBA 扣篮大赛评分：请 5 位评委（"冰人"格文、"穆大叔"、"魔术师"约翰逊、"大鲨鱼"奥尼尔及麦蒂）打分，控制台输入 5 个 10 以内的整数，中间用逗号隔开（例如：10,9,9,8,10），最后计算 5 位评委给出的分数之和。（资源包 \Code\Try\10\12）

10.6　小结

本章主要讲解了泛型和 Java 中常见的集合，其中集合包括 List 集合、Set 集合和 Map 集合。读者在学习本章内容时，要了解每种集合的特点，重点掌握遍历并输出集合中元素、添加元素和删除元素的方法。

本章 e 学码：关键知识点拓展阅读

Collection	map 集合	while	链表结构
for 循环	SortedMap	迭代	实现类
HashMap	SortedSet	哈希表	映射关系
java.util 包	this	类型形参	

e 学码

第**11**章
Swing 程序设计

（ ▶ 视频讲解：4 小时 57 分钟）

本章概览

　　Swing 是 AWT 组件的增强组件，Swing 中除保留 AWT 中几个重量级组件外，其他组件都是轻量级的，这样使用 Swing 开发的窗体风格才会与当前运行平台的窗体风格保持一致，开发人员也可以在跨平台时指定窗体统一的风格与外观。Swing 的使用很复杂，本章主要讲解 Swing 的基本要素，包括窗体的布局、容器、常用的组件、事件和监听器等。

知识框架

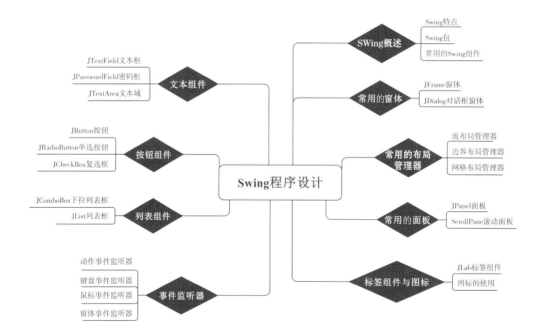

11.1 Swing 概述

Swing 主要用来开发 GUI 程序。GUI（Graphical User Interface）即图形用户界面，它是应用程序提供给用户操作的图形界面，包括窗口、菜单、按钮等图形界面元素，比如经常使用的 QQ 软件、360 安全卫士等都是 GUI 程序。Java 中针对 GUI 设计提供了丰富的类库，这些类分别位于 java.awt 和 javax.swing 包中，简称 AWT 和 Swing。其中，AWT（Abstract window Toolkit）是抽象窗口工具包，是 Java 平台独立的窗口系统、图形和用户界面组件的工具包，其组件种类有限，无法实现目前 GUI 设计所需的所有功能，于是 Swing 出现了。Swing 是 AWT 组件的增强组件，提供了更加丰富的组件和功能。本节将首先对 Swing 进行简要讲解。

11.1.1 Swing 特点

📺 视频讲解：资源包\Video\11\11.1.1 Swing特点.mp4

原来的 AWT 组件来自 java.awt 包，当含有 AWT 组件的 Java 应用程序在不同的平台上执行时，每个平台的 GUI 组件的显示效果会有所不同，但是在不同平台上运行使用 Swing 开发的应用程序时，却可以统一 GUI 组件的显示风格，因为 Swing 组件允许开发人员在跨平台时指定统一的外观和风格。

Swing 组件是完全用 Java 编写的，由于 Java 是不依赖于操作系统的语言，因此 Swing 组件可以运行在任何平台上。基于这些特性，通常将 Swing 组件称为"轻量级组件"；相反，依赖于本地平台的组件被称为"重量级组件"，如 AWT 组件。

11.1.2 Swing 包

📺 视频讲解：资源包\Video\11\11.1.2 Swing包.mp4

为了有效地使用 Swing 组件，必须了解其层次结构和继承关系，其中比较重要的类是 Component 类（组件类）、Container 类（容器类）和 JComponent 类（Swing 组件父类）。Swing 组件类的层次和继承关系如图 11.1 所示。

在 Swing 组件中，大多数 GUI 组件都是 Component 类的直接子类或间接子类，而 JComponent 类是 Swing 组件各种特性的存放位置，这些特性包括设定组件边界、GUI 组件自动滚动等。另外，从图 11.1 可以发现，Swing 组件的顶层父类是 Component 类与 Container 类（Object 类是所有类的父类），所以 Java 关于窗口组件的编写，都与组件及容器的概念相关联。

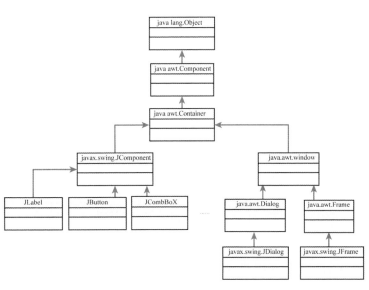

图 11.1　Swing 组件类的层次和继承关系

11.1.3 常用的 Swing 组件

视频讲解：资源包\Video\11\11.1.3 常用的Swing组件.mp4

下面简单介绍一下常用的 Swing 组件，有关这些组件的内容将在后面详细讲解。表 11.1 列举了常用的 Swing 组件及其含义。

表 11.1　常用的 Swing 组件及其含义

组 件 名 称	含　　义
JButton	代表 Swing 的按钮，可以显示一些图片或文字
JCheckBox	代表 Swing 的复选框组件
JComBox	代表 Swing 的下拉列表框，可以在下拉显示区域显示多个选项
JFrame	代表 Swing 的框架类
JDialog	代表 Swing 的对话框
JLabel	代表 Swing 的标签组件
JRadioButton	代表 Swing 的单选按钮
JList	代表能够在用户界面中显示一系列条目的组件
JTextField	代表文本框
JPasswordField	代表密码框
JTextArea	代表 Swing 的文本区域
JOptionPane	代表 Swing 的一些对话框

11.2 常用的窗体

窗体作为 Swing 应用程序中组件的承载体，处于非常重要的位置。Swing 中常用的窗体有 JFrame 和 JDialog，本节将重点讲解这两个窗体的使用方法。

11.2.1 JFrame 窗体

视频讲解：资源包\Video\11\11.2.1 JFrame窗体.mp4

JFrame 窗体，是 Swing 程序中各个组件的载体，可以将 JFrame 看作承载这些 Swing 组件的容器。在开发应用程序时，可以通过继承 javax.swing.JFrame 类创建一个窗体，在这个窗体中添加组件，同时为组件设置事件。由于该窗体继承了 JFrame 类，所以它拥有最大化、最小化、关闭等按钮。下面将详细讲解 JFrame 窗体在 Java 应用程序中的使用方法。

JFrame 类的常用构造方法有以下两种形式。

☑ public JFrame()：创建一个初始不可见、没有标题的新窗体。

☑ public JFrame(String title)：创建一个不可见但具有标题的窗体。

例如，创建一个 JFrame 窗体对象，代码如下：

```
JFrame jf = new JFrame(title);
Container container = jf.getContentPane();
```

上面的代码在创建完 JFrame 对象后，使用 getContentPane() 方法创建了一个 Container 对象，这是因为 Swing 组件的窗体通常与组件和容器相关，所以在 JFrame 对象创建完成后，需要调用 getContentPane() 方法将窗体转换为容器，然后在容器中添加组件或设置布局管理器。通常，这个容器用来包含和显示组件。如果需要将组件添加至容器，则可以使用来自 Container 类的 add() 方法进行操作。例如：

```
container.add(new JButton("按钮"));                                    // JButton按钮组件
```

在容器中添加组件后，也可以使用 Container 类的 remove() 方法将这些组件从容器中删除。例如：

```
container.remove(new JButton("按钮"));
```

创建完 JFrame 窗体之后，需要对窗体进行设置，比如设置窗体的位置、大小、是否可见等，这些操作通过 JFrame 类提供的相应方法来实现。下面对 JFrame 类的常用方法进行讲解。

☑ setBounds(int x, int y, int width, int leight)：设置组件左上角顶点的坐标为 (x,y)，宽度为 width，高度为 height。

☑ setLocation(int x, int y)：设置组件的左上角坐标为 (x,y)。

☑ setSize(int width, int height)：设置组件的宽度为 width，高度为 height。

☑ setVisibale(boolean b)：设置组件是否可见，参数为 true 表示可见，参数为 false 表示不可见。

☑ setDefaultCloseOperation(int operation)：设置关闭 JFrame 窗体的方式，默认值为 DISPOSE_ON_CLOSE。Java 为实现关闭 JFrame 窗体提供了多种方式，常用的有 4 种，如表 11.2 所示。

表 11.2　JFrame 窗体关闭的 4 种常用方式

窗体关闭方式	实 现 功 能
DO_NOTHING_ON_CLOSE	表示单击关闭按钮时无任何操作
DISPOSE_ON_CLOSE	表示单击关闭按钮时隐藏并释放窗口
HIDE_ON_CLOSE	表示单击关闭按钮时将当前窗口隐藏
EXIT_ON_CLOSE	表示单击关闭按钮时退出当前窗口并关闭程序

说明

表 11.2 中的 4 种关闭窗体的方式实质上是 int 型的常量，其中 EXIT_ON_CLOSE 被封装在 JFrame 类中，而其他 3 种被封装在 WindowConstants 接口中。

在下面的实例中，首先通过 JFrame 对象创建一个窗体，然后向窗体中添加一个标签组件。

实例 01　创建标签组件并添加到窗体中　　　　　实例位置：资源包\Code\SL\11\01
　　　　　　　　　　　　　　　　　　　　　　　　视频位置：资源包\Video\11\

创建 JFrameTest 类，该类继承自 JFrame 类。在该类中创建标签组件，并添加到窗体容器中，实例代码如下：

```
01   import java.awt.*;                                  // 导入AWT包
02   import javax.swing.*;                               // 导入Swing包
03   public class JFrameTest extends JFrame {            // 定义一个类继承JFrame类
04       public void CreateJFrame(String title) {        // 定义一个CreateJFrame()方法
05           JFrame jf = new JFrame(title);              // 创建一个JFrame对象
06           Container container = jf.getContentPane();  // 获取一个容器
07           JLabel jl = new JLabel("这是一个JFrame窗体"); // 创建一个JLabel标签
08           //使标签上的文字居中
```

```
09          jl.setHorizontalAlignment(SwingConstants.CENTER);
10          container.add(jl);                          // 将标签添加到容器中
11          container.setBackground(Color.white);       // 设置容器的背景颜色
12          jf.setVisible(true);                        // 使窗体可见
13          jf.setSize(200, 150);                       // 设置窗体大小
14          // 设置窗体关闭方式
15          jf.setDefaultCloseOperation(WindowConstants.EXIT_ON_CLOSE);
16      }
17  public static void main(String args[]){    // 在主方法中调用CreateJFrame()方法
18          new JFrameTest().CreateJFrame("创建一个JFrame窗体");
19      }
20  }
```

说明 上面的代码使用 import 关键字导入了 java.awt.* 和 javax.swing.* 两个包。在开发 Swing 程序时，通常都需要使用这两个包。另外，在使用这两个包时，需要在项目的 module-info.java 文件中引入 java.desktop，如图 11.2 所示。

图 11.2　创建标签组件并添加到窗体中

拓展训练 一、根据桌面的大小调整窗体大小。（资源包 \Code\Try\11\01）
二、取消窗体标题栏与窗体边框。（资源包 \Code\Try\11\02）

11.2.2 JDialog 对话框窗体

视频讲解：资源包\Video\11\11.2.2　JDialog对话框窗体.mp4

JDialog 窗体是 Swing 组件中的对话框，它继承自 AWT 组件中 java.awt.Dialog 类。

JDialog 窗体的功能是从一个窗体中弹出另一个窗体，就像在使用 IE 浏览器时弹出的确定对话框一样。JDialog 窗体实质上是另一种类型的窗体，它与 JFrame 窗体类似，在使用时也需要调用 getContentPane() 方法将窗体转换为容器，然后在容器中设置窗体的特性。

在应用程序中创建 JDialog 窗体需要实例化 JDialog 类，通常使用以下几个 JDialog 类的构造方法。

☑ public JDialog()：创建一个没有标题和父窗体的对话框。

☑ public JDialog(Frame f)：创建一个指定父窗体的对话框，但该窗体没有标题。

☑ public JDialog(Frame f,boolean model)：创建一个指定类型的对话框，并指定父窗体，但该窗体没有指定标题。如果 model 为 true，则弹出对话框之后，用户无法操作父窗体。

☑ public JDialog(Frame f,String title)：创建一个指定标题和父窗体的对话框。

☑ public JDialog(Frame f,String title,boolean model)：创建一个指定标题、窗体和模式的对话框。

下面来看一个实例，该实例主要实现单击 JFrame 窗体中的按钮后，弹出一个对话框窗体。

实例 02　单击按钮弹出对话框窗体　　实例位置：资源包\Code\SL\11\02　视频位置：资源包\Video\11\

创建 MyJDialog 类，该类继承自 JDialog 窗体，并在窗体中添加按钮。当用户单击该按钮后，将弹出一个对话框窗体。关键代码如下：

```
01  class MyJDialog extends JDialog {              // 创建自定义对话框类,并继承自JDialog类
02      public MyJDialog(MyFrame frame) {
03              // 实例化一个JDialog类对象,指定对话框的父窗体、窗体标题和类型
04              super(frame, "第一个JDialog窗体", true);
05              Container container = getContentPane();     // 创建一个容器
06              container.add(new JLabel("这是一个对话框"));   // 在容器中添加标签
07              setBounds(120, 120, 100, 100);       // 设置对话框窗体在桌面显示的坐标和大小
08      }
09  }
10  public class MyFrame extends JFrame {          // 创建父窗体类
11      public MyFrame() {
12              Container container = getContentPane();     // 获得窗体容器
13              container.setLayout(null);                  // 容器使用null布局
14              JButton bl = new JButton("弹出对话框");      // 定义一个按钮
15              bl.setBounds(10, 10, 100, 21);              // 定义按钮在容器中的坐标和大小
16              bl.addActionListener(new ActionListener() { // 为按钮添加单击鼠标事件
17                      public void actionPerformed(ActionEvent e) {
18                              // 创建MyJDialog对话框
19                              MyJDialog dialog = new MyJDialog(MyFrame.this);
20                              dialog.setVisible(true);     // 使MyJDialog窗体可见
21                      }
22              });
23              container.add(bl);                          // 将按钮添加到容器中
24              container.setBackground(Color.WHITE);       // 容器背景色为白色
25              setSize(200, 200);                          // 窗体大小
26              // 窗口关闭后结束程序
27              setDefaultCloseOperation(WindowConstants.EXIT_ON_CLOSE);
28              setVisible(true);                           // 使窗体可见
29      }
30      public static void main(String args[]) {
31              new MyFrame();                              // 实例化MyFrame类对象
32      }
33  }
```

运行本实例,结果如图 11.3 所示。

在本实例中,为了弹出对话框,定义了一个 JFrame 窗体。首先在该窗体中定义一个按钮,然后为此按钮添加一个动作事件监听器(在这里使用了匿名内部类的形式,如果读者对这部分代码的实现有疑问,不妨回顾一下第 7 章中该部分的内容,而监听事件会在后续章节中进行讲解,这里读者只需知道这部分代码是当用户单击该按钮后实现的某种功能即可),这里使用 new MyJDialog(MyFrame.this).setVisible(true) 语句使对话框窗体可见,这样就实现了用户单击该按钮后弹出对话框的功能。

MyJDialog 类继承了 JDialog 类,所以可以在构造方法中使用 super 关键字调用 JDialog 类的构造方法。这里使用了 public JDialog(Frame f,String title,boolean model) 这种形式的构造方法,相应地设置了自定义对话框的标题和窗体类型。

在本实例代码中可以看到，JDialog 窗体与 JFrame 窗体形式基本相同，甚至在设置窗体的特性时，调用的方法名称都基本相同，如设置窗体大小、窗体关闭状态等。

拓展训练

一、使用 JDialog 实现如图 11.4 所示的信息提示对话框：单击《Java 编程词典》按钮，弹出用于介绍《Java 编程词典》的对话框。（资源包 \Code\Try\11\03）

视频讲解

图 11.3 弹出 JDialog 对话框窗体的运行结果　　　图 11.4 介绍《Java 编程词典》的对话框

二、场景模拟：张三去自动取款机取款，他没有将银行卡放入自动取款机中就直接单击了取款按钮。此时自动取款机提示"请将银行卡放入自动取款机中……"（资源包 \Code\Try\11\04）

11.3 常用的布局管理器

在 Swing 中，每个组件在容器中都有一个具体的位置和大小，而在容器中摆放各种组件时很难判断其具体位置和大小。使用布局管理器比程序员直接在容器中控制 Swing 组件的位置和大小方便得多，可以更加有效地处理整个窗体的布局。Swing 提供的常用布局管理器有 FlowLayout（流布局管理器）、BorderLayout（边界布局管理器）和 GridLayout（网格布局管理器），这些布局管理器都位于 java.awt 包中。本节将对常用的布局管理器进行讲解。

11.3.1 流布局管理器

视频讲解

▶ 视频讲解：资源包\Video\11\11.3.1 流布局管理器.mp4

流布局管理器是最基本的布局管理器，在整个容器中的布局正如其名，像"流"一样从左到右摆放组件，直到占据这一行的所有空间，然后在向下移动一行。在默认情况下，组件在每一行都是居中排列的，但是通过设置也可以更改组件在每一行上的排列位置。

FlowLayout 类中有以下常用的构造方法。

☑ public FlowLayout()

☑ public FlowLayout(int alignment)

☑ public FlowLayout(int alignment,int horizGap,int vertGap)

构造方法中的 alignment 参数表示使用流布局管理器后组件在每一行的具体摆放位置，它可以被赋予 FlowLayout.LEFT、FlowLayout.CENTER 和 FlowLayout.RIGHT 这 3 个值中的任意一个，它们的详细说明如表 11.3 所示。

表 11.3 alignment 参数值及说明

alignment 参数值	说　　明
FlowLayout.LEFT	每一行的组件都将被指定为按照左对齐排列
FlowLayout.CENTER	每一行的组件都将被指定为按照居中对齐排列
FlowLayout.RIGHT	每一行的组件都将被指定为按照右对齐排列

在 public FlowLayout(int alignment,int horizGap,int vertGap) 构 造 方 法 中，还 存 在 horizGap 与 vertGap 两个参数，这两个参数分别以像素为单位指定组件之间的水平间隔与垂直间隔。

下面是一个使用流布局管理器的实例。

实例 03　使用流布局管理器

实例位置：资源包\Code\SL\11\03
视频位置：资源包\Video\11\

创建 FlowLayoutPosition 类，该类继承自 JFrame 类。设置该窗体的布局管理器为流布局管理器，运行程序后调整窗体大小，查看流布局对组件的影响。关键代码如下：

```
01  public class FlowLayoutPosition extends JFrame {
02      public FlowLayoutPosition() {
03          setTitle("本窗体使用流布局管理器");                    // 设置窗体标题
04          Container c = getContentPane();
05          // 设置窗体使用流布局管理器，使组件右对齐，组件之间的水平间隔为10像素，垂直间隔10像素
06          setLayout(new FlowLayout(FlowLayout.RIGHT, 10, 10));
07          for (int i = 0; i < 10; i++) {                    // 在容器中循环添加10个按钮
08              c.add(new JButton("button" + i));
09          }
10          setSize(300, 200);                                 // 设置窗体大小
11          // 设置窗体关闭方式
12          setDefaultCloseOperation(WindowConstants.DISPOSE_ON_CLOSE);
13          setVisible(true);                                  // 设置窗体可见
14      }
15      public static void main(String[] args) {
16          new FlowLayoutPosition();
17      }
18  }
```

运行本实例，结果如图 11.5（左）所示。手动改变窗体大小，组件的摆放位置也会相应地发生变化，如图 11.5（右）所示。

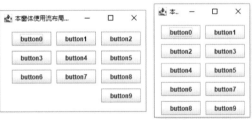

图 11.5　使用流布局管理器的运行结果

从本实例运行结果可以看出，如果改变整个窗体的大小，组件的摆放位置也会相应地发生变化，这正好验证了使用流布局管理器时组件从左到右摆放的效果，当组件填满一行后，将自动换行，直到所有的组件都摆放在容器中。

拓展训练

一、使用流布局管理器模拟横、竖两种排列方式的交通灯（交通灯使用按钮和汉字替代："红灯""黄灯""绿灯"），运行结果如图 11.6 所示。（资源包 \Code\Try\11\05）

二、使用流布局管理器将如下题目在窗体中显示（禁止改变窗体大小）。（资源包 \Code\Try\11\06）

图 11.6　使用流布局管理器的运行结果

下面四句诗，哪一句是描写夏天的？
A. 秋风萧瑟天气凉，草木摇荡露为霜。
B. 白雪纷纷何所似，撒盐空中差可拟。
C. 接天莲叶无穷碧，映日荷花别样红。
D. 竹外桃花三两枝，春江水暖鸭先知。

11.3.2 边界布局管理器

▶ 视频讲解：资源包\Video\11\11.3.2 边界布局管理器.mp4

创建完窗体后，在默认不指定窗体布局的情况下，Swing 组件的布局模式是边界（BorderLayout）布局，边界布局管理器可以将容器划分为东、南、西、北、中 5 个区域，如图 11.7 所示。

在设计窗体时，可以将组件加入边界布局管理器的 5 个区域。另外，在调用 Container 类的 add() 方法向容器中添加组件时，可以设置此组件在边界布局管理器中的区域，区域的控制可以由 BorderLayout 类的成员变量来决定，这些成员变量的具体含义如表 11.4 所示。

表 11.4　BorderLayout 类的成员变量

成 员 变 量	含 义
BorderLayout.NORTH	在容器中添加组件时，组件置于北部
BorderLayout.SOUTH	在容器中添加组件时，组件置于南部
BorderLayout.EAST	在容器中添加组件时，组件置于东部
BorderLayout.WEST	在容器中添加组件时，组件置于西部
BorderLayout.CENTER	在容器中添加组件时，组件置于中间区域开始填充，直到与其他组件边界连接

说明

如果使用了边界布局管理器，在向容器中添加组件时，如果不指定添加到哪个区域，则默认添加到 CENTER 区域；如果向一个区域中同时添加多个组件，则后放入的组件会覆盖先放入的组件。

add() 方法用来实现向容器中添加组件的功能，并同时设置组件的摆放位置，其常用的语法格式如下：

```
public void add(Component comp, Object constraints)
```

☑ comp：要添加的组件。
☑ constraints：表示此组件的布局约束的对象。
下面是一个使用边界布局管理器的实例。

实例 04　使用边界布局管理器

实例位置：资源包\Code\SL\11\04
视频位置：资源包\Video\11\

创建 BorderLayoutPosition 类，该类继承自 JFrame 类，首先设置该窗体的布局管理器为 BorderLayout，然后分别在边界布局管理器的东、南、西、北、中区域内添加 5 个按钮。关键代码如下：

```
01  public class BorderLayoutPosition extends JFrame {
02      public BorderLayoutPosition() {
03          setTitle("这个窗体使用边界布局管理器");
04          Container c = getContentPane();        // 定义一个容器
```

```
05              setLayout(new BorderLayout());           // 设置容器为边界布局管理器
06              JButton centerBtn = new JButton("中"),
07                      northBtn = new JButton("北"),
08                      southBtn = new JButton("南"),
09                      westBtn = new JButton("西"),
10                      eastBtn = new JButton("东");
11              c.add(centerBtn, BorderLayout.CENTER);// 中部添加按钮
12              c.add(northBtn, BorderLayout.NORTH);   // 北部添加按钮
13              c.add(southBtn, BorderLayout.SOUTH);   // 南部添加按钮
14              c.add(westBtn, BorderLayout.WEST);     // 西部添加按钮
15              c.add(eastBtn, BorderLayout.EAST);     // 东部添加按钮
16              setSize(350, 200);                      // 设置窗体大小
17              setVisible(true);                       // 设置窗体可见
18              // 设置窗体关闭方式
19              setDefaultCloseOperation(WindowConstants.DISPOSE_ON_CLOSE);
20      }
21      public static void main(String[] args) {
22              new BorderLayoutPosition();
23      }
24  }
```

运行本实例，结果如图 11.8 所示。

图 11.7　边界布局管理器的区域划分　　　图 11.8　使用边界布局管理器的运行结果

一、使用边界布局管理器，把《射雕英雄传》中的"东邪""西毒""南帝""北丐""中神通"放置在合适的位置上。（资源包 \Code\Try\11\07）

拓展训练　二、使用边界布局管理器和按钮模拟投影仪的颜色配置：四边为黑色，中间为白色。（资源包 \Code\Try\11\08）

11.3.3 网格布局管理器

▶ 视频讲解：资源包\Video\11\11.3.3 网格布局管理器.mp4

　　网格布局管理器将容器划分为网格，所以组件可以按行或列进行排列。在网格布局管理器中，每一个组件的大小都相同，并且网格的个数由网格的行数和列数决定，比如一个 2 行 2 列的网格能产生 4 个大小相等的网格。组件从网格的左上角开始，按照从左到右、从上到下的顺序加入网格，而且每一个组件都会填满整个网格，改变窗体的大小，组件的大小也会随之改变。

　　网格布局管理器主要有以下两个常用的构造方法。

　　☑ public GridLayout(int rows,int columns)

　　☑ public GridLayout(int rows,int columns,int horizGap,int vertGap)

　　在上述构造方法中，rows 与 columns 参数代表网格的行数与列数，这两个参数只有一个参数可以

为 0，代表一行或一列可以排列任意多个组件；参数 horizGap 与 vertGap 指定网格之间的间距，其中 horizGap 参数指定网格之间的水平间距，vertGap 参数指定网格之间的垂直间距。

下面来看一个在应用程序中使用网格布局管理器的实例。

实例 05　使用网格布局管理器

实例位置：资源包\Code\SL\11\05
视频位置：资源包\Video\11\

创建 GridLayoutPosition 类，该类继承自 JFrame 类，设置该窗体使用网格布局管理器，设置网格布局管理器呈现一个 7 行 3 列的网格，并且向每个网格中都添加一个 JButton 组件。关键代码如下：

```
01  public class GridLayoutPosition extends JFrame {
02      public GridLayoutPosition() {
03          Container c = getContentPane();
04          /*
05           * 设置容器使用网格布局管理器，设置7行3列的网格
06           * 组件间水平间距为5像素，垂直间距为5像素
07           */
08          setLayout(new GridLayout(7, 3, 5, 5));
09          for (int i = 0; i < 20; i++) {
10              c.add(new JButton("button" + i));          // 循环添加按钮
11          }
12          setSize(300, 300);
13          setTitle("这是一个使用网格布局管理器的窗体");
14          setVisible(true);
15          setDefaultCloseOperation(WindowConstants.EXIT_ON_CLOSE);
16      }
17      public static void main(String[] args) {
18          new GridLayoutPosition();
19      }
20  }
```

运行本实例，结果如图 11.9 所示。如果尝试改变窗体的大小，将发现其中的组件大小也会发生相应的改变。

图 11.9　使用网格布局管理器的运行结果

一、使用网格布局管理器显示 26 个英文字母。（资源包 \Code\Try\11\09）
二、使用网格布局管理器实现一个计算器样式（不用实现加、减、乘、除等计算功能）。（资源包 \Code\Try\11\10）

11.4　常用的面板

面板也是一个 Swing 容器，可以容纳其他组件，但它必须被添加到其他容器中。Swing 中常用的面板包括 JPanel 面板和 JScrollPane 滚动面板。下面分别讲解 Swing 中的常用面板。

11.4.1　JPanel 面板

视频讲解：资源包\Video\11\11.4.1 JPanel面板.mp4

JPanel 面板是一种容器，继承自 java.awt.Container 类。JPanel 面板可以聚集一些组件来布局，但必须依赖于 JFrame 窗体进行使用。

实例 06　将面板添加至容器中　　　　实例位置：资源包\Code\SL\11\06
视频位置：资源包\Video\11\

创建 JPanelTest 类，该类继承自 JFrame 类。首先设置整个窗体的布局为 2 行 1 列的网格布局；然后定义 4 个面板，分别为 4 个面板设置不同的布局，将按钮放置在每个面板中；最后将面板添加至容器中。关键代码如下：

```
01  public class JPanelTest extends JFrame {
02      public JPanelTest() {
03          Container c = getContentPane();
04          // 将整个容器设置为2行1列的网格布局,组件水平间隔10像素,垂直间隔10像素
05          c.setLayout(new GridLayout(2, 1, 10, 10));
06          // 初始化一个面板,此面板使用1行3列的网格布局,组件水平间隔10像素,垂直间隔10像素
07          JPanel p1 = new JPanel(new GridLayout(1, 3, 10, 10));
08          JPanel p2 = new JPanel(new BorderLayout()); // 使用边界布局
09          JPanel p3 = new JPanel(new GridLayout(1, 2, 10, 10));
10          JPanel p4 = new JPanel(new GridLayout(2, 1, 10, 10));
11          // 为每个面板都添加边框和标题,使用BorderFactory工厂类生成带标题的边框对象
12          p1.setBorder(BorderFactory.createTitledBorder("面板1"));
13          p2.setBorder(BorderFactory.createTitledBorder("面板2"));
14          p3.setBorder(BorderFactory.createTitledBorder("面板3"));
15          p4.setBorder(BorderFactory.createTitledBorder("面板4"));
16          // 在面板中添加按钮
17          p1.add(new JButton("b1"));
18          p1.add(new JButton("b1"));
19          p1.add(new JButton("b1"));
20          p1.add(new JButton("b1"));              //在1行3列的基础上,仍然可以添加组件
21          p2.add(new JButton("b2"),BorderLayout.WEST);
22          p2.add(new JButton("b2"),BorderLayout.EAST);
23          p2.add(new JButton("b2"),BorderLayout.NORTH);
24          p2.add(new JButton("b2"),BorderLayout.SOUTH);
25          p2.add(new JButton("b2"));
26          p3.add(new JButton("b3"));
27          p3.add(new JButton("b3"));
28          p4.add(new JButton("b4"));
29          p4.add(new JButton("b4"));
```

```
30              // 在容器中添加面板
31              c.add(p1);
32              c.add(p2);
33              c.add(p3);
34              c.add(p4);
35              setTitle("在这个窗体中使用了面板");
36              setSize(500, 300);
37              setVisible(true);
38              setDefaultCloseOperation(WindowConstants.DISPOSE_ON_CLOSE);// 关闭动作
39      }
40      public static void main(String[] args) {
41              new JPanelTest();
42      }
43  }
```

运行本实例，结果如图 11.10 所示。

 拓展训练

一、使用 JPanel 和 JFrame 实现背景为渐变色的窗体，运行结果如图 11.11 所示。（资源包 \Code\Try\11\11）

图 11.10　在应用程序中使用面板的运行结果　　图 11.11　使用 JPanel 和 JFrame 实现背景为渐变色的窗体的运行结果

二、重写 JPanel 来实现窗体背景图片的设置。（资源包 \Code\Try\11\12）

11.4.2　JScrollPane 滚动面板

📹 视频讲解：资源包\Video\11\11.4.2 JScrollPane滚动面板.mp4

在设置界面时，可能会遇到在一个较小的容器中显示一个较大内容的情况，这时可以使用 JScrollPane 滚动面板。JScrollPane 滚动面板是带滚动条的面板，它也是一种容器，但是 JScrollPane 滚动面板中只能放置一个组件，并且不可以使用布局管理器滚动。如果需要在 JScrollPane 滚动面板中放置多个组件，需要将多个组件放置在 JPanel 面板上，然后将 JPanel 滚动面板作为一个整体组件添加在 JScrollPane 组件上。

下面是一个使用 JScrollPane 滚动面板来实现带滚动条的文字编辑器的实例。

实例 07　创建一个带滚动条的文字编辑器　　　实例位置：资源包\Code\SL\11\07　　视频位置：资源包\Video\11\

创建 JScrollPaneTest 类，该类继承自 JFrame 类，首先初始化文字编辑器（Swing 中的 JTextArea 组件），并且指定文字编辑器的大小；然后创建一个 JScrollPane 滚动面板，将文字编辑器添加到 JScrollPane 滚动面板中。关键代码如下：

```
01  public class JScrollPaneTest extends JFrame {
02      public JScrollPaneTest() {
03          Container c = getContentPane(); // 创建容器
04          // 创建文本区域组件，文本域默认大小为20行50列
05          JTextArea ta = new JTextArea(20,50);
06           // 创建JScrollPane滚动面板，并将文本域放到该面板中
07          JScrollPane sp = new JScrollPane(ta);
08          c.add(sp); // 将该面板添加到该容器中
09          setTitle("带滚动条的文字编辑器");
10          setSize(200, 200);
11          setVisible(true);
12          setDefaultCloseOperation(WindowConstants.DISPOSE_ON_CLOSE);
13      }
14      public static void main(String[] args) {
15          new JScrollPaneTest();
16      }
17  }
```

运行本实例，结果如图 11.12 所示。

视 频 讲 解

图 11.12　创建一个带滚动条的文字编辑器的运行结果

拓展训练

一、将窗体的宽设置为 300 像素、高设置为 220 像素，使用滚动面板实现通过滚动条查看完整图片。（资源包 \Code\Try\11\13）

二、将窗体的宽设置为 500 像素、高设置为 220 像素，取消滚动面板中的横向滚动条，通过纵向滚动条查看完整图片。（资源包 \Code\Try\11\14）

11.5　标签组件与图标

在 Swing 中显示文本或提示信息的方法是使用标签（JLabel），它支持文本字符串和图标。在应用程序界面中，一个简短的文本标签可以使用户知道这些组件的目的，所以标签在 Swing 中是比较常用的组件。本节将讲解 Swing 标签的用法、如何创建标签，以及如何在标签上放置文本与图标。

11.5.1 JLabel 标签组件

视 频 讲 解

▶ 视频讲解：资源包\Video\11\11.5.1 JLabel标签组件.mp4

标签由 JLabel 类定义，它的父类为 JComponent 类。

标签可以显示一行只读文本、一个图像或带图像的文本，但并不能产生任何类型的事件，只是简单地显示文本和图片，但可以使用标签的特性指定标签上文本的对齐方式。

JLabel 类提供了多种构造方法，可以创建多种标签，如显示只有文本的标签、只有图标的标签或包含文本与图标的标签。JLabel 类常用的几个构造方法如下。

☑ public JLabel()：创建一个不带图标和文本的 JLabel 对象。

☑ public JLabel(Icon icon)：创建一个带图标的 JLabel 对象。

☑ public JLabel(Icon icon,int aligment)：创建一个带图标的 JLabel 对象，并设置图标水平对齐方式。

☑ public JLabel(String text,int aligment)：创建一个带文本的 JLabel 对象，并设置文字水平对齐方式。

☑ public JLabel(String text,Icon icon,int aligment)：创建一个带文本和图标的 JLabel 对象，并设置标签内容的水平对齐方式。

例如，向名称为 panelTitle 的 JPanel 面板中添加一个 JLabel 标签组件，代码如下：

```
01  JLabel labelContacts = new JLabel("联系人");            // 设置标签的文本内容
02  labelContacts.setForeground(new Color(0, 102, 153));    // 设置标签的字体颜色
03  labelContacts.setFont(new Font("宋体", Font.BOLD, 13)); // 设置标签的字体、样式、大小
04  labelContacts.setBounds(0, 0, 194, 28);                 // 设置标签的位置及大小
05  panelTitle.add(labelContacts);                          // 把标签放到面板中
```

11.5.2 图标的使用

视频讲解

▶ 视频讲解：资源包\Video\11\11.5.2 图标的使用.mp4

Swing 中的图标可以放置在标签、按钮等组件上，用于描述组件的用途。图标可以用 Java 支持的图片文件类型进行创建，也可以使用 java.awt.Graphics 类提供的功能方法来创建，本节将对图标的使用进行介绍。

Swing 可以利用 javax.swing.ImageIcon 类根据现有图片创建图标，ImageIcon 类实现了 Icon 接口，同时 Java 支持多种图片格式。

ImageIcon 类有多个构造方法，下面是其中几个常用的构造方法。

☑ public ImageIcon()：该构造方法创建一个通用的 ImageIcon 对象，当真正需要设置图片时再使用 ImageIcon 对象调用 setImage(Image image) 方法来操作。

☑ public ImageIcon(Image image)：可以直接从图片源创建图标。

☑ public ImageIcon(Image image,Strign description)：除可以从图片源创建图标外，还可以为这个图标添加简短的描述，但这个描述不会在图标上显示，可以通过 getDescription() 方法获取这个描述。

☑ public ImageIcon(URL url)：该构造方法利用位于计算机网络上的图像文件创建图标。

下面来看一个创建图片图标的实例。

实例 08 为标签设置图标

实例位置：资源包\Code\SL\11\08
视频位置：资源包\Video\11\

创建继承自 JFrame 类的 MyImageIcon 类，在类中创建 ImageIcon 类的实例对象。该对象首先使用现有图片创建图标对象，然后使用 public JLabel(String text,int aligment) 构造方法创建一个 JLabel 对象，并调用 setIcon() 方法为标签设置图标。关键代码如下：

```
01  public class MyImageIcon extends JFrame {
02      public MyImageIcon() {
03          Container container = getContentPane();
04          // 创建一个标签
```

```
05          JLabel jl = new JLabel("这是一个JFrame窗体", JLabel.CENTER);
06          // 获取图片所在的URL
07          URL url = MyImageIcon.class.getResource("pic.png");
08          Icon icon = new ImageIcon(url);              // 创建Icon对象
09          jl.setIcon(icon);                            // 为标签设置图片
10          // 设置文字放置在标签中间
11          jl.setHorizontalAlignment(SwingConstants.CENTER);
12          jl.setOpaque(true);                          // 设置标签为不透明状态
13          container.add(jl);                           // 将标签添加到容器中
14          setSize(300, 200);                           // 设置窗体大小
15          setVisible(true);                            // 使窗体可见
16          // 设置窗体关闭模式
17          setDefaultCloseOperation(WindowConstants.EXIT_ON_CLOSE);
18      }
19      public static void main(String args[]) {
20          new MyImageIcon();                           // 创建MyImageIcon对象
21      }
22  }
```

运行本实例，结果如图 11.13 所示。

视频讲解

图 11.13　为标签设置图标的运行结果

注意

java.lang.Class 类中的 getResource() 方法可以获取资源文件的 URL 路径。实例 08 中该方法的参数是 pic.png，这个路径是相对于 MyImageIcon 类文件的，所以可将 pic.png 图片文件与 MyImageIcon 类文件放在同一个文件夹下。

拓展训练

一、将十字路口 4 个方向的车况截图按 2 行 2 列显示在窗体中。（资源包 \Code\Try\11\15）
二、有 3 幅图片，运行窗体时，将在这 3 幅图片中随机抽取一幅作为窗体的背景图片。（资源包 \Code\Try\11\16）

11.6　文本组件

文本组件在实际项目开发中的使用最为广泛，尤其是文本框与密码框，通过文本组件可以轻松地处理单行文字、多行文字、口令字段等。本节将对文本组件的定义及使用进行详细讲解。

11.6.1　JTextField 文本框

视频讲解

视频讲解：资源包\Video\11\11.6.1 JTextField文本框.mp4

文本框（JTextField）用来显示或编辑一个单行文本，在 Swing 中通过 javax.swing.JTextField 类对象创建，该类继承了 javax.swing.text.JTextComponent 类。下面列举了创建文本框常用的构造方法。

☑ public JTextField()：构造一个没有任何初始值的文本框。

☑ public JTextField(String text)：构造一个用指定文本（text）初始化的文本框。

☑ public JTextField(int fieldwidth)：构造一个具有指定列数（fieldwidth）的文本框。

☑ public JTextField(String text,int fieldwidth)：构造一个用指定文本（text）和列（fieldwidth）初始化的文本框。

☑ public JTextField(Document docModel,String text,int fieldWidth)：构造一个用给定文本（text）、存储模型（docModel）和给定的列数（fieldwidth）初始化的文本框。

从上述构造方法可以看出，定义 JTextField 组件很简单，可以通过在初始化文本框时设置文本框的默认文字、文本框的长度等方式来实现。

如果创建 JTextField 时使用了第一种方法创建，则可以使用 setText() 方法为其设置文本内容，该方法的语法格式如下：

```
public void setText(String t)
```

参数 t 表示要设置的文本。

实例 09 清除文本框中的文本内容

实例位置：资源包\Code\SL\11\09
视频位置：资源包\Video\11\

创建 JTextFieldTest 类，使该类继承自 JFrame 类。在该类中创建文本框和按钮，并添加到窗体中。关键代码如下：

```
01  public class JTextFieldTest extends JFrame {
02      public JTextFieldTest() {
03          Container c = getContentPane();                    // 获取窗体容器
04          c.setLayout(new FlowLayout());
05          JTextField jt = new JTextField("aaa");             // 设定文本框初始值
06          jt.setColumns(20);                                 // 设置文本框长度
07          jt.setFont(new Font("宋体", Font.PLAIN, 20));       // 设置字体
08          JButton jb = new JButton("清除");
09          jt.addActionListener(new ActionListener() {        // 为文本框添加回车事件
10              public void actionPerformed(ActionEvent arg0) {
11                  jt.setText("触发事件");                      // 设置文本框中的值
12              }
13          });
14          jb.addActionListener(new ActionListener() {        // 为按钮添加事件
15              public void actionPerformed(ActionEvent arg0) {
16                  System.out.println(jt.getText());          // 输出当前文本框的值
17                  jt.setText("");                            // 将文本框置空
18                  jt.requestFocus();                         // 焦点回到文本框
19              }
20          });
21          c.add(jt);                                         // 窗体容器添加文本框
22          c.add(jb);                                         // 窗体添加按钮
```

```
23          setBounds(100, 100, 250, 110);
24          setVisible(true);
25          setDefaultCloseOperation(EXIT_ON_CLOSE);
26      }
27      public static void main(String[] args) {
28          new JTextFieldTest();
29      }
30  }
```

本实例的窗体中主要设置一个文本框和一个按钮，然后分别为文本框和按钮设置事件，当用户将光标焦点落于文本框中并按下回车键时，文本框将执行 actionPerformed() 方法中的相关操作。同时为按钮添加相应的事件，当用户单击清除按钮时，文本框中的字符串将被清除。

运行本实例，结果如图 11.14 所示。

拓展训练　一、使用窗体完成字符与 Unicode 码的相互转换，运行结果如图 11.15 所示。（资源包 \Code\Try\11\17）

图 11.14　清除文本框中的文本内容的运行结果　　　　图 11.15　字符与 Unicode 码转换的运行结果

二、模拟 QQ 登录窗口：当用户名为"mr"、密码为"mrsoft"时，登录成功。（资源包 \Code\Try\11\18）

11.6.2 JPasswordField 密码框

🎬 视频讲解：资源包\Video\11\11.6.2 JPasswordField密码框.mp4

密码框（JPasswordField）与文本框的定义与用法基本相同，唯一不同的是密码框将用户输入的字符串以某种符号进行加密。密码框对象是通过 javax.swing.JPasswordField 类来创建的，JPasswordField 类的构造方法与 JTextField 类的构造方法非常相似。下面列举几个常用的构造方法。

☑ public JPasswordField()
☑ public JPasswordFiled(String text)
☑ public JPasswordField(int fieldwidth)
☑ public JPasswordField(String text,int fieldwidth)
☑ public JPasswordField(Document docModel,String text,int fieldWidth)

JPasswordField 类中提供了一个 setEchoChar() 方法，可以改变密码框的回显字符，语法如下：

```
public void setEchoChar(char c)
```

参数 c 表示要显示的回显字符。

例如，在程序中定义密码框，代码如下：

```
JPasswordField jp = new JPasswordField();
jp.setEchoChar('#');                                    // 设置回显字符
```

要想获取 JPasswordField 中输入的值，可以使用如下方法：

```
01  JPasswordField passwordField = new JPasswordField();        // 密码框对象
02  char ch[] = passwordField.getPassword();                    // 获取密码字符数组
03  String pwd = new String(ch);                                // 将字符数组转换为字符串
```

11.6.3 JTextArea 文本域

▶ 视频讲解：资源包\Video\11\11.6.3 JTextArea文本域.mp4

JTextArea 表示文本域，它可以在程序中接收用户输入的多行文字。

Swing 中任何一个文本区域都是 JTextArea 类型的对象。JTextArea 常用的构造方法如下。

☑ public JTextArea()：构造 JTextArea 类的对象。

☑ public JTextArea(String text)：构造显示指定文本（text）的 JTextArea 类的对象。

☑ public JTextArea(int rows,int columns)：构造具有指定行数（rows）和列数（columns）的空 JTextArea 类的对象。

☑ public JTextArea(Document doc)：构造 JTextArea 类的对象，使其具有给定的文档模型（doc），所有其他参数均默认为 (null, 0, 0)。

☑ public JTextArea(Document doc,String Text,int rows,int columns)：构造具有指定行数（rows）和列数（columns）以及给定文档模型（doc）的 JTextArea 类的对象。

JTextArea 类中存在一个 setLineWrap(boolean wrap) 方法，该方法用于设置文本域是否可以自动换行。如果将该方法的参数设置为 true，则文本域将自动换行，否则不自动换行。

另外，JTextArea 类中还有一个常用的 append(String str) 方法，该方法用来为文本域添加文本（str）。

下面通过一个实例演示 JTextArea 文本域的使用。

实例 10 创建自动换行的文本域　　实例位置：资源包\Code\SL\11\10　视频位置：资源包\Video\11\

创建 JTextAreaTest 类，使该类继承自 JFrame 类，在该类中创建 JTextArea 组件，并添加到窗体中。关键代码如下：

```
01  public class JTextAreaTest extends JFrame{
02      public JTextAreaTest(){
03              setSize(200,100);
04              setTitle("定义自动换行的文本域");
05              setDefaultCloseOperation(WindowConstants.DISPOSE_ON_CLOSE);
06              Container cp=getContentPane();          // 获取窗体容器
07              JTextArea jt=new JTextArea("文本域",6,6); // 创建6行6列默认值为"文本域"的文本域组件
08              jt.setLineWrap(true);                   // 可以自动换行
09              cp.add(jt);
10              setVisible(true);
11      }
12      public static void main(String[] args) {
13              new JTextAreaTest();
14      }
15  }
```

运行本实例，结果如图 11.16 所示。

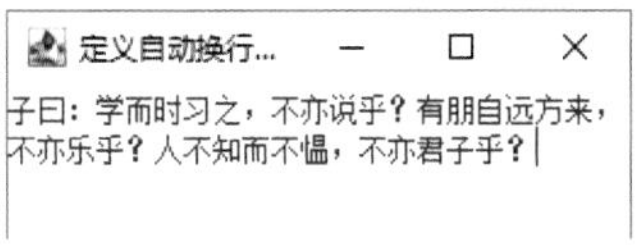

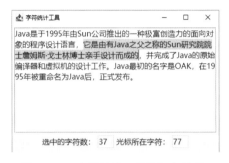

图 11.16　创建自动换行的文本域组件的运行结果

拓展训练

一、使用 JTextArea 实现字符统计工具：在文本域中输入一段文本内容，光标停留的位置被称为"光标前的字符总数"，光标选中的位置被称为"选中的字符数"，运行结果如图 11.17 所示。（资源包 \Code\Try\11\19）

二、为文本域设置背景图片，运行结果如图 11.18 所示。（资源包 \Code\Try\11\20）

图 11.17　字符统计工具的运行结果 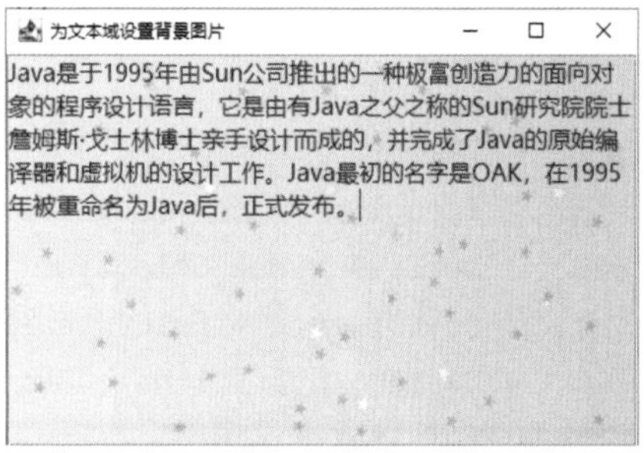　　　　　图 11.18　为文本域设置背景图片的运行结果

11.7　按钮组件

按钮在 Swing 中是比较常用的组件，用于触发特定动作。Swing 提供了多种按钮组件，如按钮、单选按钮、复选框等，这些按钮都是从 AbstractButton 类中继承而来的，本节将着重讲解这些按钮的应用。

11.7.1　JButton 按钮

▶ 视频讲解：资源包\Video\11\11.7.1 JButton按钮.mp4

Swing 中的按钮由 JButton 对象表示，其构造方法主要有以下几种形式。

☑ public JButton()：创建不带有设置文本或图标的按钮。

☑ public JButton(String text)：创建一个带文本的按钮。

☑ public JButton(Icon icon)：创建一个带图标的按钮。

☑ public JButton(String text,Icon icon)：创建一个带初始文本和图标的按钮。

使用 JButton 创建完按钮后，如果要对按钮进行设置，可以使用 JButton 类提供的方法。JButton 类的常用方法及说明如表 11.5 所示。

表 11.5　JButton 类的常用方法及说明

方　　法	说　　明
setIcon(Icon defaultIcon)	设置按钮的默认图标（defaultIcon）
setToolTipText(String text)	为按钮设置提示文字（text）
setBorderPainted(boolean b)	设置 borderPainted 属性。如果该属性为 true 并且按钮有边框，则绘制该边框。borderPainted 属性的默认值为 true
setEnabled(boolean b)	设置按钮是否可用，参数为 true 则表示按钮可用，参数为 false 则表示按钮不可用

209

说明

上述这些对按钮进行设置的方法大多来自 JButton 的父类 AbstractButton 类，这里只是简单列举了几个常用的方法，读者如果有需要可以查询 Java API，查找更多方法以实现相应的功能。

下面是一个有关按钮组件的实例。

实例 11 创建功能不同、外观不同的按钮组件

实例位置：资源包\Code\SL\11\11
视频位置：资源包\Video\11\

新建 JButtonTest 类，该类继承自 JFrame 类，在该窗体中创建按钮组件，并为按钮设置图标，添加动作监听器。关键代码如下：

```
01  public class JButtonTest extends JFrame {
02      public JButtonTest() {
03          Icon icon = new ImageIcon("src/imageButtoo.jpg");    // 获取图片文件
04          setLayout(new GridLayout(3, 2, 5, 5));               // 设置网格布局管理器
05          Container c = getContentPane();                      // 创建容器
06          JButton btn[] = new JButton[6];                      // 创建按钮数组
07          for (int i = 0; i < btn.length; i++) {
08              btn[i] = new JButton();                          // 实例化数组中的对象
09              c.add(btn[i]);                                   // 将按钮添加到容器中
10          }
11          btn[0].setText("不可用");
12          btn[0].setEnabled(false);                            // 设置其中一些按钮不可用
13          btn[1].setText("有背景色");
14          btn[1].setBackground(Color.YELLOW);
15          btn[2].setText("无边框");
16          btn[2].setBorderPainted(false);                      // 设置按钮边框不显示
17          btn[3].setText("有边框");
18          btn[3].setBorder(BorderFactory.createLineBorder(Color.RED));// 添加红色线型边框
19          btn[4].setIcon(icon);                                // 为按钮设置图标
20          btn[4].setToolTipText("图片按钮");                    // 设置鼠标悬停时提示的文字
21          btn[5].setText("可单击");
22          btn[5].addActionListener(new ActionListener() {      // 为按钮添加监听事件
23              public void actionPerformed(ActionEvent e) {
24                  // 弹出确认对话框
25                  JOptionPane.showMessageDialog(JButtonTest.this, "单击按钮");
26              }
27          });
28          setDefaultCloseOperation(EXIT_ON_CLOSE);
29          setVisible(true);
30          setTitle("创建不同样式的按钮");
31          setBounds(100, 100, 400, 200);
32      }
33      public static void main(String[] args) {
34          new JButtonTest();
35      }
36  }
```

运行本实例，结果如图 11.19 所示。

拓展训练

一、编写一个十进制的 ASCII 编码查看器，实现将字符转换成数字，也可以实现反向转换，运行结果如图 11.20 所示。（资源包 \Code\Try\11\21）

图 11.19　按钮组件的应用的运行结果　　图 11.20　十进制的 ASCII 编码查看器的运行结果

二、首先在文本域中输入："床前明月光，疑是地上霜，举头望明月，低头思故乡。"然后单击"分行显示"按钮，程序将根据逗号分行，并将分行后的结果显示在文本域中。（资源包 \Code\Try\11\22）

11.7.2　JRadioButton 单选按钮

视 频 讲 解

📹 视频讲解：资源包\Video\11\11.7.2 JRadioButton单选按钮.mp4

在默认情况下，单选按钮（JRadioButton）显示为一个圆形图标，并且通常在该图标旁显示说明性文字。而在应用程序中，一般将多个单选按钮放置在按钮组中，使这些单选按钮实现某种功能，当用户选中某个单选按钮后，按钮组中其他按钮将自动取消。单选按钮是 Swing 组件中 JRadioButton 类的对象，该类是 JToggleButton 的子类，而 JToggleButton 类又是 AbstractButton 类的子类，所以控制单选按钮的诸多方法都是 AbstractButton 类中的方法。

1. 单选按钮

可以使用 JRadioButton 类中的构造方法创建单选按钮对象。JRadioButton 类的常用构造方法主要有以下几种形式。

☑ public JRadioButton()：创建一个初始化为未选择的单选按钮，其文本未设定。

☑ public JRadioButton(Icon icon)：创建一个未被选择的单选按钮，其具有指定的图像但无文本。

☑ public JRadioButton(Icon icon,boolean selected)：创建一个具有指定图像和选择状态的单选按钮，但无文本。

☑ public JRadioButton(String text)：创建一个具有指定文本的、状态为未选择的单选按钮。

☑ public JRadioButton(String text,Icon icon)：创建一个具有指定的文本和图像、未被选择的单选按钮。

☑ public JRadioButton(String text,Icon icon,boolean selected)：创建一个具有指定的文本、图像和选择状态的单选按钮。

根据上述构造方法的形式，知道在初始化单选按钮时，可以同时设置单选按钮的图标、文字以及默认是否被选中等属性。

例如，使用 JRadioButton 类的构造方法创建一个文本为"选项 A"的单选按钮，代码如下：

```
JRadioButton rbtn = new JRadioButton("选项A");
```

2. 按钮组

在 Swing 中存在一个 ButtonGroup 按钮组类，该类可以将多个单选按钮绑定在一起，实现"选项有很多，但只能选中一个"的效果。实例化 ButtonGroup 对象之后可以使用 add() 方法将多个单选按钮添加到按钮组中。

例如，在应用程序窗体中定义一个单选按钮组，代码如下：

```
01  JRadioButton jr1 = new JRadioButton();
02  JRadioButton jr2 = new JRadioButton();
03  JRadioButton jr3 = new JRadioButton();
04  ButtonGroup group = new ButtonGroup();          // 按钮组
05  group.add(jr1);
06  group.add(jr2);
07  group.add(jr3);
```

从上面的代码可以看出，单选按钮与按钮组的用法基本类似，只是创建单选按钮对象后需要将其添加至按钮组中。

下面来看一个实例，本实例使用单选按钮模拟选择邮件的发送方式。

实例 12　模拟选择邮件的发送方式

实例位置：资源包\Code\SL\11\12
视频位置：资源包\Video\11\

创建 RadioButtonTest 类，该类继承 JFrame 类，向窗体添加两个单选按钮，并分别为它们添加动作事件监听器，在该事件监听器中实现选中单选按钮时弹出提示的功能。关键代码如下：

```
01  public class RadioButtonTest extends JFrame {
02      public RadioButtonTest() {
03      ...// 省略非关键代码
04          JRadioButton rbtnNormal = new JRadioButton("普通发送");
05          rbtnNormal.setSelected(true);                    // 设置选中状态
06          rbtnNormal.setFont(new Font("宋体", Font.PLAIN, 12)); // 设置字体
07          rbtnNormal.setBounds(20, 30, 75, 22);            // 设置组件坐标和大小
08          // 为"普通发送"按钮添加动作事件监听器
09          rbtnNormal.addActionListener(new ActionListener() {
10              public void actionPerformed(ActionEvent arg0) {
11                  if(rbtnNormal.isSelected())  // 判断"普通发送"单选按钮是否选中
12                      JOptionPane.showMessageDialog(null,
13                          "您选择的是：" + rbtnNormal.getText(),
14                          "提醒", JOptionPane.INFORMATION_MESSAGE);
15              }
16          });
17          getContentPane().add(rbtnNormal);         // 获取窗体容器对象，并直接添加单选按钮
18          JRadioButton rbtnPwd = new JRadioButton("加密发送");
19          rbtnPwd.setFont(new Font("宋体", Font.PLAIN, 12));
20          rbtnPwd.setBounds(100, 30, 75, 22);
21          rbtnPwd.addActionListener(new ActionListener() {// 为"加密发送"按钮添加动作事件监听器
22              public void actionPerformed(ActionEvent arg0) {
```

```
23                          if(rbtnPwd.isSelected())      // 判断"加密发送"单选按钮是否选中
24                              JOptionPane.showMessageDialog(null,
25                                          "您选择的是: " + rbtnPwd.getText(),
26                                          "提醒", JOptionPane.INFORMATION_MESSAGE);
27                      }
28              });
29              getContentPane().add(rbtnPwd);
30              /**
31               * 创建按钮组，把交互面板中的单选按钮添加到按钮组中
32               */
33              ButtonGroup group = new ButtonGroup();
34              group.add(rbtnNormal);
35              group.add(rbtnPwd);
36      }
37      public static void main(String[] args) {
38              RadioButtonTest frame = new RadioButtonTest();     // 创建窗体对象
39              frame.setVisible(true);                            // 使窗体可见
40      }
41  }
```

运行本实例，选择某一个单选按钮，弹出相应的提示，结果如图 11.21 所示。

图 11.21　应用单选按钮的运行结果

拓展训练

一、使用图标和单选按钮模拟交通红绿灯，其中绿灯对应的单选按钮被默认选中。（资源包 \Code\Try\11\23）

二、使用单选按钮替代下面问题中的 4 个选项字母，并将如下题目显示在有背景图片的窗体中。（资源包 \Code\Try\11\24）

下面四句诗，哪一句是描写夏天的？

A. 秋风萧瑟天气凉，草木摇荡露为霜。

B. 白雪纷纷何所似，撒盐空中差可拟。

C. 接天莲叶无穷碧，映日荷花别样红。

D. 竹外桃花三两枝，春江水暖鸭先知。

11.7.3 JCheckBox 复选框

▶ 视频讲解：资源包\Video\11\11.7.3 JCheckBox复选框.mp4

复选框（JCheckBox）在 Swing 组件中的使用也非常广泛，它具有一个方块图标，外加一段描述性文字。与单选按钮唯一不同的是，复选框可以进行多选操作，每一个复选框都提供"选中"与"不选中"两种状态。复选框用 JCheckBox 类的对象表示，它同样继承自 AbstractButton 类，所以复选框组件的属性也来源于 AbstractButton 类。

JCheckBox 复选框的常用构造方法如下。

☑ public JCheckBox()：创建一个没有文本、没有图标并且最初未被选定的复选框。

☑ public JCheckBox(Icon icon,Boolean checked)：创建一个带图标的复选框，并指定其最初是否处于选定状态。

☑ public JCheckBox(String text,Boolean checked)：创建一个带文本的复选框，并指定其最初是否处于选定状态。

实例 13　打印用户选项

实例位置：资源包\Code\SL\11\13
视频位置：资源包\Video\11\

创建 CheckBoxTest 类，该类继承自 JFrame 类，使用 JCheckBox 类的构造方法创建 3 个复选框对象，将这 3 个复选框放置在容器中，使用 JButton 创建一个普通按钮，为该按钮添加监听事件，用于在控制台打印 3 个复选框的选中状态，关键代码如下：

```
01  public class CheckBoxTest extends JFrame {
02      public CheckBoxTest() {
03          Container c = getContentPane();                    // 获取窗口容器
04          c.setLayout(new FlowLayout());                     // 容器使用流布局
05          setBounds(100, 100, 170, 110);                     // 窗口坐标和大小
06          setDefaultCloseOperation(EXIT_ON_CLOSE);
07          setVisible(true);
08          JCheckBox c1 = new JCheckBox("1");                 // 创建复选框
09          JCheckBox c2 = new JCheckBox("2");
10          JCheckBox c3 = new JCheckBox("3");
11          c.add(c1);                                         // 容器添加复选框
12          c.add(c2);
13          c.add(c3);
14          JButton btn = new JButton("打印");                 // 创建"打印"按钮
15          btn.addActionListener(new ActionListener() {  // "打印"按钮动作事件
16                  public void actionPerformed(ActionEvent e) {
17                      // 在控制台分别输出3个复选框的选中状态
18                      System.out.println(c1.getText() + "按钮选中状态：" + c1.isSelected());
19                      System.out.println(c2.getText() + "按钮选中状态：" + c2.isSelected());
20                      System.out.println(c3.getText() + "按钮选中状态：" + c3.isSelected());
21                  }
22          });
23          c.add(btn);                                        // 容器添加"打印"按钮
24      }
25      public static void main(String[] args) {
26          new CheckBoxTest();
27      }
28  }
```

运行本实例，结果如图 11.22 所示。

图 11.22　打印用户选项的运行结果

一、模拟能预览图片的复选框。（**资源包 \Code\Try\11\25**）

二、设计一个可以设置字体颜色和样式的窗体，使用单选按钮控制字体颜色（白色、黄色、蓝色），使用复选框控制字体样式（加粗、倾斜，这两种样式可同时选择）。（**资源包 \Code\Try\11\26**）

拓展训练

11.8　列表组件

Swing 提供了两种列表组件，分别为下拉列表框（JComboBox）与列表框（JList）。下拉列表框与列表框都是带有一系列列表项的组件，用户可以从中选择需要的列表项。列表框较下拉列表框更直观，它将所有的列表项都罗列在列表框中；但下拉列表框较列表框更为便捷、美观，它将所有的列表项都隐藏起来，当用户选用其中的列表项时才会显现出来。本节将详细讲解列表框与下拉列表框的应用。

11.8.1　JComboBox 下拉列表框

视频讲解

▶ 视频讲解：资源包\Video\11\11.8.1 JComboBox下拉列表框.mp4

当初次使用 Swing 中的下拉列表框时，会感觉 Swing 中的下拉列表框与 Windows 操作系统中的下拉列表框有一些相似，但实质上两者并不完全相同，因为 Swing 中的下拉列表框不仅可以供用户从中选择列表项，还提供编辑列表项的功能。

下拉列表框是一个条状的显示区，它具有下拉功能，在下拉列表框的右方有一个倒三角形的按钮。当用户单击该按钮时，下拉列表框中的列表项将会以列表形式显示出来。

Swing 中的下拉列表框使用 JComboBox 类的对象来表示，它是 javax.swing.JComponent 类的子类。常用构造方法如下。

☑ public JComboBox()：创建具有默认数据模型的 JComboBox。

☑ public JComboBox(ComboBoxModel dataModel)：创建一个 JComboBox 类的对象，下拉列表中的数据使用 ComboBoxModel 中的数据，ComboBoxModel 是一个用于组合框的数据模型，它具有选择项的概念。

☑ public JComboBox(Object[] arrayData)：创建包含指定数组中的元素的 JComboBox 类的对象。

☑ public JComboBox(Vector vector)：创建包含指定 Vector 中的元素 JComboBox 类的对象，Vector 类是一个可增长的对象数组，与数组一样，它包含可以使用整数索引进行访问的组件。但 Vector 类的对象的大小可以根据需要增大或缩小，以适应创建 Vector 类的对象后进行添加或移除列表项的操作。

JComboBox 类的常用方法及说明如表 11.6 所示。

表 11.6　JComboBox 类的常用方法及说明

方　　法	说　　明
addItem(Object anObject)	为列表添加列表项
getItemCount()	返回列表中的列表项数
getSelectedItem()	返回当前所选列表项
getSelectedIndex()	返回列表中与给定列表项匹配的第一个选项
removeItem(Object anObject)	列表中移除列表项
setEditable(boolean aFlag)	确定 JComboBox 中的字段是否可编辑，参数设置为 true，表示可以编辑，否则表示不能编辑

实例 14　创建下拉列表框并添加到窗体中　　　实例位置：资源包\Code\SL\11\14
　　　　　　　　　　　　　　　　　　　　　　　　　视频位置：资源包\Video\11\

创建 JComboBoxTest 类，使该类继承自 JFrame 类，在类中创建下拉列表框，并将其添加到窗体中。关键代码如下：

```java
01  public class JComboBoxTest extends JFrame {
02      public JComboBoxTest() {
03      …// 省略非关键代码
04          JComboBox<String> comboBox = new JComboBox<String>();// 创建一个下拉列表框
05          comboBox.setBounds(110, 11, 80, 21);          // 设置坐标
06          comboBox.addItem("身份证");                    // 为下拉列表添加项
07          comboBox.addItem("军人证");
08          comboBox.addItem("学生证");
09          comboBox.addItem("工作证");
10          getContentPane().add(comboBox);               // 将下拉列表框组件添加到容器中
11          JLabel lblResult = new JLabel("");
12          lblResult.setBounds(77, 57, 146, 15);
13          getContentPane().add(lblResult);
14          JButton btnNewButton = new JButton("确定");
15          btnNewButton.setBounds(200, 10, 67, 23);
16          getContentPane().add(btnNewButton);
17          btnNewButton.addActionListener(new ActionListener() {// 为按钮添加监听事件
18                  @Override
19                  public void actionPerformed(ActionEvent arg0) {
20                      // 获取下拉列表中的选中项
21                      lblResult.setText("您选择的是：" + comboBox.getSelectedItem());
22                  }
23          });
24      }
25  …// 省略主方法
26  }
```

运行本实例，结果如图 11.23 所示。

图 11.23　应用下拉列表框的运行结果

一、使用下拉列表框选择出生日期。（资源包 \Code\Try\11\27）
二、使用下拉列表框模拟东北三省的省、市联动。（资源包 \Code\Try\11\28）

11.8.2　JList 列表框

📹 视频讲解：资源包\Video\11\11.8.2 JList列表框.mp4

列表框（JList）与下拉列表框的区别不仅表现在外观上，当激活下拉列表框时，还会出现下拉列

表框中的内容；但列表框只是在窗体上占据固定的大小，如果需要列表框具有滚动效果，则可以把列表框放入滚动面板中。用户在选择列表框中的某一列表项时，按住 Shift 键并选择列表框中的其他列表项，则当前列表项和其他列表项之间的列表项将全部被选中；也可以按住 Ctrl 键并单击列表框中的单个列表项，这样可以使列表框中被单击的列表项反复切换非选择状态或选择状态。

Swing 中使用 JList 类对象来表示列表框，下面列举几个常用的构造方法。

☑ public JList()：构造一个具有空的、只读模型的 JList。

☑ public JList(Object[] listData)：构造一个 JList，使其显示指定数组中的元素。

☑ public JList(Vector listData)：构造一个 JList，使其显示指定 Vector 类的对象中的元素。

☑ public JList(ListModel dataModel)：根据指定的非 null 模型构造一个显示元素的 JList。

在上述构造方法中，存在一个没有参数的构造方法，在初始化列表框后可以通过使用 setListData() 方法对列表框进行设置。

当使用数组作为构造方法的参数时，首先需要创建列表项的数组，然后利用构造方法初始化列表框。例如，使用数组作为初始化列表框的参数，代码如下：

```
String[] contents = {"列表1","列表2","列表3","列表4"};
JList jl = new JList(contents);
```

如果使用上述构造方法中的第 3 种构造方法，使用 Vector 类型的数据作为初始化 JList 组件的参数，则需要首先创建 Vector 对象，代码如下：

```
01  Vector contents = new Vector();
02  JList jl = new JList(contents);
03  contents.add("列表1");
04  contents.add("列表2");
05  contents.add("列表3");
06  contents.add("列表4");
```

如果使用 ListModel 模型作为参数，则需要创建 ListModel 对象。ListModel 是 Swing 包的一个接口，它提供了获取列表框属性的方法。但在通常情况下，为了使用户不完全实现 ListModel 接口中的方法，通常自定义一个类继承自实现该接口的抽象类 AbstractListModel。这个类中提供了 getElementAt() 方法与 getSize() 方法，其中，getElementAt() 方法用来根据列表项的索引获取列表框中的列表项，而 getSize() 方法用于获取列表框中列表项的个数。

由于 JList 是支持多选的，因此如果要获取 JList 中的被选中的列表项，则可以使用 getSelectedValuesList() 方法，该方法的返回值是一个 java.util.List 类型的队列集合，用来表示 JList 中所有被选中的列表项。

实例 15　展示 JList 列表框中被选中的项　　实例位置：资源包\Code\SL\11\15　　视频位置：资源包\Video\11\

创建 JListTest 类，使该类继承自 JFrame 类，在该类中创建列表框，并将其添加到窗体中；然后添加 JButton 组件和 JTextArea 组件，用来展示 JList 列表框中选中的列表项。关键代码如下：

```
01  public class JListTest extends JFrame {
02      public JListTest() {
03          Container cp = getContentPane();        // 获取窗体的容器
04          cp.setLayout(null);                     // 容器使用绝对布局
```

```
05              // 创建字符串数组，保存列表中的数据
06              String[] contents = { "列表1", "列表2", "列表3", "列表4", "列表5", "列表6" };
07              JList<String> jl = new JList<>(contents);   // 创建列表，并将数据作为构造参数
08              JScrollPane js = new JScrollPane(jl);        // 将列表放入滚动面板
09              js.setBounds(10, 10, 100, 109);              // 设定滚动面板的坐标和大小
10              cp.add(js);
11              JTextArea area = new JTextArea();            // 创建文本域
12              JScrollPane scrollPane = new JScrollPane(area);    // 将文本域放入滚动面板
13              scrollPane.setBounds(118, 10, 73, 80);       // 设定滚动面板的坐标和大小
14              cp.add(scrollPane);
15              JButton btnNewButton = new JButton("确认");  // 创建确认按钮
16              btnNewButton.setBounds(120, 96, 71, 23);     // 设定按钮的坐标和大小
17              cp.add(btnNewButton);
18              btnNewButton.addActionListener(new ActionListener() {// 添加按钮事件
19                      public void actionPerformed(ActionEvent e) {
20                              // 获取列表中选中的元素，返回java.util.List类型
21                              java.util.List<String> values = jl.getSelectedValuesList();
22                              area.setText("");                   // 清空文本域
23                              for (String value : values) {
24                                      area.append(value + "\n");// 在文本域循环追加List中的元素值
25                              }
26                      }
27              });
28              setTitle("在这个窗体中使用了列表框");
29              setSize(217, 167);
30              setVisible(true);
31              setDefaultCloseOperation(WindowConstants.DISPOSE_ON_CLOSE);
32      }
33      public static void main(String args[]) {
34              new JListTest();
35      }
36 }
```

运行本实例，结果如图 11.24 所示。

图 11.24　使用列表框的运行结果

拓展训练　一、使用 JRadioButton 设置列表项的显示方式：HORIZONTAL_WRAP（列表项先水平方向排列，再垂直方向排列）、VERTICAL（列表项垂直排列，默认）及 VERTICAL_WRAP（列表项先垂直方向排列，再水平方向排列），运行结果如图 11.25 所示。（资源包 \Code\Try\11\29）
二、设置列表项的选择模式：MULTIPLE_INTERVAL_SELECTION（一次选择一个或多个连续的索引范围）、SINGLE_INTERVAL_SELECTION（一次选择一个连续的索引范围）及 SINGLE_SELECTION（一次选择一个索引），运行结果如图 11.26 所示。（资源包 \Code\Try\11\30）

图 11.25 设置列表项的显示方式的运行结果

图 11.26 设置列表项的选择模式的运行结果

11.9 事件监听器

前文中一直在讲解组件,这些组件本身并不带有任何功能。例如,在窗体中定义一个按钮,当用户单击该按钮时,虽然按钮可以凹凸显示,但在窗体中并没有实现任何功能。这时,需要为按钮添加事件监听器。事件监听器的作用是在用户单击按钮时,设置窗体要实现的功能。本节将重点讲解 Swing 中常用的事件监听器。

视 频 讲 解

11.9.1 动作事件监听器

▶ 视频讲解:资源包\Video\11\11.9.1 动作事件监听器.mp4

动作事件(ActionEvent)监听器是 Swing 中比较常用的事件监听器,很多组件的动作都会使用它监听,如按钮被单击。表 11.7 描述了动作事件监听器的接口与事件源。

表 11.7 动作事件监听器

事 件 名 称	事 件 源	监 听 接 口	添加或删除相应类型监听器的方法
ActionEvent	JButton、JList、JTextField 等	ActionListener	addActionListener()、removeActionListener()

下面以单击按钮为例来说明动作事件监听器的使用方法。当用户单击按钮时,将触发动作事件。

实例 16 为按钮添加动作事件监听器

实例位置:资源包\Code\SL\11\16
视频位置:资源包\Video\11\

创建 SimpleEvent 类,使该类继承自 JFrame 类,在类中创建按钮组件,为按钮组件添加动作事件监听器,然后将按钮组件添加到窗体中。关键代码如下:

```
01  public class SimpleEvent extends JFrame{
02      private JButton jb=new JButton("我是按钮,单击我");
03      public SimpleEvent(){
04          setLayout(null);
05          …// 省略非关键代码
06          cp.add(jb);
07          jb.setBounds(10, 10,100,30);
08          // 为按钮添加一个实现ActionListener接口的对象
09          jb.addActionListener(new jbAction());
10      }
11      // 定义内部类实现ActionListener接口
12      class jbAction implements ActionListener{
```

219

```
13              // 重写actionPerformed()方法
14              public void actionPerformed(ActionEvent arg0) {
15                      jb.setText("我被单击了");
16              }
17      }
18      …// 省略主方法
19  }
```

运行本实例，结果如图 11.27 所示。

图 11.27　按钮添加动作事件监听器后的运行结果

在本实例中，为按钮设置了动作事件监听器。由于获取事件监听时需要获取实现 ActionListener 接口的对象，所以定义了一个内部类 jbAction 来实现 ActionListener 接口，同时在该内部类中实现了 actionPerformed() 方法，也就是在 actionPerformed() 方法中定义当用户单击该按钮后的实现效果。

一、让图标动起来：前进、后退、上移和下移。（资源包 \Code\Try\11\31）
二、公司召开部门会议，使用下拉列表选择"部门""会议室""参加会议人员"，并填写会议召开事件后，将会议信息打印在控制台上。（资源包 \Code\Try\11\32）

拓展训练

11.9.2 键盘事件监听器

视频讲解：资源包\Video\11\11.9.2 键盘事件监听器.mp4

当向文本框中输入文本内容时，将触发键盘事件。KeyEvent 类负责捕获键盘事件，可以通过为组件添加实现了 KeyListener 接口的监听器类，来处理该组件触发的键盘事件。

KeyListener 接口共有 3 个抽象方法，分别在发生击键事件（按下并释放键）、键被按下（手指按下键但不松开）和键被释放（手指从按下的键上松开）时被触发。KeyListener 接口的具体定义如下：

```
01  public interface KeyListener extends EventListener {
02      public void keyTyped(KeyEvent e);          // 发生击键事件时被触发
03      public void keyPressed(KeyEvent e);        // 键被按下时被触发
04      public void keyReleased(KeyEvent e);       // 键被释放时被触发
05  }
```

在每个抽象方法中均传入了 KeyEvent 类的对象，KeyEvent 类中的常用方法如表 11.8 所示。

表 11.8　KeyEvent 类中的常用方法

方　法	功　能　简　介
getSource()	用来获得触发此次事件的组件对象，返回值为 Object 类型
getKeyChar()	用来获得与此事件中的键相关联的字符
getKeyCode()	用来获得与此事件中的键相关联的整数 keyCode

方　　法	功　能　简　介
getKeyText(int keyCode)	用来获得描述 keyCode 的标签，如 A、F1 和 HOME 等
isActionKey()	用来查看此事件中的键是否为"动作"键
isControlDown()	用来查看 Ctrl 键在此次事件中是否被按下，当返回 true 时表示被按下
isAltDown()	用来查看 Alt 键在此次事件中是否被按下，当返回 true 时表示被按下
isShiftDown()	用来查看 Shift 键在此次事件中是否被按下，当返回 true 时表示被按下

多学两招

在 KeyEvent 类中以"VK_"开头的静态常量代表各个按键的 keyCode，可以通过这些静态常量判断事件中的按键，获得按键的标签。

实例 17　模拟一个虚拟键盘

实例位置：资源包\Code\SL\11\17
视频位置：资源包\Video\11\

通过键盘事件模拟一个虚拟键盘，在实现时，首先需要自定义一个 addButtons() 方法，用来将所有按键都添加到一个 ArrayList 集合中；然后添加一个 JTextField 组件，并为该组件添加键盘事件监听器，在该事件监听中重写 keyPressed() 和 keyReleased() 方法，分别用来执行按下和释放键时的操作。关键代码如下：

```
01  Color green=Color.GREEN;                              // 定义Color对象，用来表示按下键的颜色
02  Color white=Color.WHITE;                              // 定义Color对象，用来表示释放键的颜色
03  ArrayList<JButton> btns=new ArrayList<JButton>();     // 定义一个集合，用来存储所有的按键ID
04  // 自定义一个方法，用来将容器中的所有JButton组件都添加到集合中
05  private void addButtons(){
06      for(Component cmp :contentPane.getComponents()){  // 遍历面板中的所有组件
07          if(cmp instanceof JButton){                   // 判断组件的类型是否为JButton类型
08              btns.add((JButton)cmp);                   // 将JButton组件添加到集合中
09          }
10      }
11  }
12  public KeyBoard() {                                   // KeyBoard的构造方法
13      …// 省略部分代码
14      /**
15       * 创建文本框textField置于面板panel的中间
16       */
17      textField = new JTextField();
18      textField.addKeyListener(new KeyAdapter() {       // 文本框添加键盘事件的监听
19          char word;
20          @Override
21          public void keyPressed(KeyEvent e) {          // 键被按下时被触发
22              word=e.getKeyChar();                      // 获取按下键表示的字符
23              for(int i=0;i<btns.size();i++){           // 遍历存储按键ID的ArrayList集合
24                  // 判断按键是否与遍历到的按键的文本相同
25                  if(String.valueOf(word).equalsIgnoreCase(btns.get(i).getText())){
26                      btns.get(i).setBackground(green);// 将指定按键颜色设置为绿色
27                  }
28              }
```

```
29                    }
30                    @Override
31                    public void keyReleased(KeyEvent e) {        // 键被释放时被触发
32                            word=e.getKeyChar();                 // 获取释放键表示的字符
33                            for(int i=0;i<btns.size();i++) {     // 遍历存储按键ID的ArrayList集合
34                                // 判断按键是否与遍历到的按键的文本相同
35                                if(String.valueOf(word).equalsIgnoreCase(btns.get(i).getText())){
36                                        btns.get(i).setBackground(white);// 将指定按键颜色设置为白色
37                                }
38                            }
39                    }
40          });
41          panel.add(textField, BorderLayout.CENTER);
42          textField.setColumns(10);
43      }
```

运行本实例，将鼠标定位到文本框组件中，然后按下键盘上的键，窗体中的相应按钮会变为绿色；释放键时，相应按钮变为白色，结果如图 11.28 所示。

视 频 讲 解

图 11.28　虚拟键盘的运行结果

拓展训练

一、输入用户名和密码后，按下回车键，实现 QQ 登录验证。（资源包 \Code\Try\11\33）
二、使用键盘事件（↑：北，↓：南，←：西，→：东），查看十字路口的全景图。（资源包 \Code\Try\11\34）

11.9.3　鼠标事件监听器

📺 视频讲解：资源包\Video\11\11.9.3 鼠标事件监听器.mp4

视 频 讲 解

所有组件都能应用鼠标事件，MouseEvent 类负责捕获鼠标事件，可以通过为组件添加实现了 MouseListener 接口的监听器类来处理该组件触发的鼠标事件。

MouseListener 接口共有 5 个抽象方法，分别在光标移入或移出组件、鼠标按键被按下或释放和发生单击事件时被触发。所谓单击事件，就是鼠标按键被按下并释放。需要注意的是，如果鼠标按键在移出组件之后才被释放，则不会触发单击事件。MouseListener 接口中各个方法的代码如下：

```
01  public interface MouseListener extends EventListener {
02      public void mouseEntered(MouseEvent e);        // 光标移入组件时被触发
03      public void mousePressed(MouseEvent e);        // 鼠标按键被按下时被触发
04      public void mouseReleased(MouseEvent e);       // 鼠标按键被释放时被触发
05      public void mouseClicked(MouseEvent e);        // 发生单击事件时被触发
06      public void mouseExited(MouseEvent e);         // 光标移出组件时被触发
07  }
```

每个抽象方法中均传入了 MouseEvent 类的对象，MouseEvent 类中的常用方法如表 11.9 所示。

表 11.9 MouseEvent 类中的常用方法

方　　法	功　能　简　介
getSource()	用来获得触发此次事件的组件对象，返回值为 Object 类型
getButton()	用来获得代表此次被按下、被释放或被单击的按键的 int 型值
getClickCount()	用来获得按键被单击的次数

当需要判断触发此次事件的鼠标按键时，可以通过比较由 getButton() 方法返回的 int 型值和表 11.10 中的静态常量的方式获得。

表 11.10 MouseEvent 类中代表鼠标按键的静态常量

静 态 常 量	常　量　值	代 表 的 键
BUTTON1	1	代表鼠标左键
BUTTON2	2	代表鼠标滚轮
BUTTON3	3	代表鼠标右键

实例 18 演示鼠标事件

实例位置：资源包\Code\SL\11\18
视频位置：资源包\Video\11\

本实例演示了捕获和处理鼠标事件的方法，尤其是鼠标事件监听器 MouseListener 接口中各个方法的使用。关键代码如下：

```
01  /**
02   * 判断按下的鼠标键，并输出相应提示
03   * @param e 鼠标事件
04   */
05  private void mouseOper(MouseEvent e){
06      int i = e.getButton();                              // 通过该值可以判断按下的是哪个键
07      if (i == MouseEvent.BUTTON1)
08          System.out.println("按下的是鼠标左键");
09      else if (i == MouseEvent.BUTTON2)
10          System.out.println("按下的是鼠标滚轮");
11      else if (i == MouseEvent.BUTTON3)
12          System.out.println("按下的是鼠标右键");
13  }
14  public MouseEvent_Example() {
15      ...// 省略部分代码
16      final JLabel label = new JLabel();
17      label.addMouseListener(new MouseListener() {
18          public void mouseEntered(MouseEvent e) {  // 光标移入组件时被触发
19              System.out.println("光标移入组件");
20          }
21          public void mousePressed(MouseEvent e) {  // 鼠标按键被按下时被触发
22              System.out.print("鼠标按键被按下，");
```

```
23                       mouseOper(e);
24                  }
25              public void mouseReleased(MouseEvent e) { // 鼠标按键被释放时被触发
26                  System.out.print("鼠标按键被释放，");
27                  mouseOper(e);
28              }
29              public void mouseClicked(MouseEvent e) {  // 发生单击事件时被触发
30                  System.out.print("单击了鼠标按键，");
31                  mouseOper(e);
32                  int clickCount = e.getClickCount();// 获取鼠标单击次数
33                  System.out.println("单击次数为" + clickCount + "下");
34              }
35              public void mouseExited(MouseEvent e) {   // 光标移出组件时被触发
36                  System.out.println("光标移出组件");
37              }
38      });
39      ...// 省略部分代码
```

运行本实例，首先将光标移入窗体，然后单击鼠标左键，接着双击鼠标左键，最后将光标移出窗体，在控制台上将得到如图 11.29 所示的信息。

图 11.29　鼠标事件的运行结果

 从图 11.29 可以发现，当双击鼠标左键时，第一次单击鼠标将触发一次单击事件。

注意

 一、使用鼠标的移入与移出，实现翻转扑克牌。（资源包 \Code\Try\11\35）
二、使用鼠标的移入，实现永远拆不了的红包：当鼠标移至红包图片时，红包图片就会移至另一个位置。（资源包 \Code\Try\11\36）

拓展训练

11.9.4 窗体事件监听器

 视频讲解：资源包\Video\11\11.9.4 窗体事件监听器.mp4

需要捕获与窗体有关的事件时（如捕获窗体被打开、将要被关闭、已经被关闭等事件），可以通过实现 WindowListener 接口的事件监听器完成。WindowListener 接口中各个方法的代码如下：

```
01  public interface extends EventListener {
02      public void windowActivated(WindowEvent e); // 窗体被激活时触发
03      public void windowOpened(WindowEvent e);     // 窗体被打开时触发
04      public void windowIconified(WindowEvent e);  // 窗体从正常状态变为最小化状态时触发
05      public void windowDeiconified(WindowEvent e);// 窗体从最小化状态变为正常状态时触发
```

```
01   public interface extends EventListener {
02       public void windowActivated(WindowEvent e); // 窗体被激活时触发
03       public void windowOpened(WindowEvent e);     // 窗体被打开时触发
04       public void windowIconified(WindowEvent e);  // 窗体从正常状态变为最小化状态时触发
05       public void windowDeiconified(WindowEvent e);// 窗体从最小化状态变为正常状态时触发
06       public void windowClosing(WindowEvent e);    // 窗体将要被关闭时触发
07       public void windowDeactivated(WindowEvent e);// 窗体不再处于激活状态时触发
08       public void windowClosed(WindowEvent e);     // 窗体已经被关闭时触发
09   }
```

说明　窗体激活事件和窗体获得焦点事件的区别如下：（1）窗体激活事件是 WindowListener 接口中提供的事件，而窗体获得焦点事件是 WindowFocusListener 接口中提供的；（2）执行顺序不同：窗体激活→获得焦点→失去焦点→窗体不处于激活状态。

　　通过捕获窗体将要被关闭等事件，可以执行一些相关操作。例如，窗体将要被关闭时，询问是否保存未保存的设置或者弹出确认关闭对话框等。

　　下面是一个用来演示捕获窗体事件的典型实例。

实例 19　WindowListener 中各个方法的使用　　　实例位置：资源包\Code\SL\11\19
　　　　　　　　　　　　　　　　　　　　　　　　视频位置：资源包\Video\11\

　　本实例演示了捕获和处理窗体事件的方法，尤其是事件监听器 WindowListener 接口中各个方法的使用。关键代码如下：

```
01   public class WindowListener_Example extends JFrame {
02       public static void main(String args[]) {
03               WindowListener_Example frame = new WindowListener_Example();
04               frame.setVisible(true);
05       }
06       public WindowListener_Example() {
07               super();
08               addWindowListener(new MyWindowListener());          // 为窗体添加其他事件监听器
09               setTitle("捕获窗体事件");
10               setBounds(100, 100, 500, 375);
11               setDefaultCloseOperation(JFrame.DISPOSE_ON_CLOSE);
12       }
13       private class MyWindowListener implements WindowListener {
14               public void windowActivated(WindowEvent e) {        // 窗体被激活时触发
15                       System.out.println("窗口被激活！");
16               }
17               public void windowOpened(WindowEvent e) {           // 窗体被打开时触发
18                       System.out.println("窗口被打开！");
19               }
20               public void windowIconified(WindowEvent e) {        // 窗体被最小化时触发
21                       System.out.println("窗口被最小化！");
22               }
23               public void windowDeiconified(WindowEvent e) {      // 窗体被非最小化时触发
24                       System.out.println("窗口被非最小化！");
25               }
26               public void windowClosing(WindowEvent e) {          // 窗体将要被关闭时触发
```

```
27              System.out.println("窗口将要被关闭！");
28          }
29          // 窗体不再处于激活状态时触发
30          public void windowDeactivated(WindowEvent e) {
31              System.out.println("窗口不再处于激活状态！");
32          }
33          public void windowClosed(WindowEvent e) {          // 窗体已经被关闭时触发
34              System.out.println("窗口已经被关闭！");
35          }
36      }
37  }
```

运行本实例，首先令窗体失去焦点再得到焦点，然后将窗体最小化再恢复为正常化，最后关闭窗体，在控制台上将得到如图 11.30 所示的信息。

视频讲解

图 11.30　捕获窗体事件的运行结果

一、关闭窗体时，弹出"确认"或"取消"对话框。（资源包 \Code\Try\11\37）
二、窗体被激活时，窗体失去焦点，信号灯为红灯，此时马里奥原地不动；鼠标单击窗体，使得窗体获得焦点后，信号灯转为绿灯，此时按下"→"控制马里奥向前移动。（资源包 \Code\Try\11\38）

11.10　小结

本章主要对使用 Java 进行 Swing 程序设计的基础知识进行了详细讲解，包括 JFrame 窗体、JDialog 窗体、常用的布局管理器和面板、常用的组件及事件监听器等。本章学习的重点是各种组件的使用方法，读者应该熟练掌握。通过对本章内容的学习，读者应该能够自主设计简单的 Swing 窗体程序，并能够灵活运用各种组件完善窗体的功能，实现组件的常用事件处理。

第 **12** 章

I/O（输入 / 输出）

（ ▶ 视频讲解：1 小时 50 分钟）

在变量、对象和数组中存储的数据都是暂时的，程序结束后就会丢失。为了能够长时间地保存程序中的数据，需要将程序中的数据保存到磁盘文件中。Java 的 I/O 技术可以将数据保存到文件（如文本文件、二进制文件等）中，以达到长时间保存数据的目的。掌握 I/O 处理技术能够提高对数据的处理能力，本章将对 Java 中的 I/O 进行讲解。

本章内容也是 Java Web 技术和 Android 技术的基础知识。

知识框架

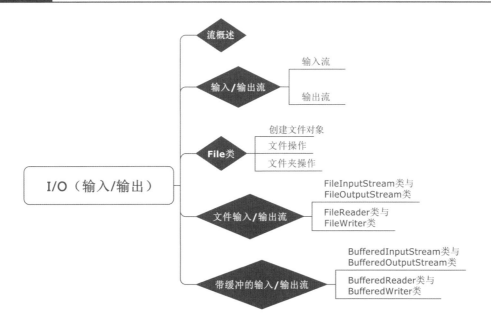

12.1 流概述

📹 视频讲解：资源包\Video\12\12.1 流概述.mp4

在程序开发过程中，将输入与输出设备之间的数据传递抽象为流，例如键盘可以输入数据，显示器可以显示键盘输入的数据等。按照不同的分类方式，可以将流分为不同的类型：根据操作流的数据单元，可以将流分为字节流（操作的数据单元是一字节）和字符流（操作的数据单元是两字节或一个字符，因为一个字符占两字节）；根据流的流向，可以将流分为输入流和输出流。

从内存的角度出发，输入流是指数据从数据源（如文件、压缩包或者视频等）流入到内存的过程，如图 12.1 所示；输出流是指数据从内存流出到数据源的过程，如图 12.2 所示。

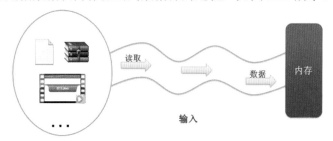

图 12.1　输入示意图

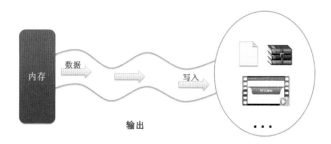

图 12.2　输出示意图

📝 说明　输入流用来读取数据，输出流用来写入数据。

12.2 输入 / 输出流

Java 把与输入 / 输出流有关的类都放在了 java.io 包中。其中，所有与输入流有关的类都是抽象类 InputStream（字节输入流）或抽象类 Reader（字符输入流）的子类；而所有与输出流有关的类都是抽象类 OutputStream（字节输出流）或抽象类 Writer（字符输出流）的子类。

12.2.1 输入流

📹 视频讲解：资源包\Video\12\12.2.1 输入流.mp4

输入流抽象类有两种，分别是 InputStream（字节输入流）类和 Reader（字符输入流）类。

1. InputStream 类

InputStream 类是字节输入流的抽象类，是所有字节输入流的父类。InputStream 类的层次结构如图 12.3 所示。

InputStream 类中的所有方法遇到错误时都会引发 IOException 异常，该类的常用方法及说明如表12.1 所示。

表 12.1　InputStream 类的常用方法及说明

方　　法	返 回 值	说　　明
read()	int	从输入流中读取数据的下一字节。返回 0 ～ 255 范围内的 int 型字节值。如果因为已经到达流末尾而没有可用的字节，则返回 –1
read(byte[] b)	int	从输入流中读入一定长度的字节，并以整数的形式返回字节数
mark(int readlimit)	void	在输入流的当前位置放置一个标记，readlimit 参数告知此输入流在标记位置失效之前允许读取的字节数
reset()	void	将输入指针返回当前所做的标记处
skip(long n)	long	跳过输入流上的 n 字节并返回实际跳过的字节数
markSupported()	boolean	如果当前流支持 mark()/reset() 操作就返回 True
close()	void	关闭此输入流并释放与该流关联的所有系统资源

说明　并不是 InputStream 类的所有子类都支持 InputStream 类中定义的方法，如 skip()、mark()、reset() 等方法只对某些子类有用。

2. Reader 类

Java 中的字符是 Unicode 编码，是双字节的，而 InputStream 类是用来处理单字节的，并不适合处理字符。为此，Java 提供了专门用来处理字符的 Reader 类，Reader 类是字符输入流的抽象类，也是所有字符输入流的父类。Reader 类的层次结构如图 12.4 所示。

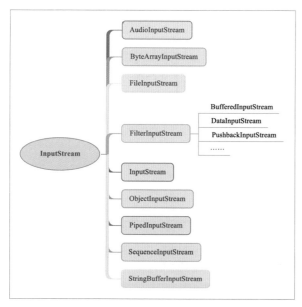

图 12.3　InputStream 类的层次结构

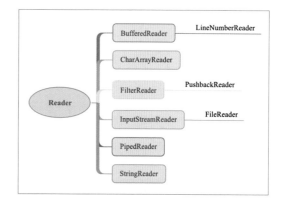

图 12.4　Reader 类的层次结构

Reader 类中的方法与 InputStream 类中的方法类似，但需要注意的一点是，Reader 类的 read() 方法的参数为 char 类型的数组。另外，除表 12.1 中的方法外，Reader 类还提供了一个 ready() 方法，该方法用来判断是否准备读取流，其返回值为 boolean 类型。

12.2.2 输出流

视频讲解：资源包\Video\12\12.2.2 输出流.mp4

输出流抽象类也有两种，分别是 OutputStream（字节输出流）类和 Writer（字符输出流）类。

1. OutputStream 类

OutputStream 类是字节输出流的抽象类，是所有字节输出流的父类。OutputStream 类的层次结构如图 12.5 所示。

OutputStream 类中的所有方法均没有返回值，在遇到错误时会引发 IOException 异常，该类的常用方法及说明如表 12.2 所示。

表 12.2　OutputStream 类的常用方法及说明

方　　法	说　　明
write(int b)	将指定的字节写入此输出流
write(byte[] b)	将 b 字节从指定的 byte 数组写入此输出流
write(byte[] b , int off , int len)	将指定 byte 数组中从偏移量 off 开始的 len 字节写入此输出流
flush()	彻底完成输出并清空缓冲区
close()	关闭输出流

2. Writer 类

Writer 类是字符输出流的抽象类，是所有字符输出流的父类。Writer 类的层次结构如图 12.6 所示。

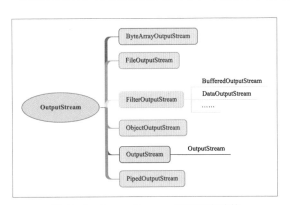

图 12.5　OutputStream 类的层次结构

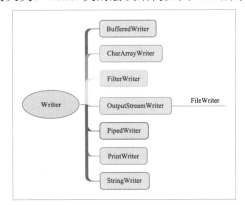

图 12.6　Writer 类的层次结构

Writer 类的常用方法及说明如表 12.3 所示。

表 12.3　Writer 类的常用方法及说明

方　　法	说　　明
append(char c)	将指定字符添加到此 writer
append(CharSequence csq)	将指定字符序列添加到此 writer
append(CharSequence csq, int start, int end)	将指定字符序列的子序列添加到此 writer.Appendable
close()	关闭此流，但要先刷新它
flush()	刷新该流的缓冲
write(char[] cbuf)	写入字符数组
write(char[] cbuf, int off, int len)	写入字符数组的某一部分

续表

方　　法	说　　明
write(int c)	写入单个字符
write(String str)	写入字符串
write(String str, int off, int len)	写入字符串的某一部分

12.3　File 类

File 类是 java.io 包中用来操作文件的类，通过调用 File 类中的方法，可实现创建、删除、重命名文件等功能。使用 File 类的对象可以获取文件的基本信息，如文件所在的目录、文件名、文件大小、文件的修改时间等。

12.3.1　创建文件对象

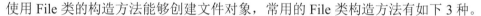

▶ 视频讲解：资源包\Video\12\12.3.1 创建文件对象.mp4

使用 File 类的构造方法能够创建文件对象，常用的 File 类构造方法有如下 3 种。

（1）File(String pathname) 方法

根据传入的路径名称创建文件对象。

pathname：被传入的路径名称（包含文件名）。

例如，在 D 盘的根目录下创建文本文件 1.txt，关键代码如下：

```
File file = new File("D:/1.txt");
```

（2）File(String parent, String child) 方法

根据传入的父路径（磁盘根目录或磁盘中的某一文件夹）和子路径（文件名）创建文件对象。

☑ parent：父路径（磁盘根目录或磁盘中的某一文件夹），例如 D:/ 或 D:/doc/。

☑ child：子路径（文件名），例如 letter.txt。

例如，在 D 盘的 doc 文件夹中创建文本文件 1.txt，关键代码如下：

```
File file = new File("D:/doc/", "1.txt");
```

（3）File(File f, String child) 方法

根据传入的父文件对象（磁盘中的某一文件夹）和子路径（文件名）创建文件对象。

☑ parent：父文件对象（磁盘中的某一文件夹），例如 D:/doc/。

☑ child：子路径（文件名），例如 letter.txt。

例如，先在 D 盘中创建 doc 文件夹，再在 doc 文件夹中创建文本文件 1.txt，关键代码如下：

```
File folder = new File("D:/doc/");
File file = new File(folder, "1.txt");
```

说明

对于 Microsoft Windows 平台，包含盘符的路径名前缀由驱动器号和一个 : 组成，文件夹分隔符可以是 /，也可以是 \\（即 \ 的转义字符）。

12.3.2 文件操作

视频讲解：资源包\Video\12\12.3.2 文件操作.mp4

File 类提供了操作文件的相应方法，常见的文件操作主要包括判断文件是否存在、创建文件、重命名文件、删除文件及获取文件基本信息等。File 类中操作文件的常用方法及说明如表 12.4 所示。

表 12.4　File 类中操作文件的常用方法及说明

方　　　法	返 回 值	说　　　明
canRead()	boolean	判断文件是否是可读的
canWrite()	boolean	判断文件是否可被写入
createNewFile()	boolean	当且仅当不存在具有指定名称的文件时，创建一个新的空文件
createTempFile(String prefix, String suffix)	File	在默认临时文件夹中创建一个空文件，使用给定前缀和后缀生成其名称
createTempFile(String prefix, String suffix, File directory)	File	在指定文件夹中创建一个新的空文件，使用给定的前缀和后缀字符串生成其名称
delete()	boolean	删除指定的文件或文件夹
exists()	boolean	测试指定的文件或文件夹是否存在
getAbsoluteFile()	File	返回抽象路径名的绝对路径名形式
getAbsolutePath()	String	获取文件的绝对路径
getName()	String	获取文件或文件夹的名称
getParent()	String	获取文件的父路径
getPath()	String	获取路径名字符串
getFreeSpace()	long	返回此抽象路径名指定的分区中未分配的字节数
getTotalSpace()	long	返回此抽象路径名指定的分区大小
length()	long	获取文件的长度（以字节为单位）
isFile()	boolean	判断是不是文件
isHidden()	boolean	判断文件是否是隐藏文件
lastModified()	long	获取文件最后修改时间
renameTo(File dest)	boolean	重新命名文件
setLastModified(long time)	boolean	设置文件或文件夹的最后一次修改时间
setReadOnly()	boolean	将文件或文件夹设置为只读
toURI()	URI	构造一个表示此抽象路径名的 file: URI

说明　表 12.4 中的 delete() 方法、exists() 方法、getName() 方法、getAbsoluteFile() 方法、getAbsolutePath() 方法、getParent() 方法、getPath() 方法、setLastModified() 方法和 setReadOnly() 方法同样适用于文件夹操作。

实例 01　创建并获取文件的基本信息

实例位置：资源包\Code\SL\12\01
视频位置：资源包\Video\12\

在项目中创建 FileTest 类，在主方法中判断 test.txt 文件是否存在，如果不存在，则创建 test.txt 文件；如果存在，则获取 test.txt 文件的相关信息，文件的相关信息包括文件是否可读、文件的名称、绝对路径、是否隐藏、字节数、最后修改时间，获得这些信息之后，将 test.txt 文件删除。关键代码如下：

```
01  public class FileTest {
02      public static void main(String[] args) {
03          File file = new File("test.txt");      // 创建文件对象
04          if (!file.exists()) {                   // 文件不存在（程序第一次运行时执行的语句块）
05              System.out.println("未在指定目录下找到文件名为"test"的文本文件！正在创建...");
06                  try {
07                          file.createNewFile();
08                  } catch (IOException e) {
09                          e.printStackTrace();
10                  }                               // 创建该文件
11              System.out.println("文件创建成功！");
12          } else { // 文件存在（程序第二次运行时执行的语句块）
13              System.out.println("找到文件名为"test"的文本文件！");
14              if (file.isFile() && file.canRead()) { // 该文本文件是一个标准文件且该文件可读
15                  System.out.println("文件可读！正在读取文件信息...");
16                  String fileName = file.getName();    // 获得文件名
17                  String filePath = file.getAbsolutePath();// 获得该文件的绝对路径
18                  boolean hidden = file.isHidden();    // 获得该文件是否被隐藏
19                  long len = file.length();            // 获取该文件中的字节数
20                  long tempTime = file.lastModified(); // 获取该文件最后修改时间
21                  // 创建SimpleDateFormat对象，指定目标格式
22                  SimpleDateFormat sdf = new SimpleDateFormat("yyyy/MM/dd HH:mm:ss");
23                  Date date = new Date(tempTime);   // 使用文件最后修改时间创建Date对象
24                  String time = sdf.format(date);// 格式化文件最后修改时间
25                  System.out.println("文件名：" + fileName);  // 输出文件名
26                  System.out.println("文件的绝对路径：" + filePath);// 输出文件的绝对路径
27                  System.out.println("文件是否是隐藏文件：" + hidden);// 输出文件是否被隐藏
28                  System.out.println("文件中的字节数：" + len);    // 输出该文件中的字节数
29                  // 输出该文件最后修改时间
30                  System.out.println("文件最后修改时间：" + time);
31                  file.delete();                    // 查完该文件信息后，删除文件
32                  System.out.println("这个文件的使命结束了！已经被删除了。");
33              } else {                                // 文件不可读
34                  System.out.println("文件不可读！");
35              }
36          }
37      }
38  }
```

第一次运行程序时，因为当前文件夹中不存在 test.txt 文件，所以需要先创建 test.txt 文件，运行结果如图 12.7 所示。

图 12.7　创建 test.txt 文件的运行结果

第二次运行程序时，获取 test.txt 文件的相关信息后，再删除 test.txt 文件，运行结果如图 12.8 所示。

图 12.8　获取 test.txt 文件信息后删除 test.txt 文件的运行结果

说明

在创建 File 对象时，如果直接写文件名，则创建的文件位于当前项目文件夹下。

拓展训练

一、在当前项目文件夹下，根据当前时间（精确至毫秒）创建文件。（资源包 \Code\Try\12\01）
二、快速移动文件：将源文件从当前文件夹下移动到另一个文件夹下。（资源包 \Code\Try\12\02）

12.3.3 文件夹操作

▶ 视频讲解：资源包\Video\12\12.3.3 文件夹操作.mp4

File 类不仅提供了操作文件的相应方法，还提供了操作文件夹的相应方法。常见的文件夹操作主要包括判断文件夹是否存在、创建文件夹、删除文件夹、获取文件夹中的子文件夹及文件等。File 类中操作文件夹的常用方法及说明如表 12.5 所示。

表 12.5　File 类中操作文件夹的常用方法及说明

方　　法	返　回　值	说　　明
isDirectory()	boolean	判断是不是文件夹
list()	String[]	返回字符串数组，这些字符串指定此抽象路径名表示的目录中的文件和目录
list(FilenameFilter filter)	String[]	返回字符串数组，这些字符串指定此抽象路径名表示的目录中满足指定过滤器的文件和目录
listFiles()	File[]	返回抽象路径名数组，这些路径名表示此抽象路径名表示的目录中的文件
listFiles(FileFilter filter)	File[]	返回抽象路径名数组，这些路径名表示此抽象路径名表示的目录中满足指定过滤器的文件和目录
listFiles(FilenameFilter filter)	File[]	返回抽象路径名数组，这些路径名表示此抽象路径名表示的目录中满足指定过滤器的文件和目录

续表

方　　法	返 回 值	说　　明
mkdir()	boolean	创建此抽象路径名指定的目录
mkdirs()	boolean	创建此抽象路径名指定的目录，包括所有必需但不存在的父目录

下面通过一个实例演示如何使用 File 类的相关方法操作文件夹。

实例 02　创建文件夹并在该文件夹下创建 10 个子文件夹　　实例位置：资源包\Code\SL\12\02
　　　　　　　　　　　　　　　　　　　　　　　　　　视频位置：资源包\Video\12\

在项目中创建 FolderTest 类，首先在主方法中判断 C 盘下是否存在 Test 文件夹，如果不存在，则创建 Test 文件夹，并在 Test 文件夹下创建 10 个子文件夹；然后获取并输出 C 盘根目录下的所有文件及文件夹（包括隐藏的文件夹）。关键代码如下：

```
01  public class FolderTest {
02      public static void main(String[] args) {
03          String path = "C:\\Test";                // 声明文件夹Test所在的目录
04          for (int i = 1; i <= 10; i++) {          // 循环获得i值，并用i命名新的文件夹
05              File folder = new File(path + "\\" + i); // 根据新的目录创建File对象
06              if (!folder.exists()) {              // 文件夹不存在
07                  folder.mkdirs();                 // 创建新的文件夹(包括不存在的父文件夹)
08              }
09          }
10          System.out.println("文件夹创建成功，请打开C盘查看！\n\nC盘文件及文件夹列表如下：");
11          File file = new File("C:\\");            // 根据路径名创建File对象
12          File[] files = file.listFiles();         // 获得C盘的所有文件和文件夹
13          for (File folder : files) {              // 遍历files数组
14              if (folder.isFile())                 // 判断是否为文件
15                  System.out.println(folder.getName() + " 文件");// 输出C盘下所有文件的名称
16              else if (folder.isDirectory())                      // 判断是否为文件夹
17                  // 输出C盘下所有文件夹的名称
18                  System.out.println(folder.getName() + " 文件夹");
19          }
20      }
21  }
```

运行结果如图 12.9 所示，创建的文件夹如图 12.10 所示。

图 12.9　使用 File 类对文件夹进行操作的运行结果

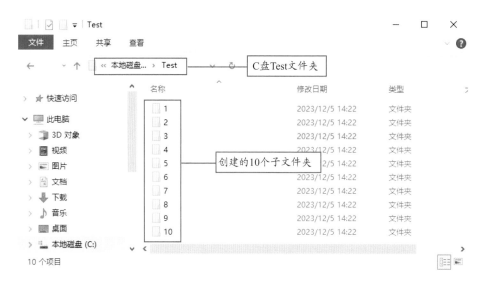

图 12.10 创建的子文件夹

拓展训练

一、使用 JFileChooser 实现在指定文件夹下批量添加根据"数字型样式"或"非数字型样式"命名的文件夹，运行结果如图 12.11 所示。（资源包 \Code\Try\12\03）

二、编写一个 JFrame 窗体程序，根据用户指定的文件夹删除该文件夹中的所有文件。（资源包 \Code\Try\12\04）

视频讲解

图 12.11 创建文件夹的运行结果

12.4 文件输入 / 输出流

在程序运行期间，大部分数据都被存储在内存中，当程序结束或被关闭时，存储在内存中的数据将会消失。如果需要永久保存数据，那么最好的办法就是把数据保存到磁盘的文件中。为此，Java 提供了文件输入 / 输出流，即 FileInputStream 类与 FileOutputStream 类和 FileReader 类与 FileWriter 类。

12.4.1 FileInputStream 类与 FileOutputStream 类

视频讲解

▶ 视频讲解：资源包\Video\12\12.4.1 FileInputStream类与FileOutputStream类.mp4

Java 提供了操作磁盘文件的 FileInputStream 类与 FileOutputStream 类。其中，读取文件内容使用的是 FileInputStream 类，向文件中写入内容使用的是 FileOutputStream 类。

FileInputStream 类常用的构造方法如下。

☑ FileInputStream(String name)：使用给定的文件名 name 创建一个 FileInputStream 对象。

☑ FileInputStream(File file)：使用 File 对象创建 FileInputStream 对象，该方法允许在把文件连接输入流之前对文件做进一步分析。

FileOutputStream 类常用的构造方法如下。

　☑ FileOutputStream(File file)：创建一个向指定 File 对象表示的文件中写入数据的文件输出流。

　☑ FileOutputStream(File file,boolean append)：创建一个向指定 File 对象表示的文件中写入数据的文件输出流。如果第二个参数为 true，则将字节写入文件末尾处，而不是写入文件开始处。

　☑ FileOutputStream(String name)：创建一个向具有指定名称的文件中写入数据的文件输出流。

　☑ FileOutputStream(String name,boolean append)：创建一个向具有指定名称的文件中写入数据的文件输出流。如果第二个参数为 true，则将字节写入文件末尾处，而不是写入文件开始处。

说明

FileInputStream 类是 InputStream 类的子类，FileInputStream 类的常用方法请参见表 12.1；FileOutputStream 类是 OutputStream 类的子类，FileOutputStream 类的常用方法请参见表 12.2。

FileInputStream 类与 FileOutputStream 类操作的数据单元是一字节，如果文件中有中文字符（占两字节），则使用 FileInputStream 类与 FileOutputStream 类读、写文件的过程中会产生乱码。那么，如何能够避免乱码的出现呢？下面将通过一个实例来解决乱码问题。

实例 03　以字节为单位保存、读取名人名言	实例位置：资源包\Code\SL\12\03 视频位置：资源包\Video\12\

在项目中创建 FileStreamTest 类，在主方法中先使用 FileOutputStream 类向文件 word.txt 写入"你见过洛杉矶凌晨 4 点的样子吗？"，再使用 FileInputStream 类将 word.txt 中的数据读取到控制台上。关键代码如下：

```
01  public class FileStreamTest {
02      public static void main(String[] args) {
03          File file = new File("word.txt");       // 创建文件对象
04          try {                                    // 捕捉异常
05              // 创建FileOutputStream对象，用来向文件中写入数据
06              FileOutputStream out = new FileOutputStream(file);
07              // 定义字符串，用来存储要写入文件的内容
08              String content = "你见过洛杉矶凌晨4点的样子吗？";
09              // 创建byte型数组，将要写入文件的内容转换为字节数组
10              byte buy[] = content.getBytes();
11              out.write(buy);                      // 将数组中的信息写入文件中
12              out.close();                         // 将流关闭
13          } catch (IOException e) {                // catch语句处理异常信息
14              e.printStackTrace();                 // 输出异常信息
15          }
16          try {
17              // 创建FileInputStream对象，用来读取文件内容
18              FileInputStream in = new FileInputStream(file);
19              byte byt[] = new byte[1024];         // 创建byte数组，用来存储读取到的内容
20              int len = in.read(byt);              // 从文件中读取信息，并存入字节数组中
21              // 将文件中的信息输出
22              System.out.println("文件中的信息是：" + new String(byt, 0, len));
23              in.close();                          // 关闭流
```

```
24              } catch (Exception e) {
25                  e.printStackTrace();
26              }
27          }
28  }
```

运行结果如图 12.12 所示。

视 频 讲 解

图 12.12　以字节为单位保存、读取名人名言的运行结果

注意

虽然 Java 在程序结束时会自动关闭所有打开的流，但是当使用完流后，显式关闭所有打开的流仍是一个好习惯。

拓展训练

一、编写一个 JFrame 窗体程序，实现将源文件夹下的所有文件都复制到新的文件夹（宿文件夹）下。（资源包 \Code\Try\12\05）

二、编写一个 JFrame 窗体程序，实现将多个 txt 文件合并为一个 txt 文件。（资源包 \Code\Try\12\06）

12.4.2 FileReader 类与 FileWriter 类

视 频 讲 解

视频讲解：资源包\Video\12\12.4.2 FileReader类与FileWriter类.mp4

FileReader 类和 FileWriter 类分别对应 FileInputStream 类和 FileOutputStream 类。其中，读取文件内容使用的是 FileReader 类，向文件中写入内容使用的是 FileWriter 类。FileReader 类与 FileWriter 类操作的数据单元是一个字符，如果文件中有中文字符，那么使用 FileReader 类与 FileWriter 类读、写文件时要避免乱码的产生。

说明

FileReader 类是 Reader 类的子类，其常用方法与 Reader 类类似，而 Reader 类中的方法又与 InputStream 类中的方法类似，所以 Reade 类的方法可参见表 12.1；FileWriter 类是 Writer 类的子类，该类的常用方法可参见表 12.3。

下面通过一个实例介绍 FileReader 类与 FileWriter 类的用法。

实例 04　向文件中写入并读取控制台输入的内容　　实例位置：资源包\Code\SL\12\04　　视频位置：资源包\Video\12\

在项目中创建 ReaderAndWriter 类，在主方法中先使用 FileWriter 类向文件 word.txt 中写入控制台输入的内容，再使用 FileReader 类将 word.txt 中的数据读取到控制台上。关键代码如下：

```
01  public class ReaderAndWriter {
02      public static void main(String[] args) {
03          while (true) {                    // 设置无限循环，实现控制台的多次输入
04              try {
05                  // 在当前目录下创建名为 "word.txt" 的文本文件
06                  File file = new File("word.txt");
07                  if (!file.exists()) {      // 如果文件不存在，创建新的文件
08                      file.createNewFile();
```

```
09                  }
10                  System.out.println("请输入要执行的操作序号：(1.写入文件；2.读取文件)");
11                  Scanner sc = new Scanner(System.in); // 控制台输入
12                  int choice = sc.nextInt();           // 获得 "要执行的操作序号"
13                  switch (choice) {                    // 以 "操作序号" 为关键字的多分支语句
14                      case 1:                          // 控制台输入1
15                          System.out.println("请输入要写入文件的内容：");
16                          String tempStr = sc.next();// 获得控制台上要写入文件的内容
17                          FileWriter fw = null;       // 声明字符输出流
18                          try {
19                              // 创建可扩展的字符输出流，向文件中写入新数据时不覆盖已存在的数据
20                              fw = new FileWriter(file, true);
21                              // 把控制台上的文本内容写入"word.txt"中
22                              fw.write(tempStr + "\r\n");
23                          } catch (IOException e) {
24                              e.printStackTrace();
25                          } finally {
26                              fw.close();              // 关闭字符输出流
27                          }
28                          System.out.println("上述内容已写入文本文件中！");
29                          break;
30                      case 2:                          // 控制台输入2
31                          FileReader fr = null;       // 声明字符输入流
32                          // "word.txt" 中的字符数为0时，控制台输出 "文本中的字符数为0！！！"
33                          if (file.length() == 0) {
34                              System.out.println("文本中的字符数为0！！！");
35                          } else {                     // "word.txt" 中的字符数不为0时
36                              try {
37                                  // 创建用来读取 "word.txt" 中的字符输入流
38                                  fr = new FileReader(file);
39                                  // 创建可容纳1024个字符的数组，用来储存读取的字符数的缓冲区
40                                  char[] cbuf = new char[1024];
41                                  int hasread = -1; // 初始化已读取的字符数
42                                  // 循环读取 "word.txt" 中的数据
43                                  while ((hasread = fr.read(cbuf)) != -1) {
44                                      // 把char数组中的内容转换为String类型输出
45                                      System.out.println("文件"word.txt"中的内容：\n"
46                                              + new String(cbuf, 0, hasread));
47                                  }
48                              } catch (IOException e) {
49                                  e.printStackTrace();
50                              } finally {
51                                  fr.close();          // 关闭字符输入流
52                              }
53                          }
54                          break;
55                      default:
56                          System.out.println("请输入符合要求的有效数字！");
```

```
57                      break;
58                  }
59          } catch (InputMismatchException imexc) {
60              System.out.println("输入的文本格式不正确！请重新输入...");
61          } catch (IOException e) {
62              e.printStackTrace();
63          }
64      }
65   }
66 }
```

运行程序，按照提示输入 1，可以向 word.txt 中写入控制台输入的内容；输入 2，可以读取 word.txt 中的数据，运行结果如图 12.13 所示。

图 12.13　向文件中写入并读取控制台输入的内容的运行结果

一、使用 FileReader 将当前 Java 文件打印在控制台上。（资源包 \Code\Try\12\07）

二、实现一个电子通信录：单击录入个人信息按钮，将文本框中的姓名、Email 和电话保存到 contacts.txt 中；然后单击查看个人信息按钮，将 contacts.txt 中文本内容输出在控制台上。（资源包 \Code\Try\12\08）

12.5 带缓冲的输入 / 输出流

缓冲是 I/O 的一种性能优化。缓冲流为 I/O 流增加了内存缓冲区。有了缓冲区，使在 I/O 流上执行 skip()、mark() 和 reset() 方法成为可能。

12.5.1 BufferedInputStream 类与 BufferedOutputStream 类

视频讲解：资源包\Video\12\12.5.1 BufferedInputStream类与BufferedOutputStream类.mp4

BufferedInputStream 类可以对所有 InputStream 的子类都进行带缓冲区的包装，以达到性能的优化。BufferedInputStream 类有两个构造方法。

☑ BufferedInputStream(InputStream in)：创建一个带有 32 字节的缓冲输入流。

☑ BufferedInputStream(InputStream in,int size)：按指定的大小来创建缓冲输入流。

一个最优的缓冲区大小，取决于它所在的操作系统、可用的内存空间及机器配置。

BufferedOutputStream 类中的 flush() 方法被用来把缓冲区中的字节写入文件中，并清空缓存。BufferedOutputStream 类也有两个构造方法。

☑ BufferedOutputStream(OutputStream in)：创建一个有 32 字节的缓冲输出流。

☑ BufferedOutputStream(OutputStream in,int size)：以指定的大小来创建缓冲输出流。

注意

即使在缓冲区没有满的情况下，使用 flush() 方法也会将缓冲区的字节强制写入文件中，习惯上称这个过程为"刷新"。

实例 05 以字节为单位进行输入 / 输出

实例位置：资源包\Code\SL\12\05
视频位置：资源包\Video\12\

在项目中创建 BufferedStreamTest 类，在主方法中先使用 BufferedOutputStream 类将字符串数组中的元素写入 word.txt 中，再使用 BufferedInputStream 类读取 word.txt 中的数据，并将 word.txt 中的数据输出在控制台上。关键代码如下：

```
01  public class BufferedStreamTest {
02      public static void main(String args[]) {
03          // 定义字符串数组
04          String content[] = { "你不喜欢我, ","我一点都不介意。",
05                                       "因为我活下来, ","不是为了取悦你！" };
06          File file = new File("word.txt");            // 创建文件对象
07          FileOutputStream fos = null;                 // 创建FileOutputStream对象
08          BufferedOutputStream bos = null;             // 创建BufferedOutputStream对象
09          FileInputStream fis = null;                  // 创建FileInputStream对象
10          BufferedInputStream bis = null;              // 创建BufferedInputStream对象
11          try {
12              fos = new FileOutputStream(file);        // 实例化FileOutputStream对象
13              bos = new BufferedOutputStream(fos);     // 实例化BufferedOutputStream对象
14              byte[] bContent = new byte[1024];        // 创建可以容纳1024字节的缓冲区
15              for (int k = 0; k < content.length; k++) { // 循环遍历数组
16                  bContent = content[k].getBytes();    // 将遍历到的数组内容转换为字节数组
17                  bos.write(bContent);                 // 将字节数组内容写入文件
18              }
19              System.out.println("写入成功！\n");
20          } catch (IOException e) {                    // 处理异常
21              e.printStackTrace();
22          } finally {
23              try {
24                  bos.close();                         // 将BufferedOutputStream流关闭
25                  fos.close();                         // 将FileOutputStream流关闭
26              } catch (IOException e) {
27                  e.printStackTrace();
28              }
29          }
30          try {
31              fis = new FileInputStream(file);         // 实例化FileInputStream对象
32              bis = new BufferedInputStream(fis);      // 实例化BufferedInputStream对象
33              byte[] bContent = new byte[1024];        // 创建byte数组，用来存储读取到的内容
34              int len = bis.read(bContent);            // 从文件中读取信息，并存入字节数组中
35              // 输出文件数据
```

```
36                    System.out.println("文件中的信息是：" + new String(bContent, 0, len));
37            } catch (IOException e) {                    // 处理异常
38                    e.printStackTrace();
39            } finally {
40                    try {
41                            bis.close();                 // 将BufferedInputStream流关闭
42                            fis.close();                 // 将FileInputStream流关闭
43                    } catch (IOException e) {
44                            e.printStackTrace();
45                    }
46            }
47    }
48 }
```

运行结果如图 12.14 所示。

图 12.14　以字节为单位进行输入 / 输出的运行结果

一、模拟场景：老师类继承 JFrame，学生类继承 JDialog；上课时，老师说："请同学们开始记笔记（按钮）。"下课后，同学将文本域中的内容保存至 notes.txt 中。（资源包 \Code\Try\12\09）

二、录入并读取个人信息：编号（文本框）、姓名（文本框）、性别（单选按钮）及爱好（复选框，包括游泳、篮球、足球、登山、网络游戏和读书）。（资源包 \Code\Try\12\10）

12.5.2　BufferedReader 类与 BufferedWriter 类

▶ 视频讲解：资源包\Video\12\12.5.2 BufferedReader类与BufferedWriter类.mp4

BufferedReader 类与 BufferedWriter 类分别继承自 Reader 类与 Writer 类，这两个类同样具有内部缓冲机制，并以行为单位进行输入 / 输出。

BufferedReader 类的常用方法及说明如表 12.6 所示。

表 12.6　BufferedReader 类的常用方法及说明

方　　法	返 回 值	说　　明
read()	int	读取单个字符
readLine()	String	读取一个文本行，并将其返回为字符串。若无数据可读，则返回 null

BufferedWriter 类的常用方法及说明如表 12.7 所示。

表 12.7　BufferedWriter 类的常用方法及说明

方　　法	返 回 值	说　　明
write(String s, int off, int len)	void	写入字符串的某一部分
flush()	void	刷新该流的缓冲
newLine()	void	写入一个行分隔符

实例 06　以行为单位进行输入 / 输出

实例位置：资源包\Code\SL\12\06
视频位置：资源包\Video\12\

在项目中创建 BufferedTest 类，在主方法中先使用 BufferedWriter 类将字符串数组中的元素写入 word.txt 中，再使用 BufferedReader 类读取 word.txt 中的数据，并输出在控制台上。关键代码如下：

```
01  public class BufferedTest {
02      public static void main(String args[]) {
03              // 定义字符串数组
04              String content[] = { "你不喜欢我，","我一点都不介意。",
05                                              "因为我活下来，","不是为了取悦你！" };
06              File file = new File("word.txt");                  // 创建文件对象
07              try {
08                      FileWriter fw = new FileWriter(file);      // 创建FileWriter类对象
09                      // 创建BufferedWriter类对象
10                      BufferedWriter bufw = new BufferedWriter(fw);
11                      for (int k = 0; k < content.length; k++) {  // 循环遍历数组
12                              bufw.write(content[k]);// 将字符串数组中元素写入磁盘文件中
13                              bufw.newLine();          // 将数组中的单个元素以单行的形式写入文件
14                      }
15                      bufw.close();                              // 将BufferedWriter流关闭
16                      fw.close();                                // 将FileWriter流关闭
17              } catch (IOException e) {                          // 处理异常
18                      e.printStackTrace();
19              }
20              try {
21                      FileReader fr = new FileReader(file);      // 创建FileReader类对象
22                      // 创建BufferedReader类对象
23                      BufferedReader bufr = new BufferedReader(fr);
24                      String s = null;                           // 创建字符串对象
25                      int i = 0;                                 // 声明int型变量
26                      // 如果文件的文本行数不为null,则进入循环
27                      while ((s = bufr.readLine()) != null) {
28                              i++;                               // 将变量做自增运算
29                              System.out.println("第" + i + "行:" + s); // 输出文件数据
30                      }
31                      bufr.close();                              // 将BufferedReader流关闭
32                      fr.close();                                // 将FileReader流关闭
33              } catch (IOException e) {                          // 处理异常
34                      e.printStackTrace();
35              }
36      }
37  }
```

运行结果如图 12.15 所示。

视 频 讲 解

图 12.15　以行为单位进行输入 / 输出的运行结果

拓展训练

一、将键盘录入的内容保存到 ConsoleInput.txt 文本文件中，如图 12.16 所示。（资源包 \Code\Try\12\11）

二、编写一个 JFrame 窗体程序，在已经选择好的文本文件中，查找并在文本域中输出含有指定关键字的整行内容，如图 12.17 所示。（资源包 \Code\Try\12\12）

图 12.16　将录入的内容保存到文本文件中

图 12.17　查找并在文本域中输出含有指定关键字的整行内容

12.6　小结

　　Java 为本章介绍的 I/O（输入 / 输出）机制提供了一套全面的 API，以方便从不同的数据源读取和写入字符或字节数据。读者了解并学习 Java 的字节流和字符流后，还需掌握字节流和字符流的相关子类，通过这些子类所实现的数据流可以把数据输出到指定的设备终端，也可以使用指定的设备终端输入数据。

第13章

多线程

（ ▶ 视频讲解：56 分钟）

本章概览

为了实现在同一时间运行多个任务，Java 引入了多线程的概念。在 Java 中，可以通过方便、快捷的方式启动多线程模式。多线程常被应用在符合并发机制的程序中，例如网络程序等。本章将结合实例由浅入深地向读者介绍在 Java 中如何创建并使用多线程。

本章内容也是 Java Web 技术和 Android 技术的基础知识。

知识框架

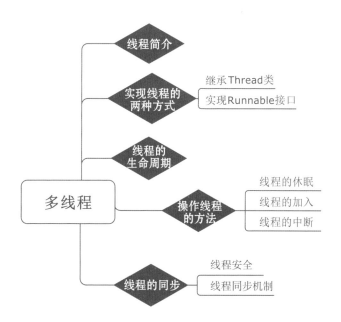

13.1 线程简介

📹 视频讲解： 资源包\Video\13\13.1 线程简介.mp4

人体可以同时进行呼吸、血液循环、思考问题等活动，可以使用电脑听着歌曲聊天……这种机制在 Java 中被称为并发机制，通过并发机制可以实现多个线程并发执行，这样多线程就应运而生了。

以多线程在 Windows 操作系统中的运行模式为例，Windows 操作系统是多任务操作系统，它以进程为单位。每个独立执行的程序都被称为进程，比如正在运行的 QQ 是一个进程，正在运行的 IE 浏览器也是一个进程，每个进程都可以包含多个线程。系统可以分配给每个进程一段使用 CPU 的时间（也可以称为 CPU 时间片），CPU 在这段时间中执行某个进程（同理，同一进程中的每个线程也可以得到一小段执行时间，这样一个进程就可以具有多个并发执行的线程），然后下一个 CPU 时间片又执行另一个进程。由于 CPU 转换较快，所以使得每个进程好像被同时执行一样。

多线程在 Windows 操作系统中的运行模式如图 13.1 所示。

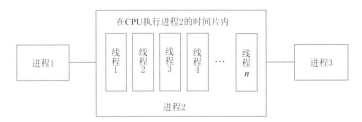

图 13.1　多线程在 Windows 操作系统中的运行模式

13.2　实现线程的两种方式

Java 提供了两种方式实现线程，分别为继承 java.lang.Thread 类与实现 java.lang.Runnable 接口。本节将分别对实现线程的两种方式进行讲解。

13.2.1 继承 Thread 类

📹 视频讲解： 资源包\Video\13\13.2.1 继承Thread类.mp4

Thread 类是 java.lang 包中的一个类，Thread 类的对象用来代表线程，通过继承 Thread 类创建、启动并执行一个线程的步骤如下。

（1）创建一个继承 Thread 类的子类。

（2）覆写 Thread 类的 run() 方法。

（3）创建线程类的一个对象。

（4）通过线程类的对象调用 start() 方法启动线程（启动之后会自动调用覆写的 run() 方法执行线程）。

下面分别对以上 4 个步骤的实现进行介绍。

首先启动一个新线程需要创建 Thread 实例。Thread 类常用的两个构造方法如下。

☑ public Thread()：创建一个新的线程对象。

☑ public Thread(String threadName)：创建一个名称为 threadName 的线程对象。

继承 Thread 类创建一个新线程的语法如下：

```java
public class ThreadTest extends Thread{
}
```

创建一个新线程后，如果要操作创建好的新线程，那么需要使用 Thread 类提供的方法。Thread 类的常用方法如表 13.1 所示。

表 13.1 Thread 类的常用方法

方 法	说 明
interrupt()	中断线程
join()	等待该线程终止
join(long millis)	等待该线程终止的时间最长为毫秒
run()	如果该线程是使用独立的 Runnable 对象构造的，则调用该 Runnable 对象的 run() 方法；否则，该方法不执行任何操作并返回
setPriority(int newPriority)	更改线程的优先级
sleep(long millis)	在指定的毫秒数内让当前正在执行的线程休眠（暂停执行）
start()	使该线程开始执行，Java 虚拟机调用该线程的 run() 方法
yield()	暂停当前正在执行的线程对象，执行其他线程

当一个类继承 Thread 类后，就在线程类中重写 run() 方法，并将实现线程功能的代码写入 run() 方法中，然后调用 Thread 类的 start() 方法启动线程，线程启动之后会自动调用覆写的 run() 方法执行线程。

Thread 类对象需要一个任务来执行，任务指线程在启动之后执行的工作，任务的代码写在 run() 方法中。run() 方法必须使用以下语法格式：

```
public void run(){
}
```

注意

　　如果 start() 方法调用一个已经启动的线程，则系统将抛出 IllegalThreadStateException 异常。

Java 虚拟机调用 Java 程序的 main() 方法时，就启动了主线程。如果程序员想启动其他线程，那么需要通过线程类对象调用 start() 方法来实现，关键代码如下：

```
01  public static void main(String[] args) {
02      ThreadTest  test = new ThreadTest();
03      test.start();
04  }
```

实例 01 继承 Thread 类创建并启动线程

实例位置：资源包\Code\SL\13\01
视频位置：资源包\Video\13\

在项目中创建 ThreadTest 类，该类通过继承 Thread 类创建线程。关键代码如下：

```
01  public class ThreadTest extends Thread {              // 指定类继承Thread类
02      private int count = 10;
03      public void run() {                               // 重写run()方法
04          while (true) {
05              System.out.print(count + " ");            // 打印count变量
06              if (--count == 0) {                       // 使count变量自减，当自减为0时，退出循环
07                  break;
08              }
09          }
10      }
11      public static void main(String[] args) {
12          ThreadTest test = new ThreadTest();           // 创建线程对象
13          test.start();                                 // 启动线程
14      }
15  }
```

在 Eclipse 中运行本实例，结果如图 13.2 所示。

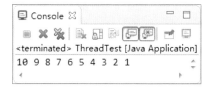

图 13.2　继承 Thread 类创建并启动线程的运行结果

一、在足球比赛开赛前，A 队和 B 队的上场球员（每队各 11 名球员）会依次出现在两个半场处。受球场条件限制，球员通道口每次只能通过一名球员，使用 Thread 类，模拟球员入场场景。（资源包 \Code\Try\13\01）

二、使用 Thread 类和窗体的相关知识编写一个程序，根据输出结果的不同说明单线程与多线程的区别，运行结果如图 13.3 所示。（说明：如果源码中的输出结果相同，请读者多单击几次多线程程序按钮）（资源包 \Code\Try\13\02）

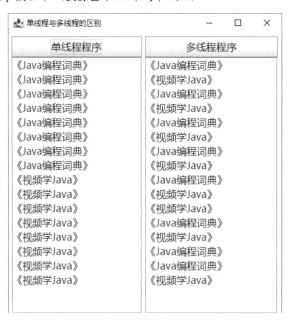

图 13.3　单线程与多线程的区别

13.2.2 实现 Runnable 接口

▶ 视频讲解：资源包\Video\13\13.2.2 实现Runnable接口.mp4

如果当前类不仅要继承其他类（非 Thread 类），还要实现多线程，那么该如何处理呢？继承 Thread 类肯定不行，因为 Java 不支持多继承。在这种情况下，只能通过当前类实现 Runnable 接口来创建 Thread 类对象。

Object 类的子类实现 Runnable 接口的语法如下：

```
public class ThreadTest extends Object implements Runnable
```

 说明

从 Java API 中可以发现，Thread 类已经实现了 Runnable 接口，Thread 类的 run() 方法正是 Runnable 接口中的 run() 方法的具体实现。

实现 Runnable 接口的程序会创建一个 Thread 对象，并将 Runnable 对象与 Thread 对象相关联。Thread 类中有以下两个构造方法。

☑ public Thread(Runnable target)：创建新的 Thread 对象，以便将实现 Runnable 接口的对象 target 作为其运行对象。

☑ public Thread(Runnable target, String name)：创建新的 Thread 对象，以便将被指定名称的、实现 Runnable 接口的对象 target 作为其运行对象。

使用 Runnable 接口启动新线程的步骤如下。

（1）创建 Runnable 对象。

（2）使用参数为 Runnable 对象的构造方法创建 Thread 对象。

（3）调用 start() 方法启动线程。

通过 Runnable 接口创建线程时，首先需要创建一个实现 Runnable 接口的类，然后创建该类的对象，接下来使用 Thread 类中相应的构造方法创建 Thread 对象，最后使用 Thread 对象调用 Thread 类中的 start() 方法启动线程。实现 Runnable 接口创建线程的流程如图 13.4 所示。

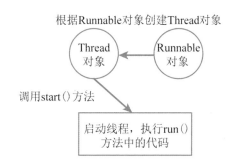

图 13.4　实现 Runnable 接口创建线程的流程

下面的实例通过线程在 GUI 程序中实现了移动图标的功能。

实例 02　向右移动的 Java 图标	实例位置：资源包\Code\SL\13\02
	视频位置：资源包\Video\13\

在项目中，先创建 SwingAndThread 类，该类继承自 JFrame 类，再通过实现 Runnable 接口创建 Thread 类对象，实现图标移动的功能。关键代码如下：

```
01    import java.awt.Container;
02    import java.net.URL;
03    import javax.swing.*;
04    public class SwingAndThread extends JFrame {
05        private JLabel jl = new JLabel();                    // 声明JLabel对象
06        private static Thread t;                             // 声明线程对象
07        private int x = 0;                                   // 声明可变化的横坐标
08        private Container container = getContentPane();       // 声明容器
09
10        public SwingAndThread() {
11            setBounds(300, 200, 250, 100);                   // 绝对定位窗体大小与位置
12            container.setLayout(null);                       // 使窗体不使用任何布局管理器
13            try {
14                    // 获取本类同目录下图片的URL
15                    URL url = SwingAndThread.class.getResource("java.png");
16                    Icon icon = new ImageIcon(url);          // 实例化一个Icon
17                    jl.setIcon(icon);                        // 将图标放置在标签中
18            } catch (NullPointerException ex) {              // 捕捉空指针异常
19                    System.out.println("图片不存在，请将java.png复制到当前目录下！");
20                    return;                                  // 结束方法
21            }
22            jl.setBounds(10, 10, 200, 50);                   // 设置标签的位置与大小
23            t = new Thread(new Roll());                      // 创建子类Roll类的线程对象
24            t.start();                                       // 启动线程
25            container.add(jl);                               // 将标签添加到容器中
26            setVisible(true);                                // 使窗体可见
27            setDefaultCloseOperation(EXIT_ON_CLOSE);         // 设置窗体的关闭方式
28        }
29
30        class Roll implements Runnable {                     // 定义内部类，实现Runnable接口
31            public void run() {
32                    while (x <= 200) {                       // 设置循环条件
33                            // 将标签的横坐标用变量表示
34                            jl.setBounds(x, 10, 200, 50);
35                            try {
36                                    Thread.sleep(500);       // 使线程休眠500毫秒
37                            } catch (Exception e) {
38                                    e.printStackTrace();
39                            }
40                            x += 4;                          // 使横坐标每次增加4
41                            if (x >= 200) {
42                                    x = 10;      // 当图标到达标签的最右边时，使其回到标签最左边
43                            }
44                    }
45            }
46        }
47
48        public static void main(String[] args) {
```

```
49              new SwingAndThread();              // 实例化一个SwingAndThread对象
50          }
51    }
```

运行本实例，结果如图 13.5 所示。

图 13.5　移动 Java 图标的运行结果

拓展训练　一、通过实现 Runnable 接口模拟下载进度条：单击开始下载按钮后，开始下载按钮失效且进度条从 0 不断加 5，直至加至 100。进度条达到 100 后，失效的开始下载按钮变为被启用的下载完成按钮。单击下载完成按钮后，销毁当前窗体。（资源包 \Code\Try\13\03）

二、在射击游戏中，许多玩家都喜欢狙击步枪与手枪的组合：远距离狙杀，近距离博弈。现使用 Thread 类表示狙击步枪（10 发子弹）、实现 Runnable 接口表示手枪（7 发子弹），在控制台输出它们射击后的剩余子弹数，直至把所有子弹打光。（资源包 \Code\Try\13\04）

13.3　线程的生命周期

视频讲解：资源包\Video\13\13.3 线程的生命周期.mp4

线程具有生命周期，其中包含 5 种状态，分别为出生状态、就绪状态、运行状态、暂停状态（包括休眠、等待和阻塞等）和死亡状态。出生状态就是线程被创建时的状态；当线程对象调用 start() 方法后，线程处于就绪状态（又称为可执行状态）；当线程得到系统资源后就进入了运行状态。

一旦线程进入运行状态，它会在就绪状态与运行状态下转换，同时也有可能进入暂停状态或死亡状态。当处于运行状态下的线程调用 sleep() 方法、wait() 方法或者发生阻塞时，会进入暂停状态；当休眠结束、调用 notify() 方法或 notifyAll() 方法、阻塞解除时，线程会重新进入就绪状态；当线程的 run() 方法执行完毕，或者线程发生错误、异常时，线程会进入死亡状态。

线程生命周期中的各种状态如图 13.6 所示。

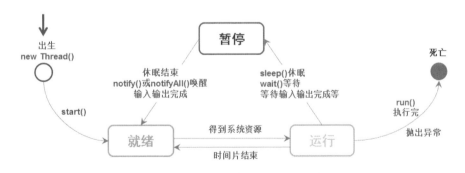

图 13.6　线程生命周期的各种状态

13.4　操作线程的方法

操作线程有很多方法，这些方法可以使线程从某一种状态过渡到另一种状态，本节将讲解如何对线程执行休眠、加入和中断等操作。

13.4.1 线程的休眠

▶ 视频讲解：资源包\Video\13\13.4.1 线程的休眠.mp4

能控制线程行为的方法之一是调用 sleep() 方法。sleep() 方法可以指定线程休眠的时间，线程休眠的时间以毫秒为单位。

sleep() 方法的使用方法如下：

```
01  try {
02      Thread.sleep(2000);
03  } catch (InterruptedException e) {
04      e.printStackTrace();
05  }
```

上述代码会使线程在 2 秒之内不会进入就绪状态。由于 sleep() 方法有可能抛出 InterruptedException 异常，所以将 sleep() 方法放在 try－catch 块中。虽然使用了 sleep() 方法的线程在一段时间内会醒来，但是并不能保证它醒来后就会进入运行状态，只能保证它进入就绪状态。

为了使读者更深入地了解线程的休眠方法，请看下面的实例。

实例 03 在窗体中自动绘制彩色线段

实例位置：资源包\Code\SL\13\03
视频位置：资源包\Video\13\

在项目中创建 SleepMethodTest 类，该类继承了 JFrame 类，使用 Thread 类的 sleep() 方法，实现在窗体中自动绘制线段的功能，并且为线段设置颜色，颜色是随机产生的。关键代码如下：

```
01  public class SleepMethodTest extends JFrame {
02      private static final long serialVersionUID = 1L;
03      private Thread t;
04      // 定义颜色数组
05      private static Color[] color = { Color.BLACK, Color.BLUE, Color.CYAN,
06                  Color.GREEN, Color.ORANGE, Color.YELLOW,
07                  Color.RED, Color.PINK, Color.LIGHT_GRAY };
08      private static final Random rand = new Random();      // 创建随机对象
09      private static Color getC() {                          // 获取随机颜色值的方法
10          // 随机产生一个color数组长度范围内的数字，以此为索引获取颜色
11          return color[rand.nextInt(color.length)];
12      }
13      public SleepMethodTest() {
14          t = new Thread(new Draw());                        // 创建匿名线程对象
15          t.start();                                         // 启动线程
16      }
17      class Draw implements Runnable {//定义内部类，用来在窗体中绘制线条
18          int x = 30;                                        // 定义初始坐标
19          int y = 50;
20          public void run() {                                // 重写线程接口方法
21              while (true) {                                 // 无限循环
22                  try {
```

```
23                              Thread.sleep(100);            // 线程休眠0.1秒
24                      } catch (InterruptedException e) {
25                              e.printStackTrace();
26                      }
27                      // 获取组件绘图上下文对象
28                      Graphics graphics = getGraphics();
29                      graphics.setColor(getC());           // 设置绘图颜色
30                      // 绘制直线并递增垂直坐标
31                      graphics.drawLine(x, y, 100, y++);
32                      if (y >= 80) {
33                              y = 50;
34                      }
35                  }
36          }
37      }
38      public static void main(String[] args) {
39              init(new SleepMethodTest(), 100, 100);
40      }
41      // 初始化程序界面的方法
42      public static void init(JFrame frame, int width, int height) {
43              frame.setDefaultCloseOperation(JFrame.EXIT_ON_CLOSE);
44              frame.setSize(width, height);
45              frame.setVisible(true);
46      }
47  }
```

运行本实例，结果如图 13.7 所示。

视 频 讲 解

图 13.7 在窗体中自动绘制彩色线段的运行结果

本实例中定义了 getC() 方法，该方法用于随机产生 Color 类型的对象，并且在产生线程的内部类中使用 getGraphics() 方法获取 Graphics 对象，使用获取的 Graphics 对象调用 setColor() 方法为图形设置颜色；调用 drawLine() 方法绘制一条线段，线段的位置会根据纵坐标的变化自动调整。

拓展训练

一、模拟红绿灯变化场景：红灯亮 8 秒，绿灯亮 5 秒，黄灯亮 2 秒。（资源包 \Code\Try\13\05）
二、霓虹灯之 "明·日·科·技"：改变字体样式、颜色及面板背景色，变化的时间间隔为 3 秒。
（资源包 \Code\Try\13\06）

13.4.2 线程的加入

视 频 讲 解

▶ 视频讲解：资源包\Video\13\13.4.2 线程的加入.mp4

假如当前程序为多线程程序，并且存在一个线程 A，现在需要插入线程 B，并要求线程 B 执行完毕后，再继续执行线程 A，此时可以使用 Thread 类中的 join() 方法来实现。这就好比 A 正在看电视，突然 B 上门收水费，A 必须付完水费才能继续看电视。

当某个线程使用 join() 方法加入另一个线程时，另一个线程会等待该线程执行完毕再继续执行。下面来看一个使用 join() 方法的实例。

实例 04　使用 join() 方法控制进度条的滚动

实例位置：资源包\Code\SL\13\04
视频位置：资源包\Video\13\

在项目中创建 JoinTest 类，该类继承了 JFrame 类。该实例包括两个进度条，进度条的进度由线程控制，通过使用 join() 方法使上面的进度条必须等待下面的进度条滚动完成才可以继续。主要代码如下：

```
01  public class JoinTest extends JFrame {
02      private static final long serialVersionUID = 1L;
03      private Thread threadA;                              // 定义两个线程
04      private Thread threadB;
05      final JProgressBar progressBar = new JProgressBar();    // 定义两个进度条组件
06      final JProgressBar progressBar2 = new JProgressBar();
07      int count = 0;
08      public static void main(String[] args) {
09          new JoinTest();
10      }
11      public JoinTest() {
12          super();
13          setDefaultCloseOperation(JFrame.EXIT_ON_CLOSE);     // 关闭窗体后停止程序
14          setSize(100, 100);                                  // 设定窗体宽高
15          setVisible(true);                                   // 窗体可见
16          // 将进度条设置在窗体最北面
17          getContentPane().add(progressBar, BorderLayout.NORTH);
18          // 将进度条设置在窗体最南面
19          getContentPane().add(progressBar2, BorderLayout.SOUTH);
20          progressBar.setStringPainted(true);                 // 设置进度条显示数字字符
21          progressBar2.setStringPainted(true);
22          // 使用匿名内部类形式初始化Thread实例
23          threadA = new Thread(new Runnable() {
24              int count = 0;
25              public void run() {                             // 重写run()方法
26                  while (true) {
27                      progressBar.setValue(++count);// 设置进度条的当前值
28                      try {
29                          Thread.sleep(100);          // 使线程A休眠100毫秒
30                          if (count == 20) {
31                              threadB.join(); // 使线程B调用join()方法
32                          }
33                      } catch (Exception e) {
34                          e.printStackTrace();
```

```
35                                    }
36                               }
37                          }
38               });
39               threadA.start();                          // 启动线程A
40               threadB = new Thread(new Runnable() {
41                     int count = 0;
42                     public void run() {
43                          while (true) {
44                               progressBar2.setValue(++count);// 设置进度条的当前值
45                               try {
46                                    Thread.sleep(100);      // 使线程B休眠100毫秒
47                               } catch (Exception e) {
48                                    e.printStackTrace();
49                               }
50                               if (count == 100)           // 当count变量增长为100时
51                                    break;                 // 跳出循环
52                          }
53                     }
54               });
55               threadB.start();                          // 启动线程B
56          }
57     }
```

运行本实例，结果如图 13.8 所示。

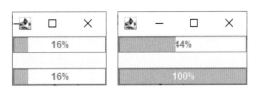

图 13.8　使用 join() 方法控制进度条滚动的运行结果

本实例中同时创建了两个线程，这两个线程分别负责进度条的滚动。在线程 A 的 run() 方法中使线程 B 的对象调用 join() 方法，而 join() 方法使线程 A 暂停运行，直到线程 B 执行完毕，再执行线程 A，也就是下面的进度条滚动完毕后，上面的进度条再滚动。

一、旅游公司有 10 辆客车，旅游淡季时只运行 5 辆客车，旅游旺季时 10 辆客车全部运行。使用线程的加入，模拟旅游旺季时 10 辆客车全部运行的效果。（资源包 \Code\Try\13\07）

二、使用线程的加入模拟龟兔赛跑：兔子跑到 70 米的时候，开始睡觉；乌龟爬至终点时，兔子醒来跑至终点。（资源包 \Code\Try\13\08）

13.4.3 线程的中断

视频讲解：资源包\Video\13\13.4.3 线程的中断.mp4

以往会使用 stop() 方法停止线程，但 JDK 早已废除了 stop() 方法，不建议使用 stop() 方法来停止线程。现在提倡在 run() 方法中使用无限循环的形式，然后使用一个布尔类型标记控制循环的停止。

例如，创建一个 InterruptedTest 类，该类实现了 Runnable 接口，通过使用布尔类型标记，设置线程的正确停止方式，代码如下：

```
01   public class InterruptedTest implements Runnable {
02       private boolean isContinue = false;        // 设置一个标记变量，默认值为false
03       public void run() {                          // 重写run()方法
04           while (true) {
05               //…
06               if (isContinue)                      // 当isContinue变量为true时，停止线程
07                   break;
08           }
09       }
10       public void setContinue() {                  // 定义设置isContinue变量为true的方法
11           this.isContinue = true;
12       }
13   }
```

如果线程因为使用 sleep() 或 wait() 方法而进入了就绪状态，则可以使用 Thread 类中 interrupt() 方法使线程离开 run() 方法，同时结束线程。但此时程序会抛出 InterruptedException 异常，可以在处理该异常时完成线程的中断业务，如终止 while 循环。

下面的实例演示了某个线程使用 interrupted() 方法，同时程序抛出 InterruptedException 异常的情况。

实例 05 中断进度条的进度

实例位置：资源包\Code\SL\13\05
视频位置：资源包\Video\13\

在项目中创建 InterruptedSwing 类，该类实现了 Runnable 接口，创建一个进度条，在表示进度条的线程中使用 interrupted() 方法。主要代码如下：

```
01   public class InterruptedSwing extends JFrame {
02       Thread thread;
03       public static void main(String[] args) {
04           new InterruptedSwing();
05       }
06       public InterruptedSwing() {
07           setDefaultCloseOperation(JFrame.EXIT_ON_CLOSE);    // 关闭窗体后停止程序
08           setSize(100, 100);                                  // 设定窗体宽、高
09           setVisible(true);                                   // 窗体可见
10           final JProgressBar progressBar = new JProgressBar();// 创建进度条
11           // 将进度条放置在窗体合适位置
12           getContentPane().add(progressBar, BorderLayout.NORTH);
13           progressBar.setStringPainted(true);                 // 设置进度条上显示数字
14           thread = new Thread() {                             // 使用匿名内部类方式创建线程对象
15               int count = 0;
16               public void run() {
17                   while (true) {
18                       progressBar.setValue(++count); // 设置进度条的当前值
19                       try {
20                           if (count == 50) {
```

```
21                                    interrupt();    // 执行线程停止方法
22                                }
23                                Thread.sleep(100);    // 使线程休眠100豪秒
24                        // 捕捉InterruptedException异常
25                        } catch (InterruptedException e) {
26                            System.out.println("当前线程被中断");
27                            break;
28                        }
29                    }
30                }
31            };
32            thread.start();                                        // 启动线程
33        }
34  }
```

运行本实例，结果如图 13.9 所示。

图 13.9　线程中断的运行结果

在本实例中，由于调用了 interrupted() 方法，所以抛出了 InterruptedException 异常。

一、模拟小猫钓鱼：小猫去河边钓鱼，钓鱼至 1 分钟时，蝴蝶飞来了，小猫放下鱼竿去捉蝴蝶了。（资源包 \Code\Try\13\09）

二、电梯最大载重量为 1000 千克，使用线程的中断模拟当乘客的总重量超过 1000 千克时，电梯发出预警提示音。假设乘客的平均体重为 80 千克，使用 Thread 类输出电梯发出预警提示音前可容纳的人数。（资源包 \Code\Try\13\10）

13.5　线程的同步

在单线程程序中，每次只能做一件事情，后面的事情需要等待前面的事情完成后才可以进行。如果使用多线程程序，就会发生两个线程抢占资源的问题，例如两个人以相反方向同时过同一个独木桥。为此，Java 提供了线程同步机制来防止多线程编程中抢占资源的问题。

13.5.1　线程安全

视频讲解：资源包\Video\13\13.5.1 线程安全.mp4

在实际开发中，使用多线程程序的情况很多，如银行排号系统、火车站售票系统等。这种多线程程序通常会发生问题。以火车站售票系统为例，在代码中判断当前票数是否大于 0，如果大于 0 则执行把火车票出售给乘客的功能。但当两个线程同时访问这段代码时（假如这时只剩下一张票），第一个线程将票售出，与此同时第二个线程也已经执行并完成判断是否有票的操作，并得出结论票数大于 0，于是它也执行将票售出的操作，这样票数就会产生负数。所以在编写多线程程序时，应该考虑到线程安全问题。实质上，线程安全问题来源于两个线程同时操作单一对象的数据。

例如，在项目中创建 ThreadSafeTest 类，该类实现了 Runnable 接口，在未考虑线程安全问题的基础上，模拟火车站的售票系统。关键代码如下：

```java
01  public class ThreadSafeTest implements Runnable {      // 实现Runnable接口
02      int num = 10;                                       // 设置当前总票数
03      public void run() {
04          while (true) {                                  // 设置无限循环
05              if (num > 0) {                              // 判断当前票数是否大于0
06                  try {
07                      Thread.sleep(100);                  // 使当前线程休眠100毫秒
08                  } catch (Exception e) {
09                      e.printStackTrace();
10                  }
11                  System.out.println(Thread.currentThread().getName() +
12                      "----票数" + num--);                // 票数减1
13              }
14          }
15      }
16      public static void main(String[] args) {
17          ThreadSafeTest t = new ThreadSafeTest();        // 实例化类对象
18          Thread tA = new Thread(t, "线程一");            // 以该类对象分别实例化4个线程
19          Thread tB = new Thread(t, "线程二");
20          Thread tC = new Thread(t, "线程三");
21          Thread tD = new Thread(t, "线程四");
22          tA.start(); // 分别启动线程
23          tB.start();
24          tC.start();
25          tD.start();
26      }
27  }
```

运行本实例，结果如图 13.10 所示。

图 13.10　未考虑线程安全，模拟火车站售票系统的运行结果

从图 13.10 可以看出，最后打印剩下的票为负值，这样就出现了问题。这是由于同时创建了 4 个线程，这 4 个线程执行 run() 方法，在 num 变量为 1 时，线程一、线程二、线程三、线程四都对 num 变量有

存储功能，当线程一执行 run() 方法时，还没有来得及做递减操作，就调用 sleep() 方法进入就绪状态，这时线程二、线程三和线程四也都进入了 run() 方法，发现 num 变量依然大于 0，但此时线程一休眠时间已到，将 num 变量值递减，同时线程二、线程三、线程四也都对 num 变量进行递减操作，从而产生了负值。

13.5.2 线程同步机制

📹 视频讲解：资源包\Video\13\13.5.2 线程同步机制.mp4

该如何解决资源共享的问题呢？基本上，所有解决多线程资源冲突问题的方法都是在给定时间只允许一个线程访问共享资源，这时就需要给共享资源上一道锁。这就好比一个人上洗手间时，他进入洗手间后会将门锁上，出来时再将门打开，然后其他人才可以进入。

1. 同步块

在 Java 中提供了同步机制，可以有效地防止资源冲突。同步机制使用 synchronized 关键字，使用该关键字的代码块被称为同步块，也称为临界区，语法如下：

```
synchronized (Object) {
}
```

通常将共享资源的操作放置在 synchronized 定义的区域内，这样当其他线程获取这个锁时，就必须等锁被释放后才可以进入该区域。Object 为任意一个对象，每个对象都存在一个标识位，并具有两个值，分别为 0 和 1。一个线程运行到同步块时，首先检查该对象的标识位，如果为 0 状态，表明此同步块内存在其他线程，这时当前线程处于就绪状态，直到处于同步块中的线程执行完同步块中的代码，这时该对象的标识位设置为 1，当前线程才能开始执行同步块中的代码，并将 Object 对象的标识位设置为 0，以防止其他线程执行同步块中的代码。

实例 06 设置同步块模拟售票系统

实例位置：资源包\Code\SL\13\06
视频位置：资源包\Video\13\

创建 SynchronizedTest 类，修改 13.5.1 节中的代码，把对 num 操作的代码设置在同步块中。主要代码如下：

```
01  public class SynchronizedTest implements Runnable {
02      int num = 10;                                        // 设置当前总票数
03      public void run() {
04          while (true) {                                   // 设置无限循环
05              synchronized (this) {                        // 设置同步代码块
06                  if (num > 0) {                           // 判断当前票数是否大于0
07                      try {
08                          Thread.sleep(100);              // 使当前线程休眠100毫秒
09                      } catch (Exception e) {
10                          e.printStackTrace();
11                      }
12                      // 票数减1
13                      System.out.println(Thread.currentThread().getName()+"—票数" +num--);
14                  }
15              }
```

```
16              }
17          }
18      public static void main(String[] args) {
19              // 实例化类对象
20              SynchronizedTest t = new SynchronizedTest();
21              // 以该类对象分别实例化4个线程
22              Thread tA = new Thread(t,"线程一");
23              Thread tB = new Thread(t,"线程二");
24              Thread tC = new Thread(t,"线程三");
25              Thread tD = new Thread(t,"线程四");
26              tA.start();                              // 分别启动线程
27              tB.start();
28              tC.start();
29              tD.start();
30          }
31  }
```

运行本实例，结果如图 13.11 所示。

从图 13.11 可以看出，打印到最后，票数没有出现负数，这是因为将共享资源放置在了同步块中。

一、使用 Swing 和线程实现 ● 和 ★ 在窗体中做无规则运动，运行结果如图 13.12 所示。（资源包 \Code\Try\13\11）

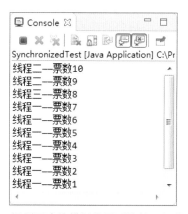

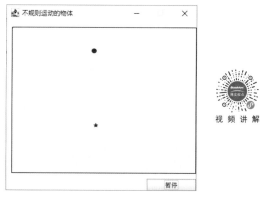

图 13.11　设置同步块模拟售票系统的运行结果　　　图 13.12　做无规则运动的物体的运行结果

二、使用 I／O 流先按字节读取文件并通过线程的休眠控制读取字节的速度，再将读取的字节显示在文本域中，最后使用 synchronized 关键字实现暂停读取和继续读取的功能。（资源包 \Code\Try\13\12）

2. 同步方法

同步方法就是被 synchronized 关键字修饰的方法，其语法如下：

```
synchronized void f(){  }
```

当某个对象调用了同步方法时，该对象的其他同步方法必须等待该同步方法执行完毕才能被执行。必须将每个能访问共享资源的方法都修饰为 synchronized，否则就会出错。

修改实例 06，将共享资源的操作放置在一个同步方法中，代码如下：

```
01  int num = 10;
02  public synchronized void doit() {                    //定义同步方法
03      if(num>0){
04              try{
05                      Thread.sleep(10);
06              }catch(Exception e){
07                      e.printStackTrace();
08              }
09              System.out.println(Thread.currentThread().getName()+"—票数" +num--);
10      }
11  }
12  public void run(){
13      while(true){
14              doit();                                  //在run()方法中调用该同步方法
15      }
16  }
```

将共享资源的操作放置在同步方法中，运行结果与使用同步块的结果一致。

13.6 小结

本章首先对线程进行了简单的概述，然后讲解了如何通过继承 Thread 类和实现 Runnable 接口的方式创建线程，接着对线程的生命周期进行了描述，最后对线程的常见操作（包括线程的休眠、加入、中断与同步）进行了详细讲解。学习多线程编程就像进入了一个全新的领域，它与以往的编程思想截然不同，读者应该积极转换编程思维，形成多线程编程的思维方式。多线程本身是一种非常复杂的机制，完全理解它也需要一段时间，并且需要更深入地学习。通过本章的学习，读者应该学会如何创建基本的多线程程序，并熟练掌握常用的线程操作。

第 **14** 章

使用 JDBC 操作数据库

（ ▶ 视频讲解：1 小时 10 分钟）

本章概览

　　学习 Java，必然要学习 JDBC 技术，因为使用 JDBC 技术可以非常方便地操作各种主流数据库。大部分应用程序都是使用数据库存储数据的，通过 JDBC 技术，既可以根据指定条件查询数据库中的数据，又可以对数据库中的数据进行添加、删除、修改等操作。本章将详细讲解如何使用 JDBC 技术操作 MySQL 数据库。

　　本章内容也是 Java Web 技术的基础知识。

知识框架

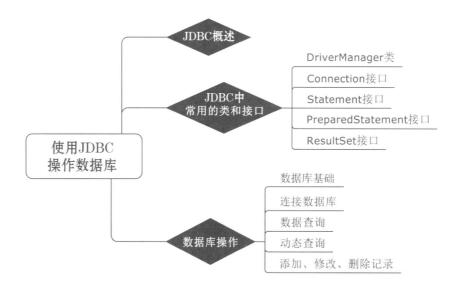

14.1 JDBC 概述

▶ 视频讲解：资源包\Video\14\14.1 JDBC概述.mp4

JDBC 的 全 称 是 Java DataBase
Connectivity，它是一种被用于执行 SQL
语句的 Java API。通过使用 JDBC，就
可以使用相同的 API 访问不同的数据库。
需要注意的是，JDBC 并不能直接访问
数据库，必须依赖于数据库厂商提供的
JDBC 驱动程序。使用 JDBC 操作数据
库的主要步骤如图 14.1 所示。

图 14.1 使用 JDBC 操作数据库的主要步骤

14.2 JDBC 中常用的类和接口

Java 提供了丰富的类和接口用于数据库编程，利用这些类和接口可以方便地访问并处理存储在数据库中的数据。本节将介绍一些常用的 JDBC 接口和类，这些接口和类都在 java.sql 包中。

说明

在程序中使用 JDBC 操作数据库时，需要在项目的 module-info.java 文件中引入 java.sql 包，引入代码为 "requires java.sql;"。

14.2.1 DriverManager 类

▶ 视频讲解：资源包\Video\14\14.2.1 DriverManager类.mp4

DriverManager 类是 JDBC 的管理层，用来管理数据库中的驱动程序。在使用 Java 操作数据库之前，必须使用 Class 类的静态方法 forName(String className) 加载能够连接数据库的驱动程序。

例如，加载 MySQL 数据库驱动程序（包名为 mysql-connector-j-8.0.33.jar）的代码如下：

```
01  try {                                              //加载MySQL数据库驱动
02      Class.forName("com.mysql.cj.jdbc.Driver");
03  } catch (ClassNotFoundException e) {
04      e.printStackTrace();
05  }
```

多学两招

Java SQL 框架允许加载多种数据库驱动的程序，例如：

（1）加载 Oracle 数据库驱动程序（包名为 ojdbc6.jar）

```
Class.forName("oracle.jdbc.driver.OracleDriver ");
```

（2）加载 SQL Server 2000 数据库驱动程序（包名为 msbase.jar、mssqlserver.jar、msutil.jar）

```
Class.forName("com.microsoft.jdbc.sqlserver.SQLServerDriver");
```

（3）加载 SQL Server 2005 以上版本数据库驱动程序（包名为 mssql-jdbc-12.4.2.jre11.jar）

```
Class.forName("com.microsoft.sqlserver.jdbc.SQLServerDriver");
```

加载完连接数据库的驱动程序后，Java 会自动将驱动程序的实例注册到 DriverManager 类中，这时即可通过 DriverManager 类的 getConnection() 方法与指定数据库建立连接。getConnection() 方法的语法如下：

```
getConnection(String url, String user, String password)
```

☑ url：连接数据库的 URL。
☑ user：连接数据库的用户名。
☑ password：连接数据库的密码。

例如，使用 DriverManager 类的 getConnection() 方法与本地 MySQL 数据库建立连接，代码如下：

```
DriverManager.getConnection("jdbc:mysql://127.0.0.1:3306/test","root","password");
```

 127.0.0.1 表示本地 IP 地址，3306 是 MySQL 的默认端口，test 是数据库名称。

使用 DriverManager 类的 getConnection() 方法与本地 SQLServer 2000 数据库建立连接，代码如下：

```
DriverManager.getConnection("jdbc:microsoft:sqlserver://127.0.0.1:1433;DatabaseName=test","sa","password");
```

使用 DriverManager 类的 getConnection() 方法与本地 SQLServer 2005 以上版本数据库建立连接，代码如下：

```
DriverManager.getConnection("jdbc:sqlserver://127.0.0.1:1433;DatabaseName=test","sa","password");
```

使用 DriverManager 类的 getConnection() 方法与本地 Oracle 数据库建立连接，代码如下：

```
DriverManager.getConnection("jdbc:oracle:thin:@//127.0.0.1:1521/test","system","password");
```

14.2.2 Connection 接口

📹 视频讲解：资源包\Video\14\14.2.2 Connection接口.mp4

Connection 接口代表 Java 端与指定数据库之间的连接，Connection 接口的常用方法及说明如表 14.1 所示。

表 14.1 Connection 接口的常用方法及说明

方　法	功　能　描　述
createStatement()	创建 Statement 对象
createStatement(int resultSetType, int resultSetConcurrency)	创建一个 Statement 对象，Statement 对象被用来生成一个具有给定类型、并发性和可保存性的 ResultSet 对象
prepareStatement()	创建预处理 PreparedStatement 对象
prepareCall(String sql)	创建一个 CallableStatement 对象来调用数据库存储过程
isReadOnly()	查看当前 Connection 对象的读写模式是否是只读形式

方　　法	功　能　描　述
setReadOnly()	设置当前 Connection 对象的读写模式，默认为非只读模式
commit()	使上一次提交 / 回滚后进行的更改成为持久更改，并释放此 Connection 对象当前持有的数据库锁
roolback()	取消在当前事务中进行的更改，并释放此 Connection 对象当前持有的数据库锁
close()	立即释放此 Connection 对象的数据库和 JDBC 资源，而不是等待它们被自动释放

例如，使用 Connection 对象连接 MySQL 数据库，代码如下：

```
01   Connection con;                              //声明Connection对象
02   try {
03       Class.forName("com.mysql.cj.jdbc.Driver");   //加载MySQL数据库驱动类
04   } catch (ClassNotFoundException e) {
05       e.printStackTrace();
06   }
07   try {
08       //通过访问数据库的URL获取数据库连接对象
09       con=DriverManager.getConnection("jdbc:mysql://127.0.0.1:3306/test","root","root");
10   } catch (SQLException e) {
11       e.printStackTrace();
12   }
```

14.2.3 Statement 接口

视频讲解

▶ 视频讲解：资源包\Video\14\14.2.3 Statement接口.mp4

Statement 接口是用来执行静态 SQL 语句的工具接口，Statement 接口的常用方法及说明如表 14.2 所示。

表 14.2　Statement 接口的常用方法及说明

方　　法	功　能　描　述
execute(String sql)	执行静态的 SELECT 语句，该语句可能返回多个结果集
executeQuery(String sql)	执行给定的 SQL 语句，该语句返回单个 ResultSet 对象
clearBatch()	清空此 Statement 对象的当前 SQL 命令列表
executeBatch()	将一批命令提交给数据库来执行，如果全部命令执行成功，则返回更新计数组成的数组。数组元素的排序与 SQL 语句的添加顺序对应
addBatch(String sql)	将给定的 SQL 命令添加到此 Statement 对象的当前命令列表中。如果驱动程序不支持批量处理，则将抛出异常
close()	释放 Statement 对象占用的数据库和 JDBC 资源

例如，使用连接数据库对象 con 的 createStatement() 方法创建 Statement 对象，代码如下：

```
01   try {
02       Statement stmt = con.createStatement();
03   } catch (SQLException e) {
04       e.printStackTrace();
05   }
```

14.2.4 PreparedStatement 接口

▶ 视频讲解：资源包\Video\14\14.2.4 PreparedStatement接口.mp4

PreparedStatement 接口是 Statement 接口的子接口，是用来执行动态 SQL 语句的工具接口。PreparedStatement 接口的常用方法及说明如表 14.3 所示。

表 14.3　PreparedStatement 接口的常用方法及说明

方　　法	功　能　描　述
setInt(int index , int k)	将指定位置的参数设置为 int 值
setFloat(int index , float f)	将指定位置的参数设置为 float 值
setLong(int index,long l)	将指定位置的参数设置为 long 值
setDouble(int index , double d)	将指定位置的参数设置为 double 值
setBoolean(int index ,boolean b)	将指定位置的参数设置为 boolean 值
setDate(int index , date date)	将指定位置的参数设置为对应的 date 值
executeQuery()	在此 PreparedStatement 对象中执行 SQL 查询语句，并返回该查询生成的 ResultSet 对象
setString(int index String s)	将指定位置的参数设置为对应的 String 值
setNull(int index , int sqlType)	将指定位置的参数设置为 SQL NULL
executeUpdate()	执行前面包含的参数的动态 INSERT、UPDATE 或 DELETE 语句
clearParameters()	清除当前所有参数的值

例如，使用连接数据库对象 con 的 prepareStatement() 方法创建 PreparedStatement 对象，其中需要设置一个参数，用来查询数据表中符合条件的数据，代码如下：

```
PreparedStatement  ps = con.prepareStatement("select * from tb_stu where name = ?");
ps.setInt(1, "阿强");   //将sql中第1个问号的值设置为"阿强"
```

14.2.5 ResultSet 接口

▶ 视频讲解：资源包\Video\14\14.2.5 ResultSet接口.mp4

ResultSet 接口类似于一个临时表，用来暂时存放对数据库中的数据执行查询操作后的结果。ResultSet 对象具有指向当前数据行的指针，指针开始的位置在第一条记录的前面，通过 next() 方法可向下移动指针。ResultSet 接口的常用方法及说明如表 14.4 所示。

表 14.4　ResultSet 接口的常用方法及说明

方　　法	功　能　描　述
getInt()	以 int 形式获取此 ResultSet 对象的当前行的指定列值。如果列值是 NULL，则返回 0
getFloat()	以 float 形式获取此 ResultSet 对象的当前行的指定列值。如果列值是 NULL，则返回 0
getDate()	以 data 形式获取 ResultSet 对象的当前行的指定列值。如果列值是 NULL，则返回 null
getBoolean()	以 boolean 形式获取 ResultSet 对象的当前行的指定列值。如果列值是 NULL，则返回 null
getString()	以 String 形式获取 ResultSet 对象的当前行的指定列值。如果列值是 NULL，则返回 null
getObject()	以 Object 形式获取 ResultSet 对象的当前行的指定列值。如果列值是 NULL，则返回 null
first()	将指针移到当前记录的第一行

方　　法	功 能 描 述
last()	将指针移到当前记录的最后一行
next()	将指针向下移一行
beforeFirst()	将指针移到集合的开头（第一行位置）
afterLast()	将指针移到集合的尾部（最后一行位置）
absolute(int index)	将指针移到 ResultSet 给定编号的行
isFrist()	判断指针是否位于当前 ResultSet 集合的第一行。如果是则返回 true，否则返回 false
isLast()	判断指针是否位于当前 ResultSet 集合的最后一行。如果是则返回 true，否则返回 false
updateInt()	用 int 值更新指定列
updateFloat()	用 float 值更新指定列
updateLong()	用指定的 long 值更新指定列
updateString()	用指定的 string 值更新指定列
updateObject()	用 Object 值更新指定列
updateNull()	将指定的列值修改为 NULL
updateDate()	用指定的 date 值更新指定列
updateDouble()	用指定的 double 值更新指定列
getRow()	查看当前行的索引号
insertRow()	将插入行的内容插入数据库
updateRow()	将当前行的内容同步到数据表
deleteRow()	删除当前行，但并不同步到数据库中，而是在执行 close() 方法后同步到数据库

说明　　使用 updateXXX() 方法更新数据库中的数据时，并没有将数据库中被操作的数据同步到数据库中，需要执行 updateRow() 方法或 insertRow() 方法才可以更新数据库中的数据。

　　例如，通过 Statement 对象调用 executeQuery() 方法，首先把数据表 tb_stu 中的所有数据都存储到 ResultSet 对象中，然后输出 ResultSet 对象中的数据，代码如下：

```
01  ResultSet res = sql.executeQuery("select * from tb_stu");    // 获取查询的数据
02  while (res.next()) {                                // 如果当前语句不是最后一条，则进入循环
03      String id = res.getString("id");                        // 获取列名是id的字段值
04      String name = res.getString("name");                    // 获取列名是name的字段值
05      String sex = res.getString("sex");                      // 获取列名是sex的字段值
06      String birthday = res.getString("birthday");// 获取列名是birthday的字段值
07      System.out.print("编号: " + id);                         // 将列值输出
08      System.out.print(" 姓名:" + name);
09      System.out.print(" 性别:" + sex);
10      System.out.println(" 生日: " + birthday);
11  }
```

14.3 数据库操作

14.2 节中介绍了 JDBC 中常用的类和接口，通过这些类和接口可以对数据库中的数据进行查询、添加、修改、删除等操作。本节以操作 MySQL 数据库为例，介绍几种常见的数据库操作。

14.3.1 数据库基础

▶ 视频讲解：资源包\Video\14\14.3.1 数据库基础.mp4

数据库是一种存储结构，它允许使用各种格式输入、处理和检索数据，且不必在每次需要数据时都重新输入数据。例如，当需要某人的电话号码时，需要查看电话簿，按照姓名来查阅，这个电话簿就是一个数据库。

当前比较流行的数据库主要有 MySQL、Oracle、SQL Server 等，它们各有各的特点，本章主要讲解如何操作 MySQL 数据库。

SQL 语句是操作数据库的基础。使用 SQL 语句可以很方便地操作数据库中的数据。本节将介绍用于查询、添加、修改和删除数据的 SQL 语句的语法，操作的数据表以 tb_employees 为例，数据表 tb_employees 的部分数据如图 14.2 所示。

employee_id	employee_name	employee_sex	employee_salary
1	张三	男	2600.00
2	李四	男	2300.00
3	王五	男	2900.00
4	小丽	女	3200.00
5	赵六	男	2450.00
6	小红	女	2200.00
7	小明	男	3500.00
8	小刚	男	2000.00
9	小华	女	3000.00

图 14.2 tb_employees 表的部分数据

1. select 语句

select 语句用于查询数据表中的数据。语法如下：

```
SELECT 所选字段列表 FROM 数据表名
WHERE 条件表达式 GROUP BY 字段名 HAVING 条件表达式(指定分组的条件)
ORDER BY 字段名[ASC|DESC]
```

例如，查询 tb_employees 表中所有女员工的姓名和工资，并按工资升序排列，SQL 语句如下：

```
select employee_name, employee_salary form tb_employees where employee_sex = '女' order by employee_salary;
```

2. insert 语句

insert 语句用于向数据表中插入新数据。语法如下：

```
insert into 表名[(字段名1,字段名2,…)]
values(属性值1,属性值2, …)
```

例如，向 tb_employees 表中插入数据，SQL 语句如下：

```
insert into tb_employees values(2, 'lili', '女', 3500);
```

3. update 语句

update 语句用于修改数据表中的数据。语法如下：

```
UPDATE 数据表名 SET 字段名 = 新的字段值 WHERE 条件表达式
```

例如，修改 tb_employees 表中编号是 2 的员工工资为 4000 元，SQL 语句如下：

```
update tb_employees set employee_salary = 4000 where employee_id = 2;
```

4. delete 语句

delete 语句用于删除数据表中的数据，其语法如下：

```
delete from 数据表名 where 条件表达式
```

例如，将 tb_employees 表中编号为 2 的员工删除，SQL 语句如下：

```
delete from tb_employees where employee_id = 2;
```

14.3.2 连接数据库

视频讲解：资源包\Video\14\14.3.2 连接数据库.mp4

要访问数据库，首先要加载数据库的驱动程序（只需要在第一次访问数据库时加载一次），然后每次访问数据时都创建一个 Connection 对象，接着执行操作数据库的 SQL 语句，最后在完成数据库操作后销毁前面创建的 Connection 对象，释放与数据库的连接。

实例 01　连接 MySQL 数据库	实例位置：资源包\Code\SL\14\01 视频位置：资源包\Video\14\

在项目中创建 Conn 类，在 Conn 类中创建 getConnection() 方法，获取与 MySQL 数据库的连接，在主方法中调用 getConnection() 方法连接 MySQL 数据库，代码如下：

```
01  import java.sql.*;                              // 导入java.sql包
02  public class Conn {                             // 创建Conn类
03    Connection con;                               // 声明Connection对象
04    public Connection getConnection() {           // 建立返回值为Connection的方法
05        try {                                     // 加载数据库驱动类
06                Class.forName("com.mysql.cj.jdbc.Driver");
07                System.out.println("数据库驱动加载成功");
08        } catch (ClassNotFoundException e) {
09                e.printStackTrace();
10        }
11        try {                                     // 通过访问数据库的URL获取数据库连接对象
12                con = DriverManager.getConnection("jdbc:mysql:"
13                            + "//127.0.0.1:3306/test", "root", "root");
14                System.out.println("数据库连接成功");
15        } catch (SQLException e) {
16                e.printStackTrace();
17        }
18        return con;                               // 按方法要求返回一个Connection对象
19    }
```

```
20        public static void main(String[] args) {      // 主方法
21            Conn c = new Conn();                        // 创建本类对象
22            c.getConnection();                          // 调用连接数据库的方法
23        }
24    }
```

运行结果如图 14.3 所示。

图 14.3　连接 MySQL 数据库的运行结果

（1）本实例将连接数据库作为单独的一个方法，并以 Connection 对象作为返回值，这样写的好处是在遇到对数据库执行操作的程序时，可直接调用 Conn 类的 getConnection() 方法获取连接，增加了代码的重用性。

（2）加载数据库驱动程序之前，首先需要确定数据库驱动类是否成功加载到程序中，如果没有加载，则可以按以下步骤加载，此处以加载 MySQL 数据库的驱动包为例：

选中当前项目，单击右键，选择 Build Path → Configure Build Path... 菜单项，在弹出的对话框中，左侧选中 Java Build Path，如图 14.4 所示。然后在右侧选中 Libraries 选项卡，单击 Add External JARs... 按钮，在弹出的对话框中选择要加载的数据库驱动包，即可在中间区域显示选择的 JAR 包，最后单击 Apply 按钮即可。

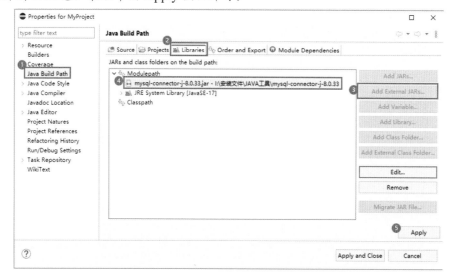

图 14.4　导入数据库驱动包

一、使用 final 变量、常量和 JDBC 技术连接 MySQL 数据库。（资源包 \Code\Try\14\01）
二、使用 JDBC 技术连接 JavaDB 数据库。（资源包 \Code\Try\14\02）

14.3.3 数据查询

▶ 视频讲解：资源包\Video\14\14.3.3 数据查询.mp4

数据查询主要通过 Statement 接口和 ResultSet 接口实现。其中，Statement 接口用来执行 SQL 语句，ResultSet 用来存储查询结果。下面通过一个实例演示如何查询数据表中的数据，编写代码之前要先将 Code\SL\14\02\database 目录下的 test.sql 文件通过 source 命令导入 MySQL 数据库中。

实例 02 查询数据表中的数据并遍历查询的结果

实例位置：资源包\Code\SL\14\02
视频位置：资源包\Video\14\

本实例使用实例 01 中的 getConnection() 方法获取与数据库的连接，在主方法中查询数据表 tb_stu 中的数据，把查询的结果存储在 ResultSet 对象中，使用 ResultSet 接口中的方法遍历查询的结果。代码如下：

```
01  import java.sql.*;
02  public class Gradation {                                      // 创建类
03      // 连接数据库方法
04      public Connection getConnection() throws ClassNotFoundException, SQLException {
05              Class.forName("com.mysql.cj.jdbc.Driver");
06              Connection con = DriverManager.getConnection
07                      ("jdbc:mysql://127.0.0.1:3306/test", "root", "123456");
08              return con;                                        // 返回Connection对象
09      }
10      public static void main(String[] args) {                  // 主方法
11              Gradation c = new Gradation();                    // 创建本类对象
12              Connection con = null;                            // 声明Connection对象
13              Statement stmt = null;                            // 声明Statement对象
14              ResultSet res = null;                             // 声明ResultSet对象
15              try {
16                      con = c.getConnection();                  // 与数据库建立连接
17                      stmt = con.createStatement();             // 实例化Statement对象
18                      res = stmt.executeQuery("select * from tb_stu");// 执行SQL语句，返回结果集
19                      while (res.next()) {                      // 如果当前语句不是最后一条则进入循环
20                              String id = res.getString("id");     // 获取列名是"id"的字段值
21                              String name = res.getString("name"); // 获取列名是"name"的字段值
22                              String sex = res.getString("sex");   // 获取列名是"sex"的字段值
23                              // 获取列名是"birthday"的字段值
24                              String birthday = res.getString("birthday");
25                              System.out.print("编号：" + id);      // 将列值输出
26                              System.out.print(" 姓名:" + name);
27                              System.out.print(" 性别:" + sex);
28                              System.out.println(" 生日：" + birthday);
29                      }
30              } catch (Exception e) {
31                      e.printStackTrace();
32              } finally {                                       // 依次关闭数据库连接资源
33                      if (res != null) {
34                              try {
35                                      res.close();
36                              } catch (SQLException e) {
37                                      e.printStackTrace();
38                              }
39                      }
```

```
40                    if (stmt != null) {
41                        try {
42                            stmt.close();
43                        } catch (SQLException e) {
44                            e.printStackTrace();
45                        }
46                    }
47                    if (con != null) {
48                        try {
49                            con.close();
50                        } catch (SQLException e) {
51                            e.printStackTrace();
52                        }
53                    }
54                }
55            }
56    }
```

运行结果如图 14.5 所示。

注意

可以通过列的序号来获取结果集中指定的列值。例如，获取结果集中 id 列的列值，可以写成 getString("id")，由于 id 列是数据表中的第一列，所以也可以写成 getString(1) 来获取。结果集 res 的结构如图 14.6 所示。

图 14.5 查询数据并遍历查询结果的运行结果

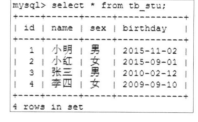

图 14.6 结果集的结构

说明

实例 02 中查询的是 tb_stu 表中的所有数据，如果想要在该表中进行模糊查询，只需要将 Statement 对象的 executeQuery() 方法中的 SQL 语句替换为模糊查询的 SQL 语句即可。例如，在 tb_stu 表中查询姓张的同学的信息，代码替换如下：

```
res = stmt.executeQuery("select * from tb_stu where name like '张%'");
```

拓展训练

一、查询 MySQL 数据库 test 中的数据表 tb_book，获取编程词典 6 月的销量后，将其输出在控制台上。（资源包 \Code\Try\14\03）

二、查询 MySQL 数据库 test 中的数据表 tb_booksaleInfo 中销量排名前 7 位的所有图书信息，并将这部分信息显示在窗体的表格中。（资源包 \Code\Try\14\04）

14.3.4 动态查询

视频讲解：资源包\Video\14\14.3.4 动态查询.mp4

向数据库发送一个 SQL 语句，数据库中的 SQL 解释器负责把 SQL 语句生成底层的内部命令，然后执行这个命令，进而完成相关的数据操作。

如果不断地向数据库发送 SQL 语句，那么就会增加数据库中 SQL 解释器的负担，从而降低 SQL 语句的执行速度。为了避免这类情况，可以通过 Connection 对象的 prepareStatement(String sql) 方法对 SQL 语句进行预处理，生成数据库底层的内部命令，并将这个命令封装在 PreparedStatement 对象中，通过调用 PreparedStatement 对象的相应方法执行底层的内部命令，这样就可以减轻数据库中 SQL 解释器的负担，提高执行 SQL 语句的速度。

对 SQL 进行预处理时，可以使用通配符 ? 来代替任何字段值。例如：

```
PreparedStatement ps = con.prepareStatement("select * from tb_stu where name = ?");
```

在执行预处理语句前，必须用相应方法来设置通配符所表示的值。例如：

```
ps.setString(1, "小王");
```

上述语句中的 "1" 表示从左向右的第几个通配符，"小王" 表示通配符的值。将通配符的值设置为小王后，功能等同于：

```
PreparedStatement ps = con.prepareStatement("select * from tb_stu where name = '小王'");
```

尽管书写两条语句看似麻烦了些，但使用预处理语句可以使应用程序更容易动态地设定 SQL 语句中的字段值，从而实现动态查询的功能。

注意

通过 setXXX() 方法为 SQL 语句中的通配符赋值时，建议使用与通配符值的数据类型相匹配的方法，也可以利用 setObject() 方法为各种类型的通配符赋值。例如：

```
sql.setObject(2, "李丽");
```

实例 03　动态获取编号为 4 的同学信息

实例位置：资源包\Code\SL\14\03
视频位置：资源包\Video\14\

本实例将实现动态地获取指定编号的同学信息，这里以查询编号为 4 的同学信息为例，代码如下：

```
01  import java.sql.*;
02  public class Prep {                                    // 创建类Perp
03      static Connection con;                             // 声明Connection对象
04      static PreparedStatement ps;                       // 声明预处理对象
05      static ResultSet res;                              // 声明结果集对象
06      public Connection getConnection() {                // 与数据库连接方法
07          try {
08                  Class.forName("com.mysql.cj.jdbc.Driver");
09                  con = DriverManager.getConnection("jdbc:mysql:"
10                          + "//127.0.0.1:3306/test", "root", "root");
11          } catch (Exception e) {
12                  e.printStackTrace();
13          }
14          return con;                                    // 返回Connection对象
15      }
16      public static void main(String[] args) {           // 主方法
17          Prep c = new Prep();                           // 创建本类对象
18          con = c.getConnection();                       // 获取与数据库的连接
19          try {
20                  ps = con.prepareStatement("select * from tb_stu"
```

```
21                             + " where id = ?");      // 实例化预处理对象
22                   ps.setInt(1, 4);                   // 设置参数
23                   res = ps.executeQuery();           // 执行预处理语句
24                   // 如果当前记录不是结果集中最后一行，则进入循环体
25                   while (res.next()) {
26                       String id = res.getString(1);      // 获取结果集中第一列的值
27                       String name = res.getString("name");      // 获取name列的列值
28                       String sex = res.getString("sex");        // 获取sex列的列值
29                       String birthday = res.getString("birthday"); // 获取birthday列的列值
30                       System.out.print("编号: " + id);          // 输出信息
31                       System.out.print(" 姓名: " + name);
32                       System.out.print(" 性别:" + sex);
33                       System.out.println(" 生日: " + birthday);
34                   }
35           } catch (Exception e) {
36                   e.printStackTrace();
37           } finally {                                // 依次关闭数据库连接资源
38                   /* 此处省略关闭代码 */
39           }
40       }
41   }
```

运行结果如图 14.7 所示。

图 14.7　动态获取编号为 4 的同学信息的运行结果

一、将实例 02 下的第一个拓展训练修改为：动态查询 MySQL 数据库 test 中的数据表 tb_book，获取编程词典 6 月的销量后，将其输出在控制台上。（资源包 \Code\Try\14\05）

二、首先通过没有通配符 "？" 的查询语句，将 MySQL 数据库 test 中的数据表 tb_picture 中的用户 ID 和用户头像这两项数据显示在表格中。然后对表格的每一项都设置单击事件，即单击表格的某行数据时，在相应的位置上显示用户 ID 和用户头像（在这个显示过程中，需要使用动态查询），运行结果如图 14.8 所示。（资源包 \Code\Try\14\06）

图 14.8　显示用户 ID 和用户头像的运行结果

14.3.5 添加、修改、删除记录

▶ 视频讲解：资源包\Video\14\14.3.5 添加、修改、删除记录.mp4

通过 SQL 语句，除可以查询数据外，还可以对数据进行添加、修改和删除等操作，Java 中可通过 PreparedStatement 对象动态地对数据表中原有数据进行修改操作，并通过 executeUpdate() 方法进行更新语句的操作。

实例 04 动态添加、修改和删除数据表中的数据	实例位置：资源包\Code\SL\14\04 视频位置：资源包\Video\14\

本实例通过预处理语句动态地对数据表 tb_stu 中的数据进行添加、修改、删除等操作，然后通过遍历结果集，对比操作之前与操作之后 tb_stu 表中的数据。代码如下：

```
01  import java.sql.*;
02  public class Renewal {                              // 创建类
03      static Connection con;                          // 声明Connection对象
04      static PreparedStatement ps;                    // 声明PreparedStatement对象
05      static ResultSet res;                           // 声明ResultSet对象
06      public Connection getConnection() {
07              try {
08                      Class.forName("com.mysql.cj.jdbc.Driver");
09                      con = DriverManager.getConnection
10                              ("jdbc:mysql://127.0.0.1:3306/test", "root", "root");
11              } catch (Exception e) {
12                      e.printStackTrace();
13              }
14              return con;
15      }
16      public static void main(String[] args) {
17              Renewal c = new Renewal();              // 创建本类对象
18              con = c.getConnection();                // 调用连接数据库方法
19              try {
20                      // 查询数据表tb_stu中的数据
21                      ps = con.prepareStatement("select * from tb_stu");
22                      res = ps.executeQuery();        // 执行查询语句
23                      System.out.println("执行增加、修改、删除前数据:");
24                      // 遍历查询结果集
25                      while (res.next()) {
26                              String id = res.getString(1);           // 获取结果集中第一列的值
27                              String name = res.getString("name");  // 获取name列的列值
28                              String sex = res.getString("sex");      // 获取sex列的列值
29                              String birthday = res.getString("birthday");//获取birthday列的列值
30                              System.out.print("编号: " + id);         // 输出信息
31                              System.out.print(" 姓名: " + name);
32                              System.out.print(" 性别:" + sex);
33                              System.out.println(" 生日: " + birthday);
34                      }
35                      // 向数据表tb_stu中动态添加name、sex、birthday这三列的列值
```

```
36                    ps = con.prepareStatement
37                            ("insert into tb_stu(name,sex,birthday) values(?,?,?)");
38                //添加数据
39                    ps.setString(1, "张一");                    // 为name列赋值
40                    ps.setString(2, "女");                     // 为sex列赋值
41                    ps.setString(3, "2012-12-1");             // 为birthday列赋值
42                    ps.executeUpdate();                       // 执行添加语句
43                // 根据指定的id动态地更改数据表tb_stu中birthday列的列值
44                    ps = con.prepareStatement("update tb_stu set birthday "
45                            + "= ? where id = ? ");
46                // 更新数据
47                    ps.setString(1, "2012-12-02");            // 为birthday列赋值
48                    ps.setInt(2, 1);                          // 为id列赋值
49                    ps.executeUpdate();                       // 执行修改语句
50                    Statement stmt = con.createStatement();   // 创建Statement对象
51                // 删除数据
52                    stmt.executeUpdate("delete from tb_stu where id = 1");
53                // 查询修改数据后的tb_stu表中数据
54                    ps = con.prepareStatement("select * from tb_stu");
55                    res = ps.executeQuery();                  // 执行SQL语句
56                    System.out.println("执行增加、修改、删除后的数据:");
57                // 遍历查询结果集
58                    while (res.next()) {
59                        String id = res.getString(1);         // 获取结果集中第一列的值
60                        String name = res.getString("name"); // 获取name列的列值
61                        String sex = res.getString("sex");   // 获取sex列的列值
62                        // 获取birthday列的列值
63                        String birthday = res.getString("birthday");
64                        System.out.print("编号: " + id);       // 输出信息
65                        System.out.print(" 姓名: " + name);
66                        System.out.print(" 性别:" + sex);
67                        System.out.println(" 生日: " + birthday);
68                    }
69            } catch (Exception e) {
70                    e.printStackTrace();
71            } finally {
72                    /* 此处省略关闭代码 */
73            }
74        }
75    }
```

运行结果如图 14.9 所示。

说明 PreparedStatement 对象中的 executeQuery() 方法用来执行查询语句，而 PreparedStatement 对象中的 executeUpdate() 方法可以用来执行 DML 语句，如 INSERT、UPDATE 或 DELETE 语句，也可以用来执行无返回内容的 DDL 语句。

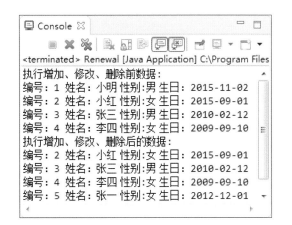

视 频 讲 解

图 14.9　动态添加、修改和删除数据表中的数据的运行结果

拓展训练

一、使用预处理语句将窗体相应文本框中键入的员工信息（包括姓名、性别、年龄、部门、电话及备注）添加到 MySQL 数据库 db_employeeInfo 中的数据表 tb_employer 中。（编写代码之前要先将 database 文件夹下的 db_employeeinfo.sql 文件通过"source 命令"导入 MySQL 数据库中）（资源包 \Code\Try\14\07）

二、使用预处理语句和事务根据单据编号批量删除 MySQL 数据库 test 中数据表 tb_listInfo 和 tb_productInfo 中与指定单据编号对应的商品信息。（资源包 \Code\Try\14\08）

14.4　小结

本章主要对如何使用 JDBC 操作 MySQL 数据库进行了详细讲解。首先介绍了 JDBC 常用的类和接口，然后介绍了用于查询、添加、修改和删除数据的 SQL 语句的语法，最后以 MySQL 数据库为例，对连接数据库、数据查询、动态查询和添加、修改、删除记录进行了实例讲解。

第15章

Java 绘图

（ ▶️ 视频讲解：1 小时 24 分钟）

要开发高级应用程序就应该适当掌握图像处理相关的技术，使用它可以为程序提供数据统计、图表分析等功能，提高程序的交互能力。本章将介绍 Java 中的绘图技术。

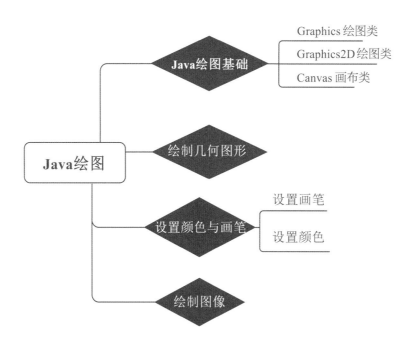

15.1 Java 绘图基础

　　绘图是高级程序设计中非常重要的技术，例如，应用程序需要绘制闪屏图像、背景图像、组件外观，Web 程序可以绘制统计图、数据库存储的图像资源等。正所谓"一图胜千言"，使用图像能够更好地表达程序运行结果，进行细致的数据分析与保存等。本节将介绍 Java 程序设计的绘图类 Graphics 与 Graphics2D，以及画布类 Canvas。

15.1.1 Graphics 绘图类

　▶ 视频讲解：资源包\Video\15\15.1.1 Graphics绘图类.mp4

　　Graphic 是一个抽象的画笔对象，可以在组件上绘制丰富多彩的几何图形和位图。Graphics 类封装了 Java 支持的基本绘图操作所需的属性，主要包括颜色、字体、画笔、文本、图像等。

　　Graphics 类提供了绘图常用的方法，利用这些方法可以实现直线、矩形、多边形、椭圆、圆弧等图形和文本、图像的绘制操作。另外，在进行这些操作之前，还可以使用相应方法设置绘图的颜色和字体等属性。

15.1.2 Graphics2D 绘图类

　▶ 视频讲解：资源包\Video\15\15.1.2 Graphics2D绘图类.mp4

　　使用 Graphics 类可以绘制简单的图形，但是它所实现的功能非常有限，如无法改变线条的粗细、不能对图像使用旋转和模糊等过滤效果。

　　Graphics2D 继承自 Graphics 类，实现了功能更加强大的绘图操作集合。由于 Graphics2D 类是 Graphics 类的扩展，也是 Java 推荐使用的绘图类，所以本章主要介绍如何使用 Graphics2D 类实现 Java 绘图。

说明

　　Graphics2D 是推荐使用的绘图类，但是程序设计中提供的绘图对象大多是 Graphics 类的实例对象，这时应该使用强制类型转换将其转换为 Graphics2D 类型。例如：

```
01   public void paint(Graphics g) {
02       Graphics2D g2 = (Graphics2D) g;        // 强制类型转换为Graphics2D类型
03   }
```

15.1.3 Canvas 画布类

　▶ 视频讲解：资源包\Video\15\15.1.3 Canvas画布类.mp4

　　Canvas 类是一个画布组件，表示屏幕上的一个空白矩形区域，应用程序可以在该区域内绘图，或者可以从该区域捕获用户的输入事件。使用 Java 在窗体中绘图时，首先必须创建继承自 Canvas 类的子类，以获得有用的功能（如绘制自定义图形），然后必须重写 paint() 方法，以便在画布上绘制自定义图形。paint() 方法的语法如下：

```
public void paint(Graphics g)
```

　　参数 g 用来表示指定的图像。

　　另外，如果需要重绘组件，则需要调用 Comporent 类的 repaint() 方法，其语法如下：

```
public void repaint()
```

例如，创建画布，并重写 paint() 方法，代码如下：

```
01   class CanvasTest extends Canvas {              // 创建画布
02       public void paint(Graphics g) {            // 重写paint () 方法
03             super.paint(g);
04             Graphics2D g2 = (Graphics2D) g;       // 创建Graphics2D对象，用于画图
05             …// 绘制图形的代码
06       }
07   }
```

15.2 绘制几何图形

视频讲解：资源包\Video\15\15.2 绘制几何图形.mp4

Java 可以分别使用 Graphics 和 Graphics2D 绘制图形，Graphics 类使用不同的方法绘制不同的图形，例如，drawLine() 方法用于绘制直线、drawRect() 方法用于绘制矩形、drawOval() 方法用于绘制椭圆形等。

Graphics 类常用的图形绘制方法如表 15.1 所示。

表 15.1 Graphics 类常用的图形绘制方法

方　　法	说　明	举　　例	绘 图 效 果
drawArc(int x, int y, int width, int height, int startAngle, int arcAngle)	弧形	drawArc(100,100,100,50,270,200);	
drawLine(int x1, int y1, int x2, int y2)	直线	drawLine(10,10,50,10); drawLine(30,10,30,40);	
drawOval(int x, int y, int width, int height)	椭圆	drawOval(10,10,50,30);	
drawPolygon(int[] xPoints, int[] yPoints, int nPoints)	多边形	int[] xs={10,50,10,50}; int[] ys={10,10,50,50}; drawPolygon(xs, ys, 4);	
drawPolyline(int[] xPoints, int[] yPoints, int nPoints)	多边线	int[] xs={10,50,10,50}; int[] ys={10,10,50,50}; drawPolyline(xs, ys, 4);	
drawRect(int x, int y, int width, int height)	矩形	drawRect(10, 10, 100, 50);	
drawRoundRect(int x, int y, int width, int height, int arcWidth, int arcHeight)	圆角矩形	drawRoundRect(10, 10, 50, 30,10,10);	
fillArc(int x, int y, int width, int height, int startAngle, int arcAngle)	实心弧形	fillArc(100,100,50,30,270,200);	
fillOval(int x, int y, int width, int height)	实心椭圆	fillOval(10,10,50,30);	
fillPolygon(int[] xPoints, int[] yPoints, int nPoints)	实心多边形	int[] xs={10,50,10,50}; int[] ys={10,10,50,50}; fillPolygon(xs, ys, 4);	

方　法	说　明	举　例	绘 图 效 果
fillRect(int x, int y, int width, int height)	实心矩形	fillRect(10, 10, 50, 30);	▬
fillRoundRect(int x, int y, int width, int height, int arcWidth, int arcHeight)	实心圆角矩形	g.fillRoundRect(10, 10, 50, 30,10,10);	▬

Graphics2D 类继承自 Graphics 类，它包含了 Graphics 类的绘图方法并增加了更强大的功能，在创建绘图类时推荐使用该类。Graphics2D 类可以分别使用不同的类来表示不同的形状，如 Line2D、Rectangle2D 等。

要绘制指定形状的图形，首先需要创建并初始化该图形类的对象，这些图形类必须是 Shape 接口的实现类；然后使用 Graphics2D 类的 draw() 方法绘制该图形对象或者使用 fill() 方法填充该图形对象。

这两个方法的语法分别如下：

```
draw(Shape form)
fill(Shape form)
```

其中，form 是实现 Shape 接口的对象。java.awt.geom 包中提供了如下一些常用的图形类，这些图形类都实现了 Shape 接口。

☑ Arc2D：存储所有 2D 弧度的对象的抽象超类，其中 2D 弧度由窗体矩形、起始角度、角跨越（弧的长度）和闭合类型（OPEN、CHORD 或 PIE）定义。

☑ CubicCurve2D：定义 (x,y) 坐标空间内的三次参数曲线段。

☑ Ellipse2D：描述窗体矩形定义的椭圆。

☑ Line2D：(x,y) 坐标空间中的线段。

☑ Path2D：提供一个表示任意几何形状路径的简单而又灵活的形状。

☑ QuadCurve2D：定义 (x,y) 坐标空间内的二次参数曲线段。

☑ Rectangle2D：描述通过位置 (x,y) 和尺寸 (w,x,h) 定义的矩形。

☑ RoundRectangle2D：定义一个矩形，该矩形具有由位置 (x,y)、尺寸 (w,x,h) 以及圆角弧的宽度和高度定义的圆角。

另外，还有一个实现 Cloneable 接口的 Point2D 类，该类定义了表示 (x,y) 坐标空间中位置的点。

注意

各图形类都是抽象类型的，在不同图形类中有 Double 和 Float 两个实现类，这两个实现类以不同精度构建图形对象。为方便计算，在程序开发中经常使用 Double 类的实例对象进行图形绘制，但是如果程序中要使用成千上万个图形，则建议使用 Float 类的实例对象进行绘制，这样会节省内存空间。

在 Java 程序中绘制图形的基本步骤如下。

（1）创建 JFrame 窗体对象。

（2）创建 Canvas 画布，并重写其 paint() 方法。

（3）创建 Graphics2D 或者 Graphics 对象，推荐使用 Graphics2D。

（4）设置颜色及画笔（可选）。

（5）调用 Graphics2D 对象的相应方法绘制图形。

下面通过一个实例演示如何按照上述步骤在 Swing 窗体中绘制几何图形。

实例 01　在窗体中绘制几何图形　　　实例位置：资源包\Code\SL\15\01
视频位置：资源包\Video\15\

创建 DrawTest 类，在类中创建图形类的对象，然后使用 Graphics2D 类的对象调用从 Graphics 类继承的 drawOval() 方法绘制一个圆形，调用从 Graphics 类继承的 fillRect() 方法填充一个矩形，最后使用 Graphics2D 类的 draw() 方法和 fill() 方法分别绘制一个矩形和填充一个圆形。代码如下：

```
01  public class DrawTest extends JFrame {
02      public DrawTest() {
03          super();
04          initialize();                                // 调用初始化方法
05      }
06      private void initialize() {                      // 初始化方法
07          this.setSize(300, 200);                      // 设置窗体大小
08          setDefaultCloseOperation(JFrame.EXIT_ON_CLOSE);   // 设置窗体关闭模式
09          add(new CanvasTest());                       // 设置窗体面板为绘图面板对象
10          this.setTitle("绘制几何图形");                  // 设置窗体标题
11      }
12      public static void main(String[] args) {         // 主方法
13          new DrawTest().setVisible(true);             // 创建本类对象，让窗体可见
14      }
15      class CanvasTest extends Canvas {                // 创建画布
16          public void paint(Graphics g) {
17              super.paint(g);
18              Graphics2D g2 = (Graphics2D) g;          // 创建Graphics2D对象，用于画图
19              g2.drawOval(5, 5, 100, 100);// 调用从Graphics类继承的drawOval()方法绘制圆形
20              g2.fillRect(15, 15, 80, 80);// 调用从Graphics类继承的fillRect()方法填充矩形
21              Shape[] shapes = new Shape[2];           // 声明图形数组
22              shapes[0] = new Rectangle2D.Double(110, 5, 100, 100); // 创建矩形对象
23              shapes[1] = new Ellipse2D.Double(120, 15, 80, 80);  // 创建圆形对象
24              for (Shape shape : shapes) {             // 遍历图形数组
25                  Rectangle2D bounds = shape.getBounds2D();
26                  if (bounds.getWidth() == 80)
27                      g2.fill(shape);                  // 填充图形
28                  else
29                      g2.draw(shape);                  // 绘制图形
30              }
31          }
32      }
33  }
```

运行结果如图 15.1 所示。

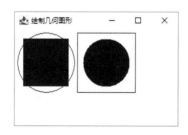

图 15.1　绘制并填充几何图形的运行结果

一、在窗体上绘制空心和实心的椭圆，运行结果如图 15.2 所示。（资源包 \Code\Try\15\01）

二、在窗体上绘制多边形，运行结果如图 15.3 所示。（资源包 \Code\Try\15\02）

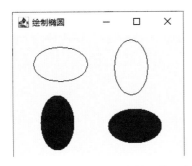

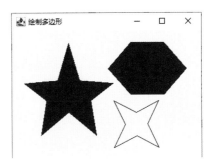

图 15.2　绘制空心和实心的椭圆的运行结果　　　　图 15.3　绘制多边形的运行结果

15.3　设置颜色与画笔

Java 使用 java.awt.Color 类封装颜色的各种属性，并对颜色进行管理。另外，在绘制图形时，还可以指定线条的粗细和虚实等画笔属性，该属性通过 Stroke 接口指定。本节将对如何设置颜色与画笔进行详细讲解。

15.3.1　设置颜色

📹 视频讲解：资源包\Video\15\15.3.1 设置颜色.mp4

使用 Color 类可以创建任何颜色的对象，不用担心不同平台是否支持该颜色，因为 Java 以跨平台和与硬件无关的方式支持颜色管理。

创建 Color 对象的构造方法如下：

```
Color col = new Color(int r, int g, int b)
```

或

```
Color col = new Color(int rgb)
```

- ☑ rgb：颜色值，该值是红、绿、蓝三原色的总和。
- ☑ r：该参数是三原色中红色的取值。
- ☑ g：该参数是三原色中绿色的取值。
- ☑ b：该参数是三原色中蓝色的取值。

Color 类定义了常用颜色的常量值，如表 15.2 所示，这些常量都是静态的 Color 对象，可以直接使用这些常量值定义的颜色对象。

表 15.2　常用颜色的常量值

常 量 名	颜 色
Color BLACK	黑色
Color BLUE	蓝色
Color CYAN	青色
Color DARK_GRAY	深灰色
Color GRAY	灰色
Color GREEN	绿色

常　量　名	颜　　色
Color LIGHT_GRAY	浅灰色
Color MAGENTA	洋红色
Color ORANGE	橙色
Color PINK	粉红色
Color RED	红色
Color WHITE	白色
Color YELLOW	黄色

说明

Color 类提供了大写和小写两种常量书写形式，它们表示的颜色是一样的，例如，Color.RED 和 Color.red 表示的都是红色，推荐使用大写。

绘图类可以使用 setColor() 方法设置当前颜色。语法如下：

```
setColor(Color color);
```

其中，参数 color 是 Color 对象，代表一个颜色值，如红色、黄色或默认的黑色。

实例 02 在窗体中绘制红色线条

实例位置：资源包\Code\SL\15\02
视频位置：资源包\Video\15\

创建 ColorTest 类，在类中创建图形类的对象，然后使用 Graphics2D 类的对象调用 setColor() 方法设置绘图的颜色为红色，最后调用从 Graphics 类继承的 drawLine() 方法绘制一段直线。代码如下：

```
01  public class ColorTest extends JFrame {
02      public ColorTest() {
03          super();
04          initialize();                                // 调用初始化方法
05      }
06      private void initialize() {                      // 初始化方法
07          this.setSize(300, 200);                      // 设置窗体大小
08          setDefaultCloseOperation(JFrame.EXIT_ON_CLOSE);    // 设置窗体关闭模式
09          add(new CanvasTest());                       // 设置窗体面板为绘图面板对象
10          this.setTitle("设置颜色");                    // 设置窗体标题
11      }
12      public static void main(String[] args) {         // 主方法
13          new ColorTest().setVisible(true);            // 创建本类对象，让窗体可见
14      }
15      class CanvasTest extends Canvas {                // 创建画布
16          public void paint(Graphics g) {              // 重写paint()方法
17              super.paint(g);                          // 首先调用父类paint()方法
18              Graphics2D g2 = (Graphics2D) g;          // 创建Graphics2D对象，用于画图
19              g2.setColor(Color.RED);                  // 设置颜色为红色
20              g2.drawLine(5, 30, 100, 30);// 调用从Graphics类继承的drawLine()方法绘制直线
21          }
22      }
23  }
```

运行结果如图 15.4 所示。

图 15.4　在窗体中绘制红色线条的运行结果

说明

设置绘图颜色以后，再进行绘图或者绘制文本，都会采用该颜色作为前景色；如果想再绘制其他颜色的图形或文本，则需要再次调用 setColor() 方法设置其他颜色。

拓展训练

一、绘制圆弧，并设置圆弧的颜色，颜色分别为红、橙、蓝和绿，运行结果如图 15.5 所示。（资源包 \Code\Try\15\03）

二、绘制四个指定角度的填充扇形，并设置填充扇形的颜色分别为黄、红、青和黑，运行结果如图 15.6 所示。（资源包 \Code\Try\15\04）

图 15.5　设置圆弧的颜色的运行结果　　　图 15.6　设置填充扇形的颜色的运行结果

15.3.2 设置画笔

📹 视频讲解：资源包\Video\15\15.3.2 设置画笔.mp4

在默认情况下，Graphics 绘图类使用的画笔属性是粗细为 1 像素的正方形，而 Graphics2D 类可以调用 setStroke() 方法设置画笔的属性，如改变线条的粗细、虚实，定义线段端点的形状、风格等。语法如下：

```
setStroke(Stroke stroke)
```

其中，参数 stroke 是 Stroke 接口的实现类。

setStroke() 方法必须接收一个 Stroke 接口的实现类作参数，java.awt 包中提供了 BasicStroke 类，它实现了 Stroke 接口，并且通过不同的构造方法创建画笔属性不同的对象。这些构造方法包括：

```
BasicStroke()。
BasicStroke(float width)。
BasicStroke(float width, int cap, int join)。
BasicStroke(float width, int cap, int join, float miterlimit)。
BasicStroke(float width, int cap, int join, float miterlimit, float[] dash, float dash_
phase)。
```

这些构造方法的参数说明如表 15.3 所示。

表 15.3　参数说明

参　　数	说　　明
width	画笔宽度，此宽度必须大于或等于 0.0f。如果将宽度设置为 0.0f，则将画笔设置为当前设备的默认宽度

续表

参　数	说　明
cap	线端点的装饰
join	应用在路径线段交汇处的装饰
miterlimit	斜接处的剪裁限制。该参数值必须大于或等于 1.0f
dash	表示虚线模式的数组
dash_phase	开始虚线模式的偏移量

cap 参数可以使用 CAP_BUTT、CAP_ROUND 和 CAP_SQUARE 3 个常量，这 3 个常量属于 BasicStroke 类，它们对线端点的装饰效果如图 15.7 所示。

join 参数用于修饰线段交汇效果，可以使用 JOIN_BEVEL、JOIN_MITER 和 JOIN_ROUND 常量，这 3 个常量属于 BasicStroke 类，它们的效果如图 15.8 所示。

图 15.7　cap 参数对线端点的装饰效果

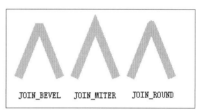

图 15.8　join 参数修饰线段交汇的效果

实例 03　绘制不同粗细、不同修饰的直线

实例位置：资源包\Code\SL\15\03
视频位置：资源包\Video\15\

创建 StrokeTest 类，在类中创建图形类的对象，分别使用 BasicStroke 类的两种构造方法创建两个不同的画笔，分别使用这两个画笔绘制直线。代码如下：

```
01  public class StrokeTest extends JFrame {
02      public StrokeTest() {                              // 构造方法
03          super();
04          initialize();                                  // 调用初始化方法
05      }
06      private void initialize() {                        // 初始化方法
07          this.setSize(300, 200);                        // 设置窗体大小
08          setDefaultCloseOperation(JFrame.EXIT_ON_CLOSE);  // 设置窗体关闭模式
09          add(new CanvasTest());                         // 设置窗体面板为绘图面板对象
10          this.setTitle("设置画笔");                      // 设置窗体标题
11      }
12      public static void main(String[] args) {           // 主方法
13          new StrokeTest().setVisible(true);             // 创建本类对象，让窗体可见
14      }
15      class CanvasTest extends Canvas {                  // 创建画布
16          public void paint(Graphics g) {                // 重写paint()方法
17              super.paint(g);                            // 重写paint()方法
18              Graphics2D g2 = (Graphics2D) g;            // 创建Graphics2D对象，用于画图
19              Stroke stroke=new BasicStroke(8);          // 创建画笔，宽度为8
20              g2.setStroke(stroke);                      // 设置画笔
```

```
21              g2.drawLine(20, 30, 120, 30);// 调用从Graphics类继承的drawLine()方法绘制直线
22        // 创建画笔，宽度为12，线端点的装饰为CAP_ROUND，应用在路径线段交汇处的装饰为JOIN_BEVEL
23              Stroke roundStroke=new BasicStroke
24                    (12,BasicStroke.CAP_ROUND, BasicStroke.JOIN_BEVEL);
25              g2.setStroke(roundStroke);
26              g2.drawLine(20, 50, 120, 50);// 调用从Graphics类继承的drawLine方法绘制直线
27          }
28      }
29  }
```

运行结果如图 15.9 所示。

图 15.9　绘制不同粗细、不同修饰的直线的运行结果

一、绘制直线并设置直线的样式，样式从上至下依次为平头、圆头和方头，运行结果如图 15.10 所示。（资源包 \Code\Try\15\05）

二、设置笔画的粗细，绘制四个线条粗细不同的椭圆，运行结果如图 15.11 所示。（资源包 \Code\Try\15\06）

图 15.10　设置直线的样式的运行结果　　　图 15.11　绘制四个线条粗细不同的椭圆的运行结果

15.4　绘制图像

▶ 视频讲解：资源包\Video\15\15.4绘制图像.mp4

绘图类不仅可以绘制几何图形，还可以绘制图像，绘制图像时需要使用 drawImage() 方法，该方法用来将图像资源显示到绘图上下文中，其语法如下：

```
drawImage(Image img, int x, int y, ImageObserver observer)
```

该方法将 img 图像的左上角显示在 (x,y) 的位置上，方法中涉及的参数说明如表 15.4 所示。

表 15.4　drawImage() 方法中参数说明

参　　数	说　　明
img	要显示的图像对象
x	图像左上角的 x 坐标
y	图像左上角的 y 坐标
observer	当图像重新绘制时要通知的对象

说明　　Java 中默认支持的图像格式主要有 jpg（jpeg）、gif 和 png 这 3 种。

实例 04　在窗体中绘制图像　　　　　　　　　实例位置：资源包\Code\SL\15\04
　　　　　　　　　　　　　　　　　　　　　　　视频位置：资源包\Video\15\

创建 DrawImageTest 类，使用 drawImage() 方法在窗体中绘制图像，并使图像的大小保持不变。代码如下：

```
01  public class DrawImageTest extends JFrame {
02      public DrawImageTest() {
03              this.setSize(500, 380);                          // 设置窗体大小
04              setDefaultCloseOperation(JFrame.EXIT_ON_CLOSE);  // 设置窗体关闭模式
05              add(new CanvasTest());                           // 设置窗体面板为绘图面板对象
06              this.setTitle("绘制图像");                        // 设置窗体标题
07      }
08      public static void main(String[] args) {
09              new DrawImageTest().setVisible(true);            // 使窗体可见
10      }
11      class CanvasTest extends Canvas {                        // 创建画布
12              public void paint(Graphics g) {
13                      super.paint(g);
14                      Graphics2D g2 = (Graphics2D) g;          // 创建绘图对象
15                      Image img = new ImageIcon("src/img.jpg").getImage(); // 获取图片资源
16                      g2.drawImage(img, 0, 0, this);           // 显示图像
17              }
18      }
19  }
```

运行结果如图 15.12 所示。

拓展训练　　一、编写一个程序：构造方法中根据图片的路径获得图片后，在窗体中绘制该图片，运行结果如图 15.13 所示。（资源包 \Code\Try\15\07）

图 15.12　在窗体中绘制图像的运行结果　　图 15.13　在窗体中绘制图片的运行结果

二、绘制图像后，单击窗体上的垂直翻转按钮，将对图像进行垂直翻转，运行结果如图 15.14 所示。（资源包 \Code\Try\15\08）

视频讲解

图 15.14 将绘制的图像垂直翻转的运行结果

15.5 小结

本章主要讲解了 Java 中的绘图技术，它是 java.awt 包所提供的功能，其中，主要讲解了基本几何图形的绘制、设置绘图颜色与画笔、绘制图像及图像的缩放处理技术。通过本章的学习，读者应该熟练掌握基本的绘图技术和图像处理技术，并能够对这些知识进行扩展，绘制出贴合实际应用的图形（如柱形图、饼形图、折线图或者其他复杂图形等）。

第16章

坦克大战游戏

（ ▶ 视频讲解：2 小时 35 分钟）

本章概览

　　Java API 中包含了大量的窗体组件和绘图工具，再配合键盘事件监听就可以开发一些好玩的小游戏。想要让游戏生动、有趣，首先需要创建一个用来显示游戏画面的图片，通过监听和算法来不断改变图片中的内容，然后将图片展示在窗体之中，每几十毫秒就刷新一次图片，这样就可以从视觉角度达到动画的效果。当玩家发出游戏指令时，游戏中的元素就可以按照指令"动"起来。本章将讲解如何使用 Java 开发一个坦克大战游戏。

坦克大战游戏项目目录结构如图 16.1 所示。

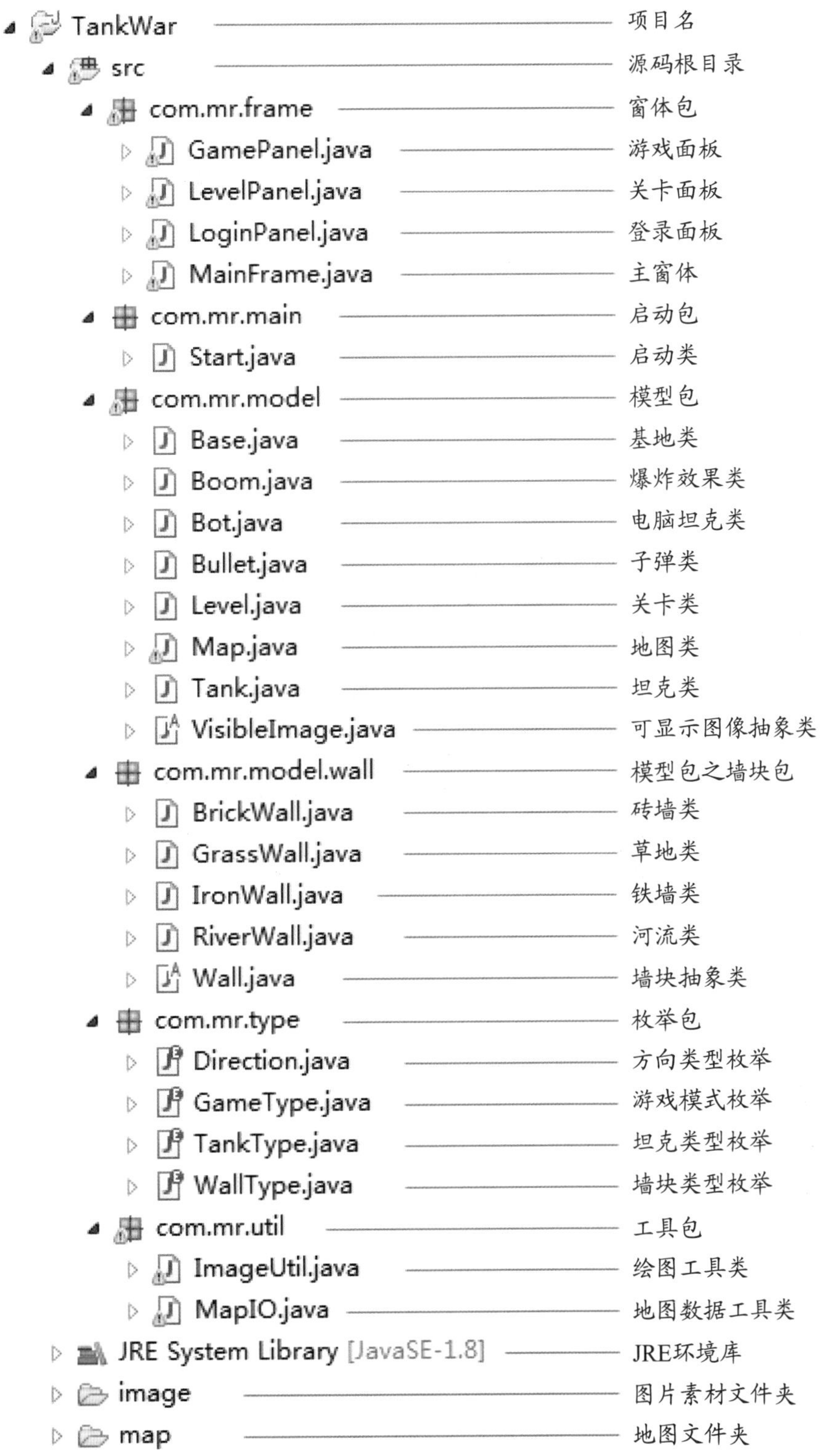

▲ 🎮 TankWar ───────────	项目名
▲ 🗂 src ───────────	源码根目录
▲ ⊞ com.mr.frame ───────	窗体包
▷ 🟦 GamePanel.java ──────	游戏面板
▷ 🟦 LevelPanel.java ──────	关卡面板
▷ 🟦 LoginPanel.java ──────	登录面板
▷ 🟦 MainFrame.java ──────	主窗体
▲ ⊞ com.mr.main ───────	启动包
▷ 🟦 Start.java ─────────	启动类
▲ ⊞ com.mr.model ───────	模型包
▷ 🟦 Base.java ─────────	基地类
▷ 🟦 Boom.java ─────────	爆炸效果类
▷ 🟦 Bot.java ──────────	电脑坦克类
▷ 🟦 Bullet.java ────────	子弹类
▷ 🟦 Level.java ─────────	关卡类
▷ 🟦 Map.java ──────────	地图类
▷ 🟦 Tank.java ─────────	坦克类
▷ 🟦 VisibleImage.java ─────	可显示图像抽象类
▲ ⊞ com.mr.model.wall ─────	模型包之墙块包
▷ 🟦 BrickWall.java ──────	砖墙类
▷ 🟦 GrassWall.java ──────	草地类
▷ 🟦 IronWall.java ───────	铁墙类
▷ 🟦 RiverWall.java ──────	河流类
▷ 🟦 Wall.java ─────────	墙块抽象类
▲ ⊞ com.mr.type ───────	枚举包
▷ 🟨 Direction.java ──────	方向类型枚举
▷ 🟨 GameType.java ──────	游戏模式枚举
▷ 🟨 TankType.java ──────	坦克类型枚举
▷ 🟨 WallType.java ──────	墙块类型枚举
▲ ⊞ com.mr.util ───────	工具包
▷ 🟦 ImageUtil.java ──────	绘图工具类
▷ 🟦 MapIO.java ───────	地图数据工具类
▷ 📚 JRE System Library [JavaSE-1.8] ───	JRE环境库
▷ 📂 image ───────────	图片素材文件夹
▷ 📂 map ────────────	地图文件夹

图 16.1　坦克大战游戏项目目录结构

坦克大战游戏项目的预览效果如图 16.2、图 16.3 和图 16.4 所示。

图 16.2　登录面板

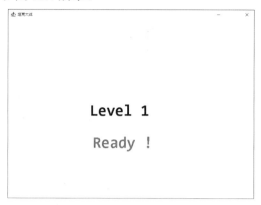

图 16.3　显示关卡面板界面

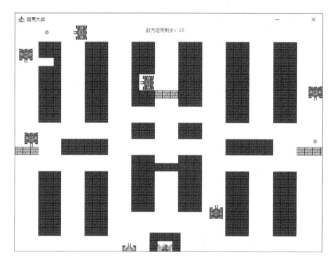

图 16.4　游戏面板静态画面

扫码继续阅读本章后面的内容。

扫 码 阅 读